儿研所主任医师

定本育儿百科

吴光驰 主编

首都儿科研究所保健科主任医师

中国优生科学协会理事

中国纺织出版社

图书在版编目（CIP）数据

儿研所主任医师定本育儿百科 / 吴光驰主编．— 北京：中国纺织出版社，2016.8
ISBN 978-7-5180-2585-5

Ⅰ．①儿… Ⅱ．①吴… Ⅲ．①婴幼儿—哺育—基本知识 Ⅳ．①TS976.31

中国版本图书馆 CIP 数据核字（2016）第 100358 号

主　编　吴光驰
编委会　吴光驰　刘红霞　牛东升　李青凤　石艳芳　张　伟　石　沛　张金华
戴俊益　李明杰　霍春霞　高婷婷　赵永利　邓　林　余　梅　李　迪
李　利　熊　珊　杨　丹　王　燕　张进彬　徐永红　石玉林　樊淑民
谢铭超　王会静　陈　旭　王　娟　徐开全　杨慧勤　卢少丽　张　瑞
李军艳　崔丽娟　季子华　吉新静　石艳婷　陈进周　李　丹　逯春辉
李　军　高　杰　高　坤　高子珺　李　青　梁焕成　刘　毅　韩建立
高　赞　高志强　高金城　邓　晔　常玉欣　黄山章　侯建军　李春国
王　丽　袁雪飞　张玉红　张景泽　张俊生　张辉芳　张　静　石　爽
王　娜　金贵亮　程玲玲　段小宾　王宪明　杨　力　张玉民　牛国花
杨　伟　葛占晓　施慧婕

策划编辑：樊雅莉　　　责任印制：王艳丽

中国纺织出版社出版发行
地址：北京市朝阳区百子湾东里 A407 号楼　邮政编码：100124
销售电话：010 — 67004422　传真：010 — 87155801
http://www.c-textilep.com
E-mail:faxing@c-textilep.com
中国纺织出版社天猫旗舰店
官方微博 http://weibo.com/2119887771
北京佳诚信缘彩印有限公司印刷　各地新华书店经销
2016 年 8 月第 1 版第 1 次印刷
开本：710×1000　1/16　印张：20
字数：386 千字　　定价：49.80 元

前言

小宝宝降生后，在一天天长大着，一天天学习新的知识，看着茁壮成长的宝宝，爸爸妈妈会沉浸在幸福之中。但是，很多父母也会为宝宝成长和教育中遇到的问题而烦恼着。

很多育儿问题其实是家长们“制造”出来的，焦虑往往因为观念错误，恐惧大多源于缺乏常识。

吴光驰医生结合其 50 多年的儿童保健经验，针对 0~6 岁宝宝的养育问题，从新生儿护理、母乳喂养、奶粉喂养、辅食添加、睡眠问题、大小便问题、生理发育、能力发展与培养、敏感期行为习惯等多方面进行了讲述，对宝宝的饮食营养搭配、日常生活护理、生长发育问题均给出了详细的指导和建议。囊括了育儿中的所有问题，育儿问题一网打尽。家长询问频率高的问题集中在“育儿中最棘手的平常事”板块，与读者亲密分享，是一本真正谈中国人该如何育儿的实用指南。

全书按照宝宝的生长阶段细分篇章，非常方便爸爸妈妈们分阶段检索，一眼就能找到自己需要的育儿知识。

爸爸妈妈们遇到了育儿难题，不要再手足无措了，仔细阅读本书内容，就会找到解决问题的方法。

目录

★婴儿篇

★幼儿篇

1周岁前是婴儿期。这个阶段是人一生中生长发育最旺盛的阶段，又是婴儿母乳喂养与辅食喂养相结合，继而从喝奶过渡到逐渐增加辅食的阶段。由于婴儿消化道短而窄，黏膜薄嫩，易于损伤，胃容量小，所以添加辅食应按时按量，量由少至多，由稀到稠，循序渐进，并要注意观察大便，以防消化不良情况发生。

0～1个月

吃吃睡睡，睡睡吃吃

0~1 个月宝宝的生长特点

宝宝生长发育的基本数据

项目\性别	男宝宝	女宝宝
身高(厘米)	48.2～52.8	47.7～52.0
体重(千克)	3.6～5.0	2.7～3.6
平均头围(厘米)	34	
前囟门(厘米)	斜径平均值为2.5	

新生宝宝特有的外貌

头部大小　新生儿的头部大约占身长的1/4，头围平均约为34厘米，比胸围大1～2厘米。

头发　大部分宝宝出生时都长有胎发，发色、发质和发量因人而异。大约从3月龄开始，胎发逐渐脱落，1岁前后会完全长好新头发。

囟门　所有新生儿的头部都有2个柔软的区域——前囟门和后囟门。前囟门较大，位于头顶前部，看起来或平或微微有点下凹，通常肉眼就可看到轻微跳动。后囟门较小，位于头顶后部。前囟会随颅骨生长而增大，之后逐渐骨化而变小，闭合时间因人而异，6个月～2岁闭合都算正常。后囟一般出生后3个月内就闭合了。

头型　因通过产道时头部受到挤压，刚出生的宝宝大多会有一个尖尖的甚至看起来奇形怪状的小脑袋，过几天就会恢复自然的圆形。

面部皮肤　新生儿的脸通常会略显水肿，并且会有一些白色或黄色米粒大小的粟粒疹——粉刺，出生后2～3周便会消失。

耳朵　新生儿的耳朵很软，皱巴巴的，不久就会自行展开。耳道内会分泌出淡黄色油脂，它具有抗菌与保护作用。

眼睛　眼睑略显水肿，出生后数小时自然消退。眼白部位可能会有少量血点或血丝，出生后几天内消失。

鼻子 鼻腔狭窄，分泌物较多，几天后会消失。

嘴巴 每个新生儿两侧颊部都各有一个较厚的脂肪垫隆起，俗称“螳螂嘴”。

下巴 有些新生儿的下巴不对称，这与宝宝在子宫内的头部姿势有关，会慢慢自行矫正。

脖子 脖子很短，有很多皱褶。

乳房 受母体雌激素与催乳素影响，宝宝出生时乳房会稍微突起，有的甚至会分泌少许乳汁，几周内会恢复正常。

脐带 肚脐向内凹陷或稍微向外凸出，脐周皮肤略微泛红、有少量渗血或轻微黏液，一般少则 10 天、多则 3 周，脐带的残根便会干燥脱落。

扁平足 新生儿足底扁平，随着年龄增长，韧带逐渐变紧，形成足弓。

胎脂 通常，新生儿全身裹着一层油脂一样的物质——胎脂，它是保护胎宝宝的皮肤免受羊水浸泡的外衣。一般情况下，宝宝出生后洗去胎脂就会出现脱皮现象，这是新生儿必经的正常过程，不必担心，也无须治疗。

胎毛 一些宝宝尤其是早产儿出生时，肩膀与背部甚至全身会有一层细小的毛毛，这是胎毛，通常会在出生后几周内逐渐褪去。

新生儿的皮肤会有些发青，随着呼吸逐渐规律，肤色会变得红润。新生儿皮肤颜色会随着体位变换出现界限分明的不同变化，上半身呈现苍白色，下半身呈现鲜红或紫红色，通常这种现象 3 周后就会消失。四肢末端经常会出现青紫，尤其是在躺卧时。若将其抱起或适当改变体位，可恢复为正常肤色。此外，在寒冷、局部受压、屏气、过度哭闹等情况下，身体局部皮肤也会出现青紫或暂时性紫绀。随着宝宝逐渐长大，这些情况会逐渐消失。

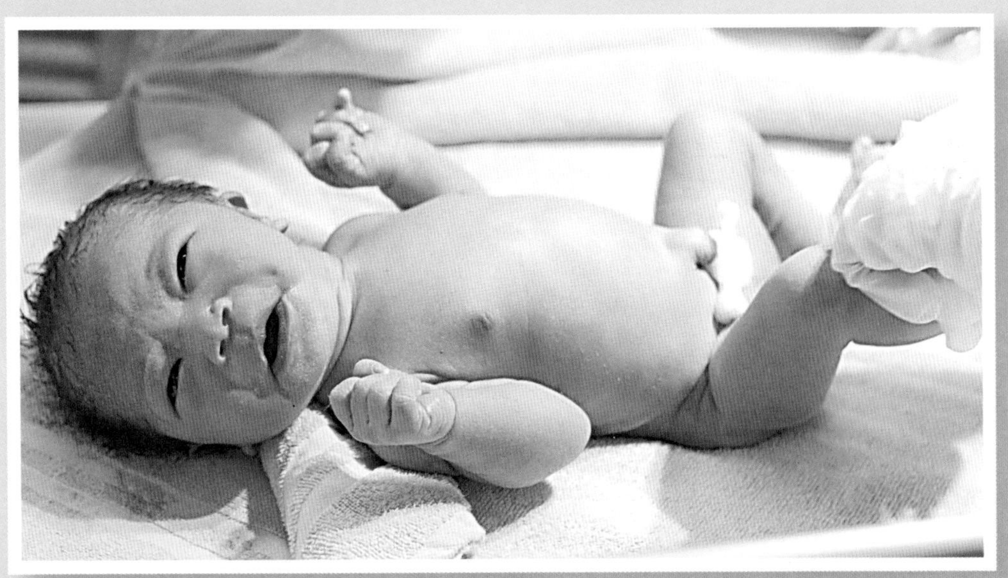

新生宝宝特有的生理现象

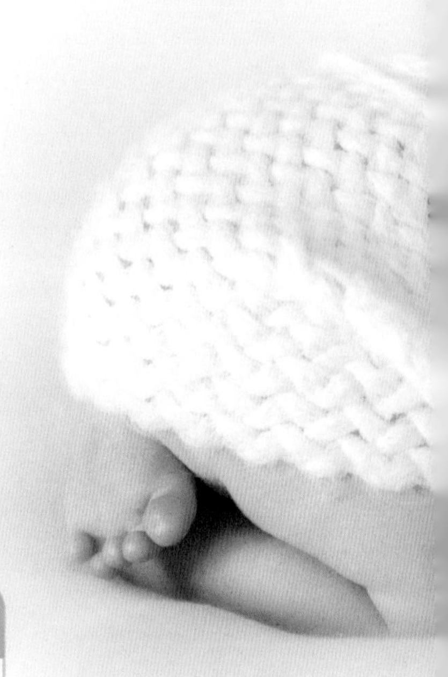

生理性体重降低

生理性体重降低是新生宝宝的普遍现象。宝宝出生后的最初几天，睡眠时间长，吸吮力弱，吃奶时间和次数少，肺和皮肤蒸发大量水分，大小便排泄量也相对多，再加上妈妈开始时乳汁分泌量少，所以宝宝在出生的头几天体重不增加，反而下降。这是正常的生理现象，新妈妈不必着急，在随后的日子里，宝宝的体重会迅速增长。

新生儿先锋头（产瘤）

经过产道分娩的新生儿，头部受到产道的外力挤压，引起头皮水肿、瘀血、充血，颅骨出现部分重叠，头部高而尖，像个先锋，俗称先锋头，也叫产瘤。剖宫产的新生儿头部比较圆，没有明显的变形，所以就不存在先锋头。产瘤是正常的生理现象，出生后几天就会慢慢转变过来。

呼吸时快时慢

新生儿胸腔小，气体交换量小，主要靠呼吸次数的增加维持气体交换。新生儿中枢神经系统的发育还不成熟，呼吸节律有时会不规则，特别是在睡眠中，会出现呼吸快慢不均、屏气等现象，这些都是正常的。

打嗝、鼻塞、打喷嚏

新生儿吃得急或吃得哪里不对时，就会持续打嗝，宝宝会很不舒服。这时妈妈要用中指弹一弹宝宝的足底，让其啼哭几声，哭声停止后，打嗝也就随着停止了。如果没有停止，可以重复上述方法。

新生儿鼻黏膜发达，毛细血管扩张且鼻道狭窄。有分泌物时，宝宝会出现鼻塞现象。妈妈要学会为宝宝清理鼻道。新生儿洗澡或换尿布时受凉就会打喷嚏，这是身体的自我保护，不一定就是感冒了。

面部表情出怪相

新生儿经常会出现一些奇怪的表情，如皱眉、咧嘴、空吸吮、咂嘴、屈鼻子等，很多妈妈会误认为宝宝有问题。其实这是新生儿的正常表情，和疾病没有关系。但是，当宝宝长时间重复出现一种表情动作时，就应该及时看医生了，以便排除抽搐的可能。

新生儿抖动、挣劲

新生儿会出现下颌或肢体抖动的现象，常常会被新手妈妈误认为是抽风。新生儿神经发育尚未完善，对外界的刺激容易做出泛化反应。当新生儿听到外来的声响时，会抖动全身，伸开四肢，并且呈拥抱状。新生儿对刺激还缺乏定向力，不能分辨出刺激的来源。无论碰触宝宝的任何一个部位，宝宝的反应几乎都是一样的——伸开四肢，并且身体很快呈拥抱状。因此，妈妈不需要紧张，这是新生儿正常的生理反应。

新生儿总是使劲，尤其是快睡醒时，有时憋得小脸红红的，这是不是宝宝哪里不舒服？其实宝宝没有不舒服。宝宝憋红脸，那是在伸懒腰、活动筋骨。因此，妈妈不要小题大做。把宝宝紧紧抱住，不让宝宝使劲，或带宝宝看医生，这些都是没有必要的。

医生需要对新生宝宝做什么

宝宝的第一张体检成绩单

“Apgar”是肤色（appearence）、心率 (pulse)、对刺激的反应 (grimace)、肤张力 (activity)、呼吸 (respiration) 这 5 个英语单词的首字母组合。“Apgar”评分是宝宝人生的第 1 张成绩单，成绩单的批阅者是宝宝的接生护士或医生，他们会在宝宝出生后的 1 分钟和 5 分钟时顺便考察这 5 项指标的得分，从而了解宝宝出生时的大致健康状况，看是否需要做相应的处理，处理以后评价恢复的状况。

大部分宝宝的 Apgar 评分都在 7 ~ 10 分之间，7 分以下的有轻度窒息的隐患，4 分以下的可能有重度窒息。

Apgar 评分标准

项目	0 分表现	1 分表现	2 分表现
肤色（appearence）	全身皮肤青紫或苍白	躯干皮肤红润，四肢皮肤青紫	全身皮肤红润
心率 (pulse)	听不到心音	心搏微弱，小于 100 次 / 分钟	心搏有力，大于 100 次 / 分钟
反应 (grimace)	无反应	只有皱眉等轻微反应	弹足底或插鼻管后，有啼哭、打喷嚏、咳嗽症状
肤张力(activity)	四肢松弛	四肢略有屈曲	四肢活动有力
呼吸(respiration)	没有呼吸	呼吸缓慢而不规则或哭声无力	呼吸规律，哭声响亮

出生后 24 小时内的 3 针

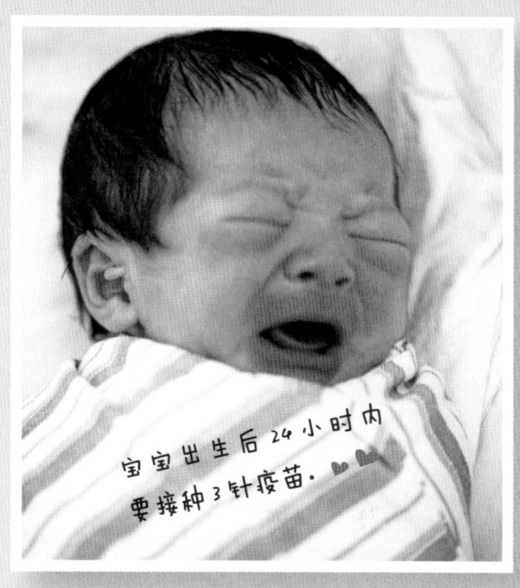

第 1 针：卡介苗（BCG）

卡介苗是引发人体感染能力最强的疫苗之一，是目前唯一一种含活菌的常规疫苗。

接种部位、方法 宝宝左上臂三角肌外下缘皮内。

接种时间 宝宝出生后 24 小时内接种 1 针卡介苗。如果宝宝因为早产等原因不能在 24 小时内接种卡介苗，应该在体重增加至 2500 克或疾病治愈后及时补种。

接种后反应 接种后 2~3 周，局部会出现红肿的硬结，直径在 10 毫米左右，中央逐渐软化形成白色脓疱，2~3 个月结痂，形成永久性疤痕。

不良反应 接种后接种侧的颈部、锁骨上下、腋下等处的淋巴结肿大甚至化脓、溃烂，可能患了卡介苗淋巴结炎，一般可治愈。

第 2 针：乙肝疫苗（HepB）

乙肝疫苗是目前最安全的疫苗之一。

接种部位、方法 一般是在右上臂三角肌内。

接种时间 宝宝出生后 24 小时内接种 1 针乙肝疫苗，满月时接种第 2 针，满 6 个月时接种第 3 针。如宝宝出生时体重低于 2000 克，应在出生后 1 个月开始按 0、1、6 个月程序接种。

接种后反应 局部会有一过性疼痛，少数有红肿硬结，全身低热。很少有过敏反应。

不良反应 会有偶合症，如晚发性维生素 K 缺乏症，在 2 周~3 月龄宝宝中最常见。

第 3 针：维生素 K_1

维生素 K_1 缺乏性出血症可能导致新生儿出血（便血、吐血、颅内出血等），甚至死亡，所以有必要给宝宝肌注 1 针维生素 K_1。

接种时间 出生后 24 小时内肌注 1 针维生素 K_1 可以起到预防维生素 K_1 缺乏性出血症的作用。

注射剂量 各医院使用维生素 K_1 的剂量并不一致，但 1 次剂量不会超过 5 毫克。通常正常足月宝宝常规肌注 1 针，早产宝宝、妈妈产前使用抗惊厥抗凝或抗结核药及妊娠分娩过程中有并发症等的宝宝常规肌注 3 针（连续 3 天每天 1 针）。

不良反应 肌注维生素 K_1 不良反应较少，发生严重不良反应的病例多为静脉给药。

出生 3 天新生宝宝的疾病筛查

新生宝宝的疾病筛查可以及时发现一些严重危害健康的先天性、遗传性疾病。对于这些疾病的早期干预和治疗，可以帮助宝宝把危害减小到最低。

新生宝宝的听力筛查

新生宝宝的听力筛查可以早期发现宝宝的听力障碍，以便早治疗、早干预，减少听力障碍对语言发育和其他神经发育的影响。

一般来说，正常新生宝宝听力损失的发病率为千分之一至千分之三，高危因素新生宝宝听力损失的发病率为百分之二至百分之四。

新生宝宝的代谢病筛查

新生宝宝筛查主要针对可以干预治疗的疾病。目前我国卫生部规定的新生宝宝筛查病种包括：先天性甲状腺功能减低症、苯丙酮尿症、葡萄糖 -6- 磷酸盐去氢酶缺乏症。各地方卫生行政部门可以根据本地实际情况，增加本地区新生宝宝疾病筛查的病种。

正常新生宝宝在出生后 48 小时到出院前进行筛查，未通过者应在 42 天内进行双耳复筛，复筛仍未通过者，应在出生后 3 月龄内转诊至省级卫生行政部门指定的听力障碍诊治机构，接受进一步诊断，确保在 6 月龄内确定是否存在先天性或永久性听力损失。

卫生部规定的新生宝宝筛查病种

名称	病因	干预治疗
先天性甲状腺功能低下症（CH）	大部分是由于甲状腺先天性缺陷（缺如、发育不全或是异位）所致，也可能由于甲状腺激素合成异常，如母亲孕期饮食中碘缺乏或服用抗甲状腺药物所致	给予适量的甲状腺素补充治疗即可，越早治疗效果越好，如果出生后 3 个月内就开始治疗，大约 80% 的婴儿能有正常的发育和智能
苯丙酮尿症（PKU）	常染色体隐性遗传疾病，苯丙氨酸代谢途径中的酶缺陷	尽早开始低苯丙氨酸饮食，须儿科医师与营养师跟踪指导患儿饮食
葡萄糖 -6- 磷酸盐去氢酶缺乏症（“G-6-P-D 缺乏症”，俗称“蚕豆病”）	红细胞细胞膜上缺少“葡萄糖 -6- 磷酸盐去氢酶”，这种红细胞容易受到特定物质破坏而产生溶血现象	该病预防重于治疗，不管是婴儿还是成人，都不能接触樟脑丸、紫药水或服用蚕豆和磺胺类药物等，以免发生急性溶血

科学喂养，打下一生营养好基础

母乳喂养好处多

母乳是婴儿最理想的天然食品。母乳所含的营养物质齐全，各种营养素之间比例合理，含有多种免疫活性物质，非常适合于身体快速生长发育、生理功能尚未完全发育成熟的婴儿。母乳喂养也有利于增进母子感情，使母亲能悉心护理婴儿，并可促进母体的复原。同时，母乳喂养经济、安全又方便，不易发生过敏反应。纯母乳喂养能满足 6 个月龄以内婴儿所需要的全部液体、能量和营养素。

世界卫生组织认为，最少坚持完全纯母乳喂养 6 个月，从 6 个月龄开始添加辅食的同时，应继续给予母乳喂养，最好能到 2 岁。在 6 个月龄以前，如果婴儿体重不能达到标准体重时，需要增加母乳喂养次数。

母乳的主要营养成分

蛋白质	大部分是容易消化的乳清蛋白，且含有代谢过程中所需要的酶以及抵抗感染的免疫球蛋白和溶菌素
脂肪	含有较多的不饱和脂肪酸，并且脂肪球较小，容易吸收
糖类	主要是乳糖，在孩子的消化道内转变成乳酸，能促进消化，帮助钙、铁、锌等的吸收，也可以促进肠道内乳酸杆菌的大量繁殖，提高消化道的抗感染能力
钙、磷	含量不高，但比例比较适当，容易被孩子吸收利用

滴滴初乳赛珍珠

初乳是指新生儿出生后 7 天内所吃到的母乳。俗话说，“初乳滴滴赛珍珠”。初乳含有一般母乳的营养成分，还含有抵抗多种疾病的抗体、免疫球蛋白、噬菌酶、吞噬细胞、微量元素等。这些成分能提高新生儿的抵抗力，促进新生儿的健康发育。初乳中含有保护肠道黏膜的抗体，能防止肠道疾病。初乳中蛋白质的含量高、热量高，容易消化和吸收。初乳还能刺激肠胃蠕动，加速胎便排出，加快肝肠循环，减轻新生儿生理性黄疸。

总之，初乳的优点很多，妈妈和宝宝一定要珍惜。特别是产后头几天的初乳，免疫抗体含量最高，千万不能丢弃。

实行纯母乳喂养的建议

为了使妈妈们能够实行和坚持在最初 6 个月进行纯母乳喂养，世界卫生组织和联合国儿童基金会建议：

1. 在分娩后最初 6 小时内就开始母乳喂养。
2. 母乳喂养最好按需进行，不分昼夜。
3. 最好不要使用奶瓶、人造奶头或安慰奶嘴喂奶。

初乳成分与功效图

提高新生儿的抵抗力，促进新生儿的健康发育

含有保护肠道黏膜的抗体，能防止肠道疾病

抵抗多种疾病的抗体、免疫球蛋白、噬菌酶、吞噬细胞、微量元素

刺激肠胃蠕动，加速胎便排出，加快肝肠循环，减轻新生儿生理性黄疸

各时期乳汁分泌及所含营养变化

时期	蛋白质%	脂肪%	糖%	矿物质%
初乳(1～7天)	2.25	2.83	2.59	0.3077
过渡乳(7～15天)	1.56	4.87	7.74	0.2407
成熟乳(15天以后)	1.15	3.26	7.50	0.2062
晚乳(10个月以后)	1.07	3.16	7.47	0.1978

让宝宝吃得舒服是门技术活

都知道母乳喂养好，但妈妈如何喂奶，才能让宝宝吃得舒服呢？下面来具体谈谈。

摇篮式

摇篮式是最常见的一种哺乳方式。宝宝的头部枕着妈妈的手臂，腹部向内，而妈妈的手应托着宝宝的臀部，方便身体接触。妈妈利用软垫或扶手支撑手臂，手臂的肌肉便不会因为抬肩过高而绷紧。采用这种喂哺姿势时，妈妈可以把脚放在脚踏或小凳子上，这样有助于身体放松。

半躺式

在分娩后的最初几天，妈妈坐起来仍有困难，这时，以半躺式的姿势喂哺宝宝最为适合。妈妈背后用枕头垫高上身，斜靠躺卧，让宝宝横倚在妈妈的腹部进行哺乳。

揽球式

在喂哺双胞胎时，或同时有另一位宝宝想依偎着妈妈时，这种姿势尤为适合。宝宝躺在妈妈的臂弯里，臀部相对，有需要时可用软垫支撑，而妈妈的下臂应托着宝宝的背部，身子应稍微前倾，让宝宝靠近乳房。开始喂哺后，妈妈便可放松，将身体后倾。这种姿势能让宝宝吸吮下半部乳房的乳汁。

许多宝宝在出生两周后，会经常吐奶。在宝宝刚吃完奶，或者刚被放到床上，奶就会从宝宝嘴角溢出，严重者甚至从鼻孔溢出。吐完奶后，宝宝并没有任何异常或者痛苦的表情。这种吐奶是正常现象，也称“溢乳”。

母乳不足时怎么补救

母乳喂养是医生们提倡的一种喂养方式，但是有很多母亲担心自己的奶水不够，怕宝宝吃不饱。

怎么判断母乳是否充足

判断母乳是否充足的最简单的办法就是称宝宝体重。宝宝出生后 7 ~ 10 天的时间里，尚是生理性体重减少阶段，此后，体重就会增加。因此，10 天以后起每周称 1 次，将增长的体重除以 7 得到的值如在 20 克以下，则表明母乳不足，此时应该尝试添加配方奶了。

母乳不足补救方法

母乳不足初期可增加喂母乳的次数，刺激母亲产生更多的催乳素，以增加乳汁的分泌。若母乳仍不足时，开始可在下午四五点钟加一次配方奶，加的量应根据宝宝的需要来确定。

先给宝宝喂 150 毫升配方奶，如果宝宝喝完还意犹未尽，下次就准备 180 毫升，若吃不了再稍微减少一点，但不要超过 180 毫升。喂得过多会影响下次母乳喂哺，还易导致宝宝消化不良。如果宝宝半夜不再哭闹，体重每天增加 10 克以上或每周增加 100 克以上，就可以一直这样一天加一次。

如何挤母乳

妈妈能熟练地挤母乳以后，用手挤母乳，也会像宝宝吃奶一样把奶挤出来。

挤母乳的方法

挤母乳之前，要先把手洗干净，挤右侧乳房时用左手，挤左侧乳房时用右手。寒冷的时节，要保证手温暖了再挤。

挤母乳是挤乳头后面的存奶的乳腺管，而非乳头。具体方法是用拇指和其余四指夹住乳头周围的乳晕，手指平贴在乳房上面，朝着胸部轻轻推，用拇指和其余四指勒紧乳房往前挤。用吸奶器的时候不能用这种方法。同时，使用吸奶器不如手挤。

上班族妈妈提早练习挤奶

有的妈妈是上班一族，产后不久就返回工作岗位。妈妈早上起来，给宝宝喂奶，再挤出一些奶保存在奶瓶里，让宝宝白天喝。

上班时，带一个手动吸奶器到公司，每隔 3 小时挤 1 次奶，将挤出来的奶放在消过毒的杯中，加上盖子放入冷冻库中保存。下了班带回家，放到冰箱里，让宝宝第二天吃。可以在杯外用热水敷温后再喂。

吸奶器分为手动和电动两种，对于上班族妈妈来说省时又省力。

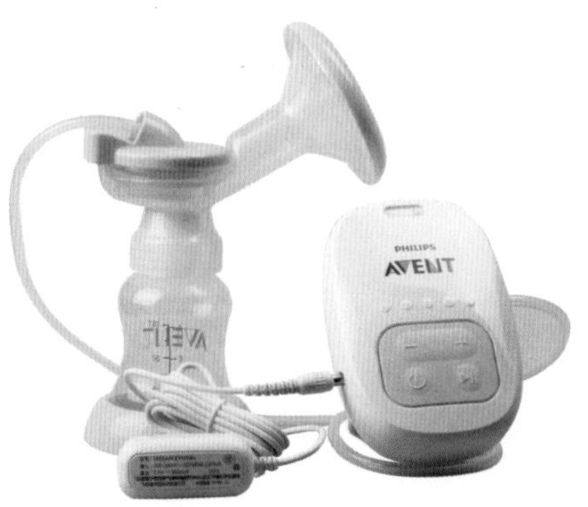

什么情况下不宜母乳喂养

如果妈妈患有以下疾病，应遵医嘱酌情母乳喂养。

代谢疾病	糖尿病	患糖尿病的妈妈遵医嘱来决定是否可以哺乳
	甲状腺功能亢进	一般可以进行哺乳
传染性疾病	结核病	当妈妈患有肺结核时不宜母乳喂养。尤其是结核病活动期，痰菌培养呈阳性时，更不能母乳喂养
	肝炎	不宜母乳喂养，包括无症状的 HbsAg 和 HbeAg 双阳性的妈妈都不宜母乳喂养
心血管疾病	心脏病	根据心功能及用药情况决定
肾脏疾病	肾炎、肾病	患有肾炎、肾病的妈妈，喂奶对妈妈宝宝的健康都不利，在患病期间应停止母乳喂养
其他疾病	乳头皲裂、乳腺炎	可暂停母乳喂养，及时治疗，以免加重病情。但可以将母乳挤出，用滴管或勺子喂宝宝
	急性或严重感染性疾病	如肺炎、严重的感冒等，往往需要服用抗生素类药物，应暂停授乳，以防通过乳汁危及宝宝

新生宝宝每日所需营养

热能 热能是满足基础代谢、生长、排泄等活动所需要的物质基础。宝宝出生后第一周，每日每千克体重需 251 ~ 335 千焦；第二周以后，每日每千克体重需 335 ~ 418 千焦。

蛋白质 宝宝每日每千克体重需 2 ~ 3 克。

氨基酸 宝宝每天必须足量地摄取 9 种人体必需的氨基酸。氨基酸是蛋白质分解后的产物，优质蛋白质尤其是母乳都含有 9 种必需氨基酸。

脂肪 宝宝每天的脂肪总需要量为 9 ~ 17 克 /418 焦耳热量。母乳中不饱和脂肪酸占 51%，其中的 75% 可被吸收，而牛乳中不饱和脂肪酸仅占 34%。

糖类 宝宝每天需糖 17 ~ 34 克 /418 焦耳热量。母乳中的糖全为乳糖，牛乳中的糖、乳糖各约占一半。

此外，宝宝也需要摄入矿物质和维生素。如：钠、钾、氯、钙、磷、镁、铁、锌、维生素 K、维生素 D、维生素 E、维生素 A 等。

怎么选购奶粉

虽然母乳喂养有很多优点，但在实际生活中，部分婴儿由于各种原因不得不进行人工喂养。这就需要选择满足婴儿营养需要的奶粉，以保证宝宝的正常发育。

配方奶粉是母乳最好的代乳品

目前我国市场销售的代乳品，品种较多，主要是各种配方奶粉。配方奶粉以牛奶（或羊奶等）为主要原料，模拟母乳营养成分，能满足宝宝生长发育的基本营养需求，并易于消化、吸收。它是除母乳外婴幼儿食品的最佳选择。

精心挑选配方奶粉

婴幼儿配方奶粉因品牌不同而成分各异，它符合我国制定的婴儿配方奶粉国家标准，可以满足婴儿生长发育的需要。但市场上也有一些劣质奶粉。因此，家长为宝宝选择婴儿配方奶粉时，首先必须挑选符合国家标准的奶粉。

其次，某些婴儿必须选择特殊的配方奶粉，用于特殊膳食的需要或生理上的异常需要。例如，早产儿可选择早产儿配方奶粉。

最后，配方奶粉的包装要完好无损，不透气；包装袋上要注明生产日期、生产批号、保存期限。保存期限最好是用钢印打出的，没有涂改嫌疑；最好购买近期生产的奶粉。

冲泡奶粉有学问

正确冲泡奶粉

向奶瓶里倒入适量的温开水，然后加入规定比例的配方奶粉，摇动奶瓶至均匀。一般的配方奶粉都含有足够的糖分，不需要另外添加，冲好的奶粉要凉至和妈妈体温相同时再喂宝宝。

用配方奶喂养宝宝时，一定要注意以下三点：

1 忌过浓或过稀。浓度高可能会引起腹泻，浓度低会造成营养不良。

2 忌高温。妈妈的体温是37℃，这也是配方奶中各种营养成分存在的适宜条件，也刚好适合宝宝的胃肠吸收。

3 忌污染变质。配方奶比较容易滋生细菌，冲调好的奶粉不能再被高温煮沸消毒，所以冲泡时一定要注意卫生。配方奶粉开罐后不能放置时间过长，不然容易受到污染。

控制奶汁的温度

将冲泡好的奶汁装入奶瓶中，把奶汁滴几滴在自己的手背上，如感到不烫，这个温度刚好适合宝宝的口腔温度。爸爸妈妈不要采用吮几口奶汁的方式来感觉奶汁温度，这样很不卫生，宝宝的抵抗力弱，很容易引起疾病。

虽然我国婴儿配方奶粉的标准规定了脂肪、蛋白质等营养素的范围，但由于目前营养科学的研究状况和工业生产技术水平的限制，部分品牌会根据自己的生产技术水平另外加入接近母乳成分的营养素，只要这些营养素的量符合国家有关营养素添加的标准，也能满足婴儿的生长发育。

哺乳妈妈催乳食谱推荐

猪骨炖莲藕 通络下乳、补充钙质

材料 猪腿骨 500 克，莲藕 200 克，豆腐 100 克，红枣 20 克，生姜、盐各适量。

做法

1 将猪腿骨洗净，斩成块，放入沸水锅中焯烫一下，捞出，沥净血水。

2 莲藕去皮，洗净，切块；生姜洗净，切片；豆腐洗净，切块；红枣洗净。

3 锅置火上，放入适量清水、猪骨块，煮开，撇去浮沫，加入莲藕块、生姜片、豆腐、红枣烧沸，转小火慢煮至熟烂，加盐调味后稍煮即可。

营养师说功效

这道菜富含优质蛋白质、钙、维生素、碳水化合物和矿物质，有益气补血、润肠清热、凉血安神的效果。新妈妈哺乳期间多食，有通络下乳的功效。

油菜炒豆腐 益气补中、增乳下乳

材料 豆腐150克，油菜100克，盐、水淀粉、生姜、香油、清汤、植物油各适量。

做法

1 将豆腐洗净，切块，放入热油锅中煎成金黄色，出锅沥油。

2 油菜择去老叶和去根，洗净，切成段；生姜洗净，去皮，切丝。

3 锅中倒油烧热，放入姜丝煸香，加入油菜煸炒，放入豆腐、清汤烧沸，加盐，用水淀粉勾芡，淋上香油即可。

营养师说功效

这道菜有益气补中、生津润燥、清热解毒、清肺止咳的功效。新妈妈多食有增乳下乳的功效。

宝宝日常照护

新生宝宝更需要妈妈的拥抱

刚出生的新生儿更需要妈妈的拥抱，拥抱是妈妈释放母爱的一种方式，也是宝宝感受美妙世界、沐浴妈妈的爱、获得心智成长的需要。此外，国外的一项研究结果显示，拥抱还能提高人体的免疫功能，降低血压、心率，缓解人的紧张情绪，无论是对妈妈还是宝宝，拥抱的积极作用都是显而易见的。

那么，怎样拥抱才正确呢?

第一时间拥抱宝宝

刚出生不久的小宝宝那么小、那么软，不少妈妈担心一不小心就把他弄伤了。其实大可不必担心。宝宝诞生2小时之内，妈妈要给予温柔的拥抱和爱抚，肌肤相亲是母子建立依恋关系的第一步。对于0~3个月左右的婴儿，应尽可能怀抱在妈妈身体的左边，这样可以让宝宝感觉到妈妈心脏的跳动。这种微微的跳动，就如同胎儿在子宫内感受妈妈的心跳一样。这样的氛围能让小宝宝安静和放松，不哭闹，不烦躁，让其感觉温和、宁静和愉悦。

竖抱只能短时所为

宝宝越小，竖着抱的时间要越短。方法是一只手托住宝宝的臀部和腰背，另一只手托住宝宝的头颈部或让他俯在妈妈的肩膀上，最初控制在两三分钟内，否则宝宝会很不舒服。

别摇晃柔弱的小宝宝

小宝宝头部的髓磷脂还不能胜任保护大脑的工作，抱着宝宝用力摇晃会造成头部毛细血管破裂，甚至死亡。所以，即使摇宝宝也应十分温柔。

把宝宝抱得舒服很重要

宝宝喜欢被抱起的时候很稳当，特别喜欢被紧紧地包在暖暖的包被里面，这样会给其一种安全感。如果移动宝宝，一定要尽量慢一些、平衡一些、轻柔一些。抱宝宝还要面带微笑对着其脸和眼睛，用爱抚和安详的口吻与其讲话。只要掌握了以下技巧，就能很快学会怎样把宝宝抱得很舒服，这不仅对宝宝有好处，对父母也是必要的。

抱起新生儿

抱新生儿，需要格外注意宝宝在 4 周内还不能控制自己的头部，所以在抱起时，一定要注意扶住头颈部。

抱起宝宝

将一只手伸入宝宝的颈后，支持起宝宝的脑袋。将另一只手放在宝宝的背和臀部，撑起下半身。按照这样的方法抱好宝宝。抱宝宝时动作一定要轻柔、平稳。

放下手中的宝宝

在放宝宝时，一定要保证支撑好宝宝的头部。如果不这样做，宝宝的头部就会向后仰，宝宝就会有一种要摔下去的感觉，宝宝的身体会痉挛，四肢张开，表现出受到惊吓的样子。放下宝宝的动作要领和上文介绍的抱起宝宝类似。

带新生儿外出

托在胳膊上

新生儿最好横着抱。将宝宝的脑袋放在你一只手的肘弯处，使宝宝的脑袋略高于身体其他部位。另一只手负责宝宝的脚和臀部，起辅助作用。

放在背带里

将宝宝放在背带里，也是可以的。只要支撑好宝宝的头和颈，宝宝在背带里面会很舒适，不会滑向一侧。好的背带应该是柔软、呈袋状，适合放置宝宝弯曲的身体。

使用襁褓

使用襁褓把宝宝包得紧紧的，会使宝宝感到舒适，因为这样做会使宝宝产生一种安全的感觉。大多数宝宝包在襁褓中很易入睡，所以当宝宝受惊时，把宝宝包在襁褓里也是一种使其安静下来的方法。

轻松给宝宝穿衣服、换尿布

衣服应该这样穿

给宝宝穿衣服和脱衣服要快一些，避免使宝宝受凉。穿衣服前要剪下新衣服的商标；新衣服用清水漂洗；室温升高后再脱衣服。给宝宝穿衣服时，要托住其屁股和脖子，让宝宝觉得舒服。

穿衣服的要领

1 宝宝的头比身体大，最好选择领子宽的，或可从前面或肩膀方向打开的上衣。

2 给宝宝穿开胸衣服时要提前把衣服翻过来。将宝宝的手通过翻过来的袖子，从妈妈的胳膊移动到宝宝的胳膊上，即翻成正面了。

3 内衣和外衣分着穿会比较辛苦，重叠内衣和外衣一次性穿上更容易。

尿布应该这样换

尿布透气性能好，吸水能力强，经济实惠，依然是很多有新宝宝家庭的优先选择。下面就为新爸爸新妈妈介绍一下如何给孩子换尿布。

正方形尿布折叠方法

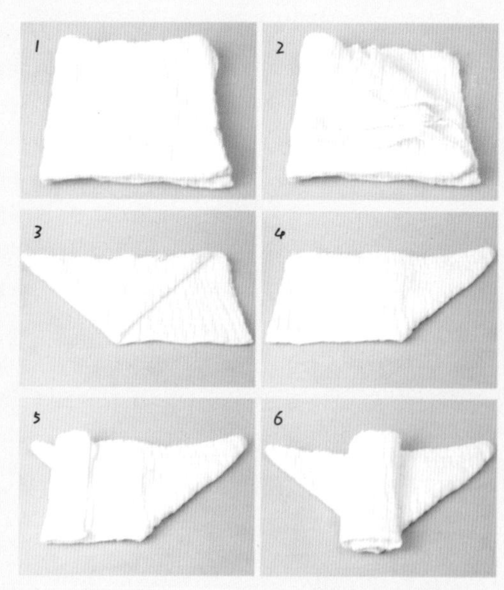

1 对折尿布后呈现长方形；再次对折尿布，让其呈现为正方形（如图1）。

2 掀开已经重叠好的四个角（如图2），将最上面的角拉开，让整个尿布呈现梯形（如图3）。

3 将整个尿布翻转，依然保持梯形，让三角形的无折痕的一面位于上面（如图4）。

4 将左手边正方形（有三处重叠）向右边折叠（如图5），分两次折叠（如图6）即可。

尿布的使用要领

将尿布套平摊，放上尿布。抬起宝宝的臀部，塞进尿布。尿布的带子要达到宝宝的腰部。尿布应系到肚脐稍下部位。粘上尿布套的带子，带子的松紧以能放进2个手指为准。

新生宝宝的皮肤护理

新生儿的皮肤与年长儿有着极大的区别。新生儿皮肤薄、娇嫩，当遇到轻微外力或摩擦时，很容易引起损伤和感染。新生儿抵抗力弱，一旦皮肤感染，便极易扩散。因此，做好新生儿的皮肤护理是非常重要的。

新生儿的面部护理

出生1个月内的新生儿，其面部极其娇嫩，对其五官的护理动作要轻、护理用品要十分干净。

眼部护理

新生儿的眼睛十分脆弱。对眼部的护理，要使用纱布（棉签）、生理盐水或温开水。把纱布（棉签）蘸湿，从眼内角向眼外角轻轻擦拭。如果新生儿的眼睛流泪，或有较多的黄色黏液使眼皮粘连，须请医生诊治。

鼻部护理

在正常情况下，新生儿鼻孔会进行“自我清洁”。如果空气很干燥，鼻孔里可能结有鼻屎，会造成新生儿不舒服——因为他出生后头几个星期还不会用嘴呼吸。这时，妈妈可以将一小块棉球蘸湿，轻轻放入鼻孔，把鼻屎取出。这应该在哺乳前进行。

耳部护理

宝宝的耳道很小，洗澡时若不慎进水，应用棉花棒稍微拭干，捻成一小条，将新生儿的头转向一侧，对耳郭进行清洁。清洁只到耳孔为止，不宜深入，以免把耳垢推向深处而引起耳道堵塞。

口腔护理

由于口腔黏膜血管丰富柔嫩，容易受损伤，所以不能随意擦洗，以免感染。

面部和颈部护理

新生儿的面颊，用棉花蘸水来清洗即可。要注意颈部皱褶和耳朵后面，这些部位容易忽视，常会有些小病变，要经常清洗并且擦干。

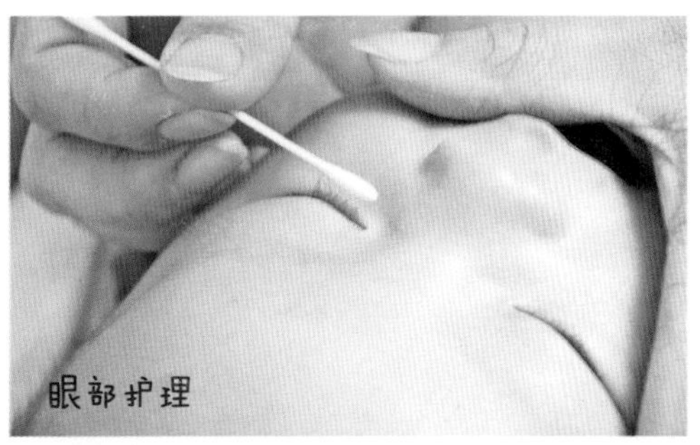
眼部护理

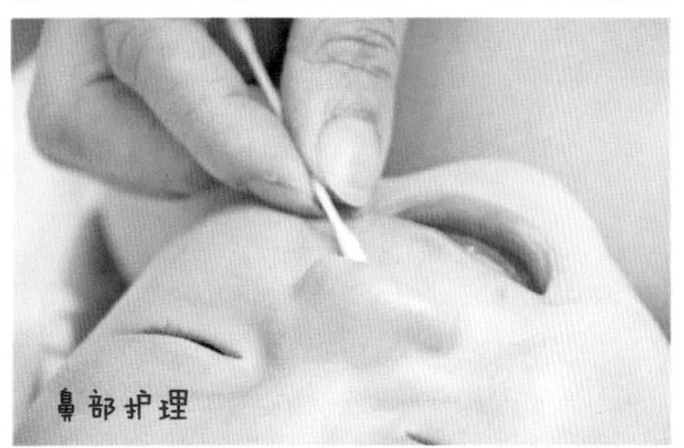
鼻部护理

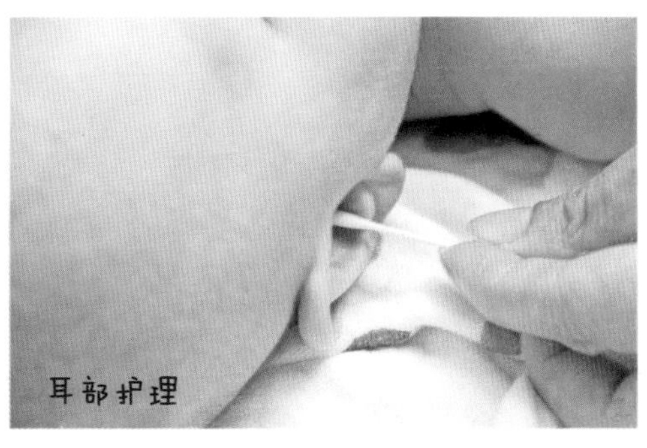
耳部护理

新生儿的“胎垢”与胎脂

可以清除“胎垢”

有些宝宝，特别是较胖的宝宝在出生后不久，头顶前囟门的部位有黑色或褐色鳞片状融合在一起的皮痂，且不易洗掉，俗称“胎垢”。这是由皮脂腺所分泌的油脂以及灰尘等组成的，一般不痒，对宝宝健康无明显影响，无须清除。若是显得很脏，也可以洗掉。

“胎垢”不易洗掉，有些爸爸妈妈用香皂、沐浴液清洗都无济于事，而且还会刺激宝宝的娇嫩皮肤。可以在宝宝洗澡前用脱脂棉蘸宝宝按摩油轻轻涂抹在头垢处，等洗澡结束时，用脱脂棉蘸水轻抹，两三次后头垢基本都可清除，注意清除手法要轻柔。

不要清除胎脂

新生儿皮肤细嫩，须在逐渐生长发育中达到成熟，因其不成熟，角质层薄嫩，容易损伤，可成为全身感染的门户。新生儿出生后，皮肤上会覆盖着一层灰白色胎脂，胎脂是由皮脂腺的分泌物与脱落的表皮形成的，有保护皮肤的作用，于出生后数小时内渐渐被吸收，因此不必洗掉。

新生儿的脐带护理

1 脐带护理最重要的是保持干燥和通风，不宜用纱布覆盖或用尿布包住。

2 脐带弄湿后，一定要用酒精擦拭一次。

3 脐带护理每日 3 ~ 4 次，包括洗完澡的那一次。

4 在护理脐带前，妈妈要洗净双手，避免细菌感染。

5 将棉花棒蘸满消毒酒精，先由上而下擦拭脐带，再深入肚脐底部，最后消毒肚脐周围；也可涂上碘酒，以形成一层保护膜。

6 脐带脱落后，仍要继续护理 2 ~ 3 天，直到肚脐眼完全收口、干燥为止。

7 9 ~ 10 天后脐带未脱落，或脐带脱落后渗血不止者，最好去医院就诊。出现上述两种情况后，通常宝宝的肚脐中央会长小肉芽，须就医将其处理掉，肚脐眼才会收口。

8 脐带脱落后，宝宝肚脐应定期以棉花棒蘸清水或宝宝油轻轻清理，以保持干净。

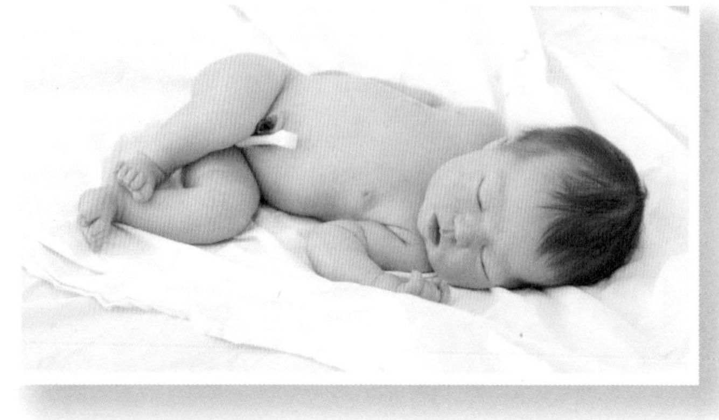

宝宝脐带护理最重要的是保持干燥和通风，不宜用纱布覆盖或用尿布包住。

洗屁屁事虽小，男女宝宝差别却很大

给宝宝洗屁屁确实是件小事，但由于男女宝宝在生理及解剖上各有其特点，因而稍不在意，就会弄巧成拙。

女宝宝应这样清洗屁屁

1 用纸巾擦去粪便，继之用温水浸湿软布，擦洗小肚子，直至脐部。

2 用另一块干净软布擦洗大腿根部所有皮肤皱褶处，要注意顺序是由上向下、由内向外。

3 将她的双腿举起，并把你的一只手指置于她双踝之间，继而清洁其外阴部。

4 用另一块干净软布清洁她的臀部，然后从大腿向里洗至肛门处。

5 用纸巾轻轻擦干她的尿布区，然后让她光着屁股玩 2 分钟，使她的臀部暴露于空气中。

预防尿布疹

新生儿每次撒尿或大小便后，应立即换上干净的尿布。更换尿布时，先要用温水将婴儿臀部洗干净，并擦干，尤其是皮肤皱褶部位。洗尿布时，一定要将清洁剂冲洗干净，以防因皮肤感染而患尿布疹。

男宝宝应这样清洗屁屁

1 男宝宝经常在你解开尿布的时候马上撒尿，故在解开尿布后应将尿布停留在阴茎处几秒钟，以免其尿到你身上。

2 用纸巾擦去粪便，在他屁股下面垫好尿布。用温水弄湿棉花来擦洗，先擦肚子直至脐部。

3 用软布彻底清洁大腿根部及阴茎部的皮肤皱褶，由里往外顺着擦拭。当清洁睾丸下面时，妈妈用手指轻轻地将睾丸往上托起。

4 用软布清洁婴儿睾丸各处，包括阴茎下面，因那些地方可能有尿渍或大便。

5 将婴儿双腿举起，妈妈一只手指放在他两踝中间，清洁他的肛门及屁股，接着清洗他大腿根部之侧面。清洗完毕，除去尿布。

6 用纸巾擦干他的尿布区。让他光着屁股玩 2 ~ 3 分钟。此时应备些纸巾，以防他再撒尿。

宝宝的四季护理

春季护理要点

1. 春季气温不稳定，要随时调整室内温度。

2. 春季北方风沙大，扬尘天气不要开窗，以免沙尘进入室内，刺激新生儿的呼吸系统，引起过敏等病症。

3. 春季空气湿度小，室内要开加湿器，保持适宜湿度。

4. 春季天气好的时候可以带宝宝去郊游，但要注意安全。

5. 对于有过敏体质的宝宝来说，春季可能会出现咳嗽、喘息、湿疹的现象，湿疹一般不需要特殊处理。

夏季护理要点

1. 夏季阳光中紫外线指数大，应注意避光防晒。尤其要注意对宝宝眼睛的保护。

2. 保持适宜的温度，补充充足的水分，预防新生儿脱水。

3. 宝宝出汗后要用温水洗澡；皮肤褶皱处可用鞣酸软膏涂抹；注意喂养卫生，宝宝腹部不要着凉，防止腹泻。

4. 夏季蚊蝇较多，细菌容易繁殖，食用熟食一定要倍加小心。

秋季护理要点

1. 秋季要注意预防腹泻。

2. 宝宝的体温调节中枢和血液循环系统发育尚不完善，不能及时调节体内和外界的急剧变化，很容易出现发热、咳嗽、流涕等感冒症状。妈妈不要过早给宝宝加衣服。

3. 宝宝出汗时，不要马上脱掉衣服，应该先给宝宝擦干汗水再脱。

4. 选用宝宝专用的护肤品。选购时应选择不含香料、酒精，无刺激的润肤霜。

冬季护理要点

1. 北方冬季气候寒冷，但室内空气质量差、湿度小，有取暖设备的地区室温过高，容易造成宝宝喂养局部环境不良。

2. 南方冬季气候温和，但阳光少，室内缺乏阳光照射，有阴冷的感觉。每当太阳出来，爸爸妈妈就抱宝宝晒晒太阳。

3. 秋末冬初季节，宝宝容易患病毒性肠炎，要注意预防。

4. 新鲜的空气对宝宝是很重要的，室内要保持空气流通。

特殊情况的照护

黄疸不退

新生儿黄疸是指新生儿时期由于胆红素不能及时排出引起血中胆红素水平升高而出现全身皮肤、眼睛等发黄的症状。包括生理性与病理性两种，后者又称高胆红素血症。黄疸有生理性黄疸和病理性黄疸之别。

生理性黄疸

生理性黄疸属于正常现象，不需要治疗，一般在出生 14 天后自然消退。

1 很多母乳喂养的宝宝，由于母乳的原因，黄疸消退得会慢些，可以暂停母乳 3 ~ 5 天。

2 若黄疸程度较严重，可根据医生诊断采用光照疗法。

病理性黄疸

如果是严重黄疸的新生儿，父母应警惕核黄疸（由于胆红素沉积在基底神经和脑干神经核而引起的脑损伤）的发生。下面介绍一些护理病理性黄疸的方法。

1 使新生儿尽早排出胎便，因为胎便里含有很多胆红素，如果胎便排不干净，胆红素就会经过新生儿特殊的肝肠循环重新吸收到血液里，使黄疸变重。

2 注意给新生儿补充水分，促使其排尿，这样有利于胆红素的排泄。

3 白天让新生儿在窗户旁接受自然阳光照射，抱新生儿到阳台上晒太阳，但要避免强光直射其眼睛。

当黄疸过高或者持续不退时，就需要就医以判断宝宝是否是病理性黄疸了。即使不是病理性黄疸，如果宝宝黄疸过高也一定要及早就医，否则有可能对新生儿智力产生影响。

吐奶

多数宝宝在出生两周后，会经常吐奶。在宝宝刚吃完奶，或者刚被放到床上时，奶就会从宝宝嘴角溢出。吐完奶后，宝宝并没有任何异常或者痛苦的表情。这种吐奶是正常现象，也称“溢乳”。

宝宝吐奶溢奶的原因和处理

1 宝宝的胃呈水平状，入口的贲门括约肌弹性差，容易导致胃内食物反流，从而出现溢乳。

2 宝宝的胃容量小，如果吃太多，多余的奶就容易吐出。

3 食管与胃连接处的括约肌没有完全发育好，阻碍胃中食物向食管反流的阀门功能差，尤其多见于早产儿。

吐奶和溢奶是新生宝宝常见的一种现象，可以这样处理：宝宝吃完奶后，让其趴在妈妈的肩头，轻轻用手拍打宝宝的后背，直到宝宝打嗝为止。这样可以帮助宝宝排出胃内的气体，减轻溢乳。

新生儿便秘

正常新生儿最初每天的大便次数为 3 ~6 次，过几周后，可能会减少到每天 1~2 次。但有时候宝宝两天才有一次大便，这就要引起爸爸妈妈们的注意了。

病因解析

1 妈妈的不良饮食。妈妈所吃的食物会对宝宝造成很大影响。如果妈妈经常吃辛辣的食物，就会引起宝宝便秘。

2 疾病影响。肛门狭窄、肠管功能不正常、先天性巨结肠等疾病也会造成宝宝便秘。

3 排便习惯。如果该排便时宝宝正在玩耍，就会抑制自己的便意。久而久之，宝宝的肠道会失去对大便刺激的敏感性，使大便在肠内停留过久，变得又干又硬。

4 哺乳量不足。宝宝的消化道肌层发育尚不完全，如果宝宝吃奶太少，或呕吐较多，可引起暂时性的无大便，同时还可能伴有吐奶现象。

5 精神因素的影响。如果宝宝受到突然的精神刺激（如惊吓或生活环境改变等），也会出现暂时的便秘现象。

应对措施

出现便秘后，干硬的大便刺激肛门会使宝宝产生疼痛和不适感。大便如果长时间存留在宝宝体内，会形成毒素淤积，影响宝宝正常的新陈代谢，还会使宝宝产生营养不良、抵抗力下降等健康问题。具体治疗方法如下。

按摩法

手掌向下，平放在宝宝脐部，按顺时针方向轻轻推揉。可以加快宝宝的肠道蠕动，促进排便，有助于消化。

开塞露法

将开塞露的尖端封口剪开（管口处如有毛刺一定要修光滑），先挤出少许药液滑润管口，以免刺伤宝宝肛门；接着让宝宝侧卧，将开塞露管口插入其肛门，轻轻挤压塑料囊，使药液注入肛门内；拔出开塞露空壳，在宝宝肛门处夹一块干净的纸巾，以免液体溢出。

脐疝

有的宝宝快满月时会发生脐疝。发生脐疝的宝宝大都经常过多用力，或因脾气暴躁及母乳不足而经常哭。按压患儿的腹部，会发出“咕噜咕噜”的声音，这是肠管中的消化物和气体混合发出的声音。

脐疝在早产儿中更为多见，这是因为早产儿腹壁的窗户更容易关闭不严。脐疝一般在宝宝两三个月时就会痊愈，时间长的可能要等到上学之前痊愈。

只要控制好腹压，脐疝便会自然痊愈。对于性格急躁的宝宝，要多抱抱，多抚慰。母乳不足的宝宝可喂些配方奶，宝宝就不会因饥饿而哭闹了。

家有早产宝宝

胎龄未满 37 周出生者，不论其出生时体重多少，均称为早产儿。早产儿的头相对较大，囟门宽大，常伴颅骨软化；头发稀、短、软、乱如绒线头，皮肤松弛，面额部皱纹多，似“小老头”，毳毛多，皮下脂肪少。

早产宝宝的生理特点

体温调节功能差

早产儿因体温中枢发育不成熟，肌肉活动差，故产热能力低，且代谢低，在环境温度低时如保暖不当，很容易出现低体温（体温低于 35℃）而导致硬肿症的发生。又由于汗腺发育不良，出汗不畅，在周围环境温度高时，热量散发不出而发生高热。

消化功能弱

早产儿吸吮能力差，吞咽反射弱，特别容易发生呛奶。其胃容量小，胃肠功能弱，消化吸收能力差，对蛋白质的需要量高，胆酸分泌较少，不能将脂肪乳化，故对脂肪的吸收能力较差，若喂养不当很容易发生腹泻、腹胀、消化不良及营养不良。

神经系统不成熟

早产儿神经系统成熟与否跟胎龄有密切关系。胎龄越小，各种反射越差，如觅食、吸吮、吞咽及对光、眨眼反射均不敏感，觉醒程度低，拥抱反射不完全，肌张力低下。

肝肾功能低下

早产儿肝脏发育不成熟，对胆红素代谢不完全，故生理性黄疸重且持续时间长，常引起高胆红素血症、核黄疸。因肝脏功能不全，肝贮存维生素 K 较少，易发生出血症。

抵抗力低

早产儿全身脏器发育不够成熟，免疫球蛋白 IgG 可通过胎盘，但与胎龄增长有关，故从母体来的 IgG 量较少。由于 IgA、IgM 不能通过胎盘，免疫力低，对各种感染的抵抗力极弱，即使较轻微感染，也可导致败血症而危及生命，尤其须精心护理。

早产儿日常保健护理

当早产儿能自己吮奶并保证每天吸入量；室温下能保持正常体温；体重每天增加 10 ~ 30 克，达到 2300 克以上；无并发症，即可出院回家。但宝宝出院后，身体仍然非常虚弱，需要父母更加细心护理。

早产宝宝出生后就要做常规检查，密切观察各项生命体征。一般情况下 1 岁以内每月到医院儿科保健门诊检查一次，1~3 岁每 2~3 个月检查一次，以得到儿科医生的指导。

保暖

早产儿由于体温调节困难，所以日常护理中对温度和湿度的要求显得很重要。室温应保持在 26 ~ 28 ℃，湿度维持在 55% ~ 65%。如果室内温度达不到，可以采取用空调等方法提高温度，但是千万注意安全。如果体温过低可以通过给宝宝穿适当的衣服进行保暖，尽量保持宝宝体温的稳定。

预防感染

早产儿免疫力低下，对各种感染的抵抗力较差，应尽量减少探视。给宝宝喂奶、换尿布前应认真洗手；奶瓶等用具要天天消毒；注意室内通风；宝宝衣服要勤洗勤晒等。

精心喂养

尽量母乳喂养，如发现宝宝有呛奶、气促、面色难看或唇周发青甚至拒奶的情况，妈妈就要提高警惕，是不是宝宝生病了。早产儿吸吮能力比较差，应少食多餐。

居室卫生

由于室内温度较高、湿度较大，会导致细菌繁殖迅速，所以要保持室内卫生干净，空气新鲜。但要注意，室内通风时，禁止宝宝和新妈妈吹过堂风。

双胞胎宝宝怎么护理

双胞胎宝宝可以带来双份惊喜

双胞胎的照料在开始时确实很麻烦。但在两个孩子能互相认识之后，他们就会成为玩友而形影不离，比其他家庭的独生子更加快乐，且能更早学会协作。对父母来说，虽然照顾孩子很费工夫，但却能得到来自孩子的双份欢乐，所以辛苦是值得的。

双胞胎宝宝的喂养

双胞胎出生时体重低于 2500 克者较多，所以在产院一般把双胞胎作为早产儿来处理。如果是这种情况，就需要母亲提早挤出更多的母乳备用。最理想的是两个孩子都能采用母乳喂养，要相信双胞胎的母乳分泌也绝对是双份的，这是大自然的特别安排。双胞胎很多是早产儿，他们也就非常容易疲倦，一两周内很难好好吃奶。因此对于双胞胎妈妈来说，正确的喂奶姿势尤为重要。给双胞胎宝宝喂奶的方式有以下 3 种可以借鉴：

1 双人橄榄球式　这种姿势可以让你在喂奶过程中控制宝宝头部的移动，不让他们往后仰。若采用这种姿势，一定要用很多枕头支撑你和宝宝。

2 交叉摇篮式　你要先用摇篮式抱姿抱住一个，然后在另一边抱住另一个，他们会把头分开，双腿交叉。这种姿势同样需要很多枕头来支撑。

3 平行姿势　一个宝宝用摇篮式抱姿，另一个用橄榄球式抱姿，让两个人的身体在同一个方向上。采用摇篮式抱姿的宝宝放在你的手臂上，而用橄榄球式抱姿的宝宝则放在一个枕头上，用手托住其颈背。

新生宝宝惊人的能力

表面上，新生儿总是以被动的姿态应付自己的生存问题，整天闭着双眼，循环着吃、睡、哭的活动，难怪有些老人总是说新生儿“眼不会看物，耳不会听声”。

其实，新生儿的感官并不真是这样百无一用的。现在，已有越来越多的心理学家认识到，新生儿的感受智慧远不止于此，只是现代实验手段、技术的限制使人们还不能真正认清其“真面目”。但即使这样，新生儿惊人的能力也足以让我们吃惊了。

能辨别男女声

胎儿在母腹中就能听到外界的声音。孕妇诉说汽车喇叭声会加速胎儿的蠕动；她们怀孕时常听的一支曲子会使新生儿倍感亲切。出生后，新生儿的听力日趋完善。

听觉能力	具体表现
寻找声源	有了比较成熟的确定声源的能力，在刚出生的新生儿耳边发出声音，大部分新生儿能正确地把头转向声源
	出生 6 个小时后，新生儿几乎都能出色地完成声源左右方位的定位任务
对声源的反应	到了 1 个月，新生儿对声源的判断伴随有身体、脸部等动作的呼应，好似在“认真地”听这个声音
能分辨出不同人的说话声	出生 3 天的新生儿，能分辨出男声和女声、不同女人的说话声，对自己妈妈的声音更感兴趣

眼睛有看东西的能力

出生 4 天的新生儿就会转头或微闭双眼来看光线了，不久以后，他们还会用眼睛追踪移动的光线。

1 个月时，在新生儿的视野里出示一个物体，他们的眼球就会出现探索反应，视线会追随这个物体的移动，尽管这种追随还不成熟，往往是跳跃式的（而不是紧紧跟随），物体的移动也不能过快、过远，追随的时间也不长，但它实实在在告诉人们：新生儿能用眼视物。

可以嗅到妈妈的味道

当新生儿闻到某种气味，例如酒精、醋酸等，他们的呼吸会加快，动作也会增多。宝宝一出生就有用嗅觉确定物体空间方向的能力。在宝宝的头部左侧放一瓶风油精，出生 16 个小时的宝宝就会把头转向右边；溶液放在右边，头就转向左边，用头的转向来回避刺鼻的气味。因此，对宝宝来说，灵敏的嗅觉具有主要的生物学意义。出生 7 天的新生儿会在几个女人的胸罩中嗅出属于自己妈妈的那种独特气味。

更喜欢甜味

新生儿的舌头能够品尝出几种不同的味道，如：糖水、盐水、奎宁水和柠檬酸溶液（这是通常用来代表甜、咸、苦、酸 4 种基本味觉的典型物质）。研究发现，新生儿更喜欢甜味，这在日常经验中也能看到，新生儿吸吮白开水的速度远远赶不上吸吮糖水的速度。以后，他们还会比较精准地品出不同浓度的糖水呢。这时，他们的味觉几乎与成人接近。

皮肤敏感度已经接近成人

新生儿的皮肤，尤其是嘴唇、手掌、脚掌、前额和眼睑等部位，对刺激的敏感性已经接近成人。例如：当物体接触嘴唇时，会立即发生吸吮动作；当物体接触手掌时，会立即发生抓握动作；当物体接触眼睑时，会立即发生眨眼和闭眼动作；当脚掌受到刺激时，会立即产生脚趾张开的动作。

感知觉的发育是从婴幼儿降生就开始的，并在降生的头几年内发展迅速，绝大部分的基本感知觉能力在婴幼儿期即已完成。在婴幼儿早期的认识活动中，感知觉占着主导的地位，是婴幼儿探索世界、认识自我过程的第一步，也是以后各种心理活动产生和发展的基础。

大人放松孩子玩疯的亲子游戏

小手小手握握

大动作能力、听觉能力

益智点

训练宝宝手的握持能力，提高宝宝右脑的自然能力，同时培养母子亲情，提高宝宝的人际交往能力。

游戏进行时

妈妈把食指塞到宝宝的手中，使宝宝紧握，并停留片刻。

宝宝一吃就拉

由于宝宝肠道发育不完善，肠道极易被激惹，宝宝的吸吮动作和吸进的奶液都可能成为刺激源，刺激肠道蠕动加强、加快，产生一吃就拉的现象。有效避免一吃就拉的方法：

- 妈妈不要吃辛辣的食物。
- 如果宝宝同时伴有湿疹，妈妈还要少吃鱼虾等过敏食物。
- 不用总给宝宝把便，这会造成宝宝排便次数更多。
- 宝宝拉了，妈妈也不要急着给宝宝更换尿布，因为打开尿布，宝宝腹部受凉，肠蠕动可能会更强。

越治越重的腹泻

新生儿腹泻越治越严重，多数情况下不是宝宝病况严重，而是新手爸妈护理不当造成的。

- 腹泻病情不清，自行使用止泻药，尤其是使用抗生素。新生儿肠道内生态平衡尚未建立，正常菌群数目少，使用抗生素后，使生态平衡进一步受到干扰，加重腹泻。
- 药物服用方法不正确，如微生态制剂不能与抗生素一起服用，必须隔两小时以上。
- 没有注意饮食，有的妈妈看到宝宝腹泻，不敢给宝宝喂奶，减少了喂奶量次。宝宝腹泻头一两天，可以适当拉长喂奶间隔，但不能长时间减少喂奶量次。腹泻已经使宝宝丢失了营养和水电解质，消化功能降低，食欲降低，营养吸收也差，如果再控制奶量，宝宝就会出现营养不良，水电解质紊乱，肠蠕动加快，会使腹泻越来越严重。
- 乳糖不耐受，尤其是人工喂养的宝宝更容易出现。按照一般的肠炎治疗，不但没有效果，还会越治越严重。

新生宝宝腹胀

新生儿肠神经节发育不完善，受到外界因素影响很容易出现腹胀，例如母乳喂养的妈妈吃得过于油腻，导致宝宝消化不良，或宝宝腹部受凉等。一旦出现腹胀，妈妈可以用小暖水袋为宝宝焐一下，但要注意不要烫着宝宝。

越哄越哭

新生儿吃喝拉撒睡样样正常，生长发育也正常，只要一哭就哄，结果越哄越哭，这是怎么回事儿呢？其实这是新手爸爸妈妈不了解新生儿哭的含义造成的。当宝宝做了梦，或想通过哭来运动一下，或想通过哭发泄一下自己的寂寞时，如果爸爸妈妈千方百计地哄，实际上会打扰他的运动，宝宝就会抗议，越哄越哭。这时只要让宝宝尽情哭一会儿，一切都会好的。

宝宝不吃橡皮奶头

混合喂养的新生儿完全能感受到橡皮奶头和妈妈乳头不同的质感、气味，更喜欢吮吸妈妈柔软、舒服的乳头，拒绝吮吸橡皮奶头。如果用奶瓶给新生儿喂过药、白开水等，也会造成新生儿拒吃橡皮奶头。妈妈可以尝试用小勺或小奶杯给宝宝喂奶，或许过一段时间宝宝就会很喜欢奶瓶了。

顽固的耳后湿疹

新生儿一般都是仰卧位睡眠，耳后透气不好。如果室温又比较高，新生儿头部出汗，耳后潮湿，再加上溢乳流到耳后，这些情况都会引起宝宝发生耳后湿疹，而且比较顽固。但只要消除睡眠姿势、室温、溢乳等诱因，新生儿耳后湿疹还是很容易根治的。

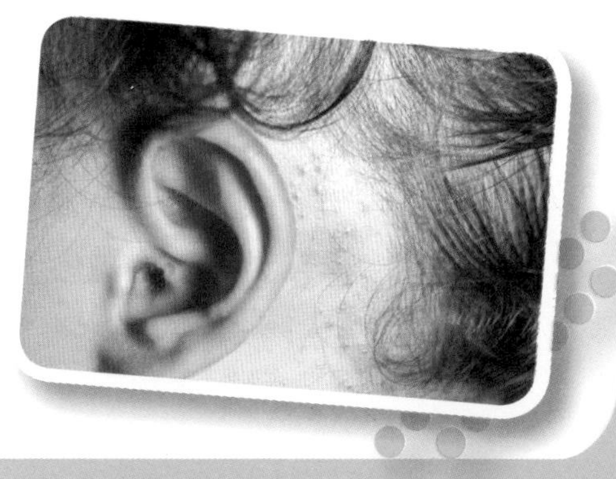

1～2个月
可以做出说话的动作了

1~2 个月宝宝的生长特点

宝宝生长发育的基本数据

项目 \ 性别	男宝宝	女宝宝
身高(厘米)	52.1～57.0	51.2～55.8
体重(千克)	4.3～6.0	3.4～4.5
平均头围(厘米)	34	
前囟门(厘米)	最小值：1×1 最大值：3×3	

体重增长迅速

这个月龄的宝宝体重增加迅速，尤其是人工喂养的宝宝，有的可以增加 1.5 千克。宝宝体重的增长会存在个体性差异，如果宝宝这个月体重增加不理想，也不要灰心丧气，下个月可能会呈阶梯性或跳跃性增长呢。

本月龄身高不会被遗传影响

这个月龄的宝宝身高不会受遗传的影响。测量宝宝身高，最好请专业人员进行，以免造成误差。宝宝的身高如果不是明显低于同龄人，不需看医生。

轻轻触摸前囟不会变哑巴

宝宝的前囟没有颅骨，妈妈一定要保护好它。宝宝的前囟出现跳动是很正常的。前囟如果过于突出，可能是有颅压增高；反之凹陷则可能是脱水。前囟是宝宝的命门，有的人认为不能触摸，触摸后宝宝就会变成哑巴，这种说法是没有科学依据的。

科学喂养，打下一生营养好基础

满月宝宝的营养标准

这个月龄宝宝每天所需热量依然是每千克体重 420 ~ 462 千焦。宝宝所需营养依靠母乳亦可，如果宝宝体重增长明显缓慢，则可能是母乳不足，可以添加配方奶喂养。

根据宝宝需求哺乳

这个月龄的宝宝吃奶的时间间隔延长了，一般是 2.5 ~ 3 个小时一次，一天吃八九次。但也有特殊情况，宝宝 2 个小时吃一次或者 4 个小时不吃奶，一天吃 10 次或 5 次也是正常的。如果吃奶次数大于 10 次或少于 5 次，才有必要咨询医生孩子是否有异常。宝宝夜里吃奶的次数太频繁，会影响妈妈的休息，妈妈可以比平时减少一次喂奶，如果宝宝不干，就延长喂奶的间隔，从几分钟开始，逐渐延长，不要急于求成。

母乳喂养

开始了良性喂养阶段

这个月宝宝的吸吮能力增强了，吸的奶量增加了，相应的吃奶的时间缩短了。有的妈妈看到宝宝这种变化，以为宝宝没有吃饱或者自己的奶水变少了，这种担心没有必要。此时的宝宝比上个月更加知道饥饱，吃不饱就不会好好睡觉，即使睡着了也会很快醒来要奶吃。

保护乳头

这个月龄的宝宝对外界的反应更敏感了，外界有动静的时候，宝宝会把头扭过来看看，有时候没有来得及吐出口中的乳头，把乳头拉得很长，妈妈会感觉很痛。所以在喂奶时，妈妈要固定好宝宝的头部，把宝宝的头放在臂窝内，用前臂挡住宝宝的后枕部。这样宝宝突然扭头的时候幅度不大，避免了伤害乳头的现象。

尽量避免混合喂养

这个月宝宝的食乳量增加，有的妈妈对自己的奶量不够自信，担心宝宝吃不够，在喂母乳的同时给宝宝也喂配方奶。配方奶比母乳甜，宝宝吸吮橡皮奶头比妈妈的奶头更容易吃到奶，就会逐渐喜欢上喝配方奶。宝宝吃了配方奶以后，吃的母乳量就少了，吸吮母乳的时间会缩短，减少了对母乳的刺激，妈妈的乳汁分泌量会相应减少，形成恶性循环。所以在不确定母乳量是否充足时应尽量避免给孩子喂配方奶，具体可以咨询医生。

宝宝的尿便

这个月龄的宝宝，尿尿的次数减少了，每次醒后就会排尿，尿的总量没有变少。宝宝是直肠子，一吃就拉。妈妈先不要急于给宝宝换尿布，等宝宝吃完奶再换。宝宝容易生尿布疹，可以在清洗屁屁后，涂抹鞣酸软膏，预防红臀。

纯母乳喂养的宝宝一天大便 6 次是正常的，少数宝宝一天排十余次，甚至每次换尿布都有一点大便，这也可能是正常的。

人工喂养

应该喂宝宝的量

这个月龄的宝宝每次可以喂配方奶 80 ~ 120 毫升。具体的喂奶量以宝宝的需求和发育状况为标准，如果宝宝吃就喂，不吃就不要再喂了。

奶具卫生

满月的宝宝抵抗力依然较弱，要注意奶具的卫生。

混合喂养

一顿中母乳和配方奶不能混合喂

宝宝一顿既吃母乳又喝配方奶很不好。一顿喂母乳就要全部喂母乳，如果没有吃饱，可下次喂配方奶，提前喂奶时间。如果吃饱了，下次乳房依然很胀，就继续喂母乳。

不要放弃母乳喂养

母乳是宝宝的最佳食品，用母乳喂养可以使宝宝获得最大的母爱，对母婴的身心都有好处，所以，最好用母乳喂养宝宝。有的妈妈下奶晚，后期母乳量会逐渐增加，妈妈要树立母乳喂养的信心。

哺乳妈妈催乳食谱推荐

清炖乌鸡 改善缺铁性贫血

材料 乌鸡500克，党参、黄芪、枸杞子各15克，葱段、姜片、盐、料酒各适量。

做法

1 乌鸡洗净，切块，加葱段、姜片、盐、料酒拌匀。

2 在乌鸡肉上面铺上党参、黄芪、枸杞子，放入蒸锅中隔水蒸 20 分钟即可。

宝宝日常照护

衣服品质第一

满月的宝宝可以穿宝宝服了，衣服要纯棉质地，柔软，宽松，脚脖处、手腕不要带纽扣，领子以和尚服式的为宜，裤子开裆要大。值得注意的是，要注意衣服的线头，线头缠绕在孩子身上，有导致局部坏死的危险。衣服的样式、价格是次要的，关键是看质量。

尿便管理

此时的宝宝还是随意大小便，妈妈对此不要太在意，现在还不适宜训练宝宝的大小便。宝宝大便次数存在着个体差异。母乳喂养的宝宝大便次数较多，大便多呈现黏稠的金黄色，奶瓣状、绿色也很正常。配方奶喂养的宝宝大便呈黄白色或黄色。

即使冬季也要每天洗澡

这个月龄的宝宝可以全身放在浴盆中洗澡。冬季最好也保持一天洗一次，夏天天气炎热，可以洗 2 ~ 3 次，宝宝皮肤褶皱处的清洗应仔细。洗完澡可以给宝宝喂一点白开水，10 分钟后再给宝宝喂奶。

睡眠问题

这个月龄的宝宝每天的睡眠时间减少了，一般为 16 ~ 18 小时，每天上午八九点钟是睡觉时间最长的时段。宝宝是白天睡还是晚上睡，要尊重宝宝的习惯，不能因为家长白天忙，就让宝宝白天多睡，晚上少睡，也不能认为宝宝睡眠时间越长越好。

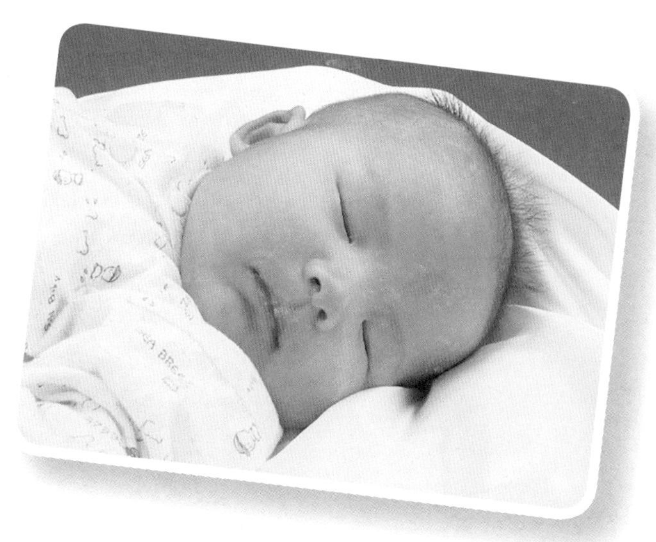

宝宝是一个个体的人，家长要尊重宝宝的习惯，不能凭自己的好恶来决定宝宝的睡眠时间。

特殊情况的照护

解读宝宝的哭闹

哭语言种类	传递信息	哭声解读	应对方法
健康性啼哭	我很健康	抑扬顿挫，声音响亮，不影响饮食、睡眠及玩耍	轻轻抚摸宝宝，朝他微笑
饥饿性啼哭	我饿了	带有乞求，由小变大，很有节奏，不急不缓	一旦喂奶，哭声就停止
过饱性啼哭	肚子好撑	喂哺后，哭声尖锐，两腿弯曲乱蹬，向外溢奶或吐奶	过饱性啼哭不必哄，哭可加快消化，但要注意溢奶
口渴性啼哭	我口渴了	表情不耐烦，嘴唇干燥，时常伸出舌头，舔嘴唇	给宝宝喂水
尿湿性啼哭	尿湿了	强度较轻，无泪，大多在睡醒或吃奶后啼哭	换上干净的尿布
寒冷性啼哭	我好冷啊	哭声低沉，有节奏，肢体稍动，小手凉，嘴唇紫	为宝宝加衣被
燥热性啼哭	盖太多，热	大声啼哭，不安，四肢舞动，颈部多汗	为宝宝减少衣被
困倦性啼哭	好困，但还舍不得睡	啼哭呈阵发性，一声声不耐烦地号叫	让宝宝在安静的房间里躺下来

为什么会突然哭闹

可能是患了疝嵌顿和肠套叠

一直没有哭闹情绪或正在熟睡的宝宝突然哭泣了，妈妈要考虑宝宝的肠道是否有堵塞，如果没有，不用管也没有危险。肠道堵塞的常见原因是疝嵌顿。肠套叠时肠腔不通畅，会非常疼痛，孩子也会突然大哭。

疝嵌顿和肠套叠都必须早发现早治疗，早期的治疗不用切除肠管即可治愈。

大肠病也会导致宝宝突然哭泣。大肠病在2~3个月的宝宝中间更常发生。大肠病和肠套叠的相同症状是：宝宝突然疼痛哭泣，怎么哄都哄不好。不同症状是：哭的方式不一样。大肠病的宝宝会持续大哭20~30分钟，哭闹停止后，精神立即好转；不会吐奶，距离下一次发作的这段时间里，宝宝的排便、脸色等各方面都正常。而肠套叠的宝宝会每次几分钟间歇式地哭泣，哭声渐弱，哭后会吐奶。

大肠病和中耳炎也会导致宝宝哭泣

大肠病是常见病，发病的原因不明。用灌肠的方法有时会治愈。宝宝过了3个月，这种病会自动痊愈。预防大肠病的方法是经常抱着宝宝出去散步1~3个小时。

中耳炎的宝宝也会有突然哭泣的情况。检查宝宝是否得了中耳炎的方法是，从外面看一侧的耳道是否肿胀被堵塞。

应付爱哭的宝宝

切忌对哭泣的宝宝不闻不问

遇到爱哭的宝宝，妈妈首先要检查一下宝宝是否身体不舒服。如果宝宝身体正常，那么就要帮助宝宝纠正这种坏习惯，不能对哭泣的宝宝放任不管，也不可过分骄纵。有的妈妈会听从有经验的妈妈的话，对爱哭的宝宝不闻不问，这是不对的。宝宝持续哭闹时，腹部用力过度会引起疝气。

避免伤害孩子的心灵

宝宝是有情感的，如果妈妈纠正的方法不当，可能会伤害孩子的心灵，改变宝宝的性格，宝宝会变得孤僻、易怒。

假性消化不良

宝宝在这个月，有时候便中会混有白色的颗粒物，或者是绿色、透明的黏液。妈妈以为宝宝“消化不良”了，到医院检查却发现不是。母乳喂养的宝宝发生这种情况，多是因为妈妈的母乳分泌旺盛。其实这种绿便持续1个月到1个半月就会变成黄便，所以不用担心这种有绿便的宝宝。

只要宝宝身体健康，体重增加正常，就不要因为排便次数增多、腹泻而耿耿于怀。

妈妈的抚慰可以让宝宝停止哭泣。

嗓子里面发出“呲儿、呲儿”声

发出“呲儿、呲儿”声可能是积痰

有些一到两个月的宝宝会有积痰，症状是宝宝嗓子里时常会发出“呲儿、呲儿”的声音。

积痰不会明显影响孩宝宝的健康，在吃过奶之后，发生咳嗽的话，会把嗓子里的痰吐出来。

积痰的宝宝属于一种支气管分泌稍微旺盛的体质，如果不会因为咳嗽而睡不着觉，就可以不当作病症看待。

锻炼对去除积痰有帮助

锻炼皮肤和黏膜是治疗支气管分泌旺盛体质孩子的最好方法。有的妈妈会担心洗澡对积痰的宝宝不好，其实如果症状不严重的话，洗澡也没有关系，并且洗澡会刺激皮肤，也是一种锻炼。锻炼有利于宝宝的积痰状况的改善。

治疗湿疹不可心急

治疗湿疹，妈妈要做好长期作战的准备。去医院看医生时，如果医生开的药方起作用很慢，很多妈妈就会心急，“怎么症状还没有减轻呢？”这些问题会给医生带来压力，医生开始怀疑自己的判断，进而开出一些药性很强的药。这些药可能短期能很快出现效果，但长期来看，却会对皮肤造成伤害。因此，妈妈要注意湿疹宝宝皮肤的保护。

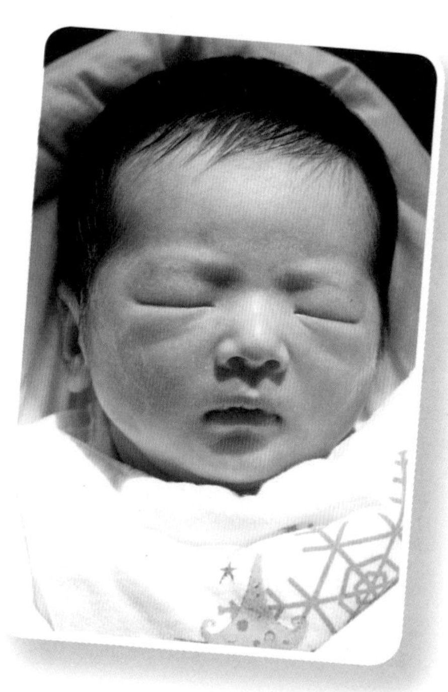

只要宝宝能吃能睡，没有任何异样，就是健康的宝宝。

来得快去得快的疹子

1～2个月的宝宝有时候会有精神不好的现象，食量也比平时少了，身上出现了像痱子一样的红色的细小疹子。这种疹子的特点是一般1天时间即可痊愈，刚起的时候身体不发热。需要注意的是，在夏季，妈妈容易把这种疹子和痱子混淆。

妈妈发现了这个月龄的宝宝起了疹子后，不要惊慌，宝宝在这么小的时候不会得麻疹的。

1~2 个月宝宝的能力发展与培养

喜欢朝着有光的地方看

这个月龄的宝宝视觉已经很敏锐，眼睛会随着移动的物体、亮光转动，喜欢灯光和有亮光的窗户，喜欢鲜艳的颜色。两个月的宝宝最佳视觉距离是 15 ~ 25 厘米，太近或太远，都不容易看清。

可以记住爸爸妈妈的面孔

宝宝的记忆能力有了不小的进步，已经可以记住爸爸妈妈的脸了，当看到爸爸妈妈的脸时，会很兴奋。

嗅觉成熟

宝宝在胎儿期嗅觉已经成熟，新生的宝宝能够依靠嗅觉分辨奶味，寻找乳头和妈妈。宝宝总是朝着妈妈的方向睡觉，他在闻妈妈的奶香，也是嗅觉的作用。

对音乐感兴趣

这个月的宝宝对音乐有了兴趣。妈妈放柔美的音乐时，宝宝会安静地听；放嘈杂的音乐时，宝宝会皱眉，甚至哭闹。

可以做出说话的动作了

一个多月的宝宝还不会说话，但是当爸爸妈妈和宝宝说话时，宝宝的小嘴会做出说话的动作，嘴唇微微向上翘、向前伸，呈 O 形。爸爸妈妈可以想象着和宝宝对话，装作听懂了宝宝的意思，这样可以促进宝宝语言能力的开发。

泛化反应

当爸爸妈妈走近一到两个月的宝宝时，宝宝做出的动作是全身性的，手足同

时挥舞，嘴一张一合，面部不时抽动，这就是泛化反应。往后宝宝的动作会发展成为分化反应，从全身性运动变为局部的、有意义的运动。宝宝的动作发展是从上到下、从头到脚。

正确的卧姿预防宝宝猝死

如果去医院咨询医生，这么大的宝宝应该采取哪种卧姿比较安全，医生会推荐仰卧位。仰卧位虽然有溢奶时呛进气管的危险，但如果大人在身边，溢奶后把宝宝侧过来，还是来得及的。俯卧位和侧卧位会增加宝宝猝死的风险。

智力和潜能的开发

在和宝宝对话的时候，口型要准确，发音要轻柔、清晰，可以帮助开发宝宝的视觉和听觉能力。当宝宝注视着妈妈时，妈妈可以设法吸引宝宝的注意力，同时移动位置，例如说："宝贝，看，妈妈在这里。"要相信宝宝是懂的，在开发宝宝的智力和潜能时，抱着这样的信念，你就会看到宝宝惊人的进步。

大人放松孩子玩疯的亲子游戏

宝宝，我是妈妈

语言能力、听觉能力

益智点

提高宝宝说话的热情，刺激宝宝的语言发展。

游戏进行时

妈妈经常有意识地与宝宝对话，比如宝宝醒了，妈妈就说："宝宝醒了，你看看是谁抱你了？""宝宝，我是妈妈。""宝宝，知道我是谁吗？"

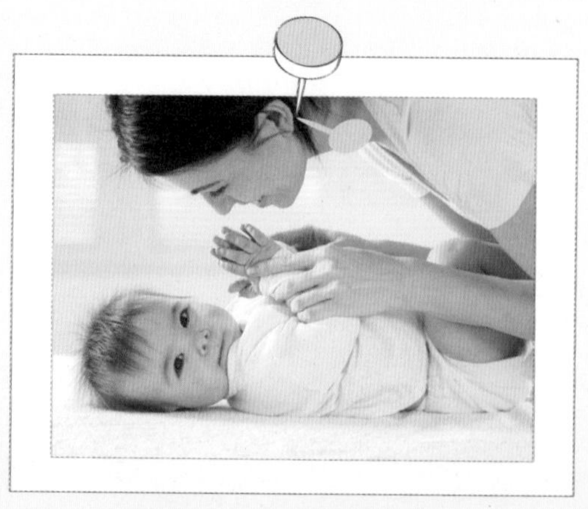

睡得不踏实，是不是缺钙了

1~2个月的宝宝会做梦了，做梦的时候还会伴有躁动。宝宝的运动能力增强了，睡觉时也不老实，会出现各种各样的动作，其实宝宝还始终在睡眠状态。

妈妈不要担心宝宝缺钙

宝宝对外界的感知能力增强了，对外界更敏感了，如果周围环境不好，也会影响宝宝的睡眠质量。有时候宝宝会突然睁开眼睛，看到妈妈在身边就会接着睡，不在的话就开始大哭。妈妈立刻过来拍拍宝宝，宝宝就会停止哭泣并入睡。如果宝宝没有停止哭泣，就握住他的小手放到他的腹部，轻轻地摇一摇，宝宝很快就睡着了。当然，到了吃奶的时间就要给宝宝吃奶，这才是良策。宝宝睡不踏实，妈妈不用担心他是缺钙。

宝宝一到晚上就哭，是受到惊吓了吗

这个月龄的宝宝有的白天好好的，一到晚上就爱哭，并且很难哄。爸爸妈妈经常被这种哭闹搞得精疲力竭。爸爸白天还要上班，就会埋怨妈妈不会带孩子，妈妈也会感觉自己带孩子很失败。但是也找不出宝宝哭闹的原因，去医院检查，医生说宝宝身体健康。

心平气和的妈妈才会让宝宝平静

对这种宝宝，爸爸妈妈不要急躁，这个月龄的宝宝已经能够感受到家长的语气，不喜欢愤怒和抱怨的语气。也不要过分哄，抱着宝宝在地上走动，大声“嗷嗷”摇动宝宝，这样只会让宝宝哭闹的情况越来越严重。爸爸妈妈应该心平气和地哄宝宝，慢慢让宝宝平静下来。

有的宝宝就是爱在晚上哭，这也是很正常的，爸爸妈妈不要担心宝宝的身体状况。

2～3个月
表情开始丰富起来

2~3 个月宝宝的生长特点

宝宝生长发育的基本数据

项目 \ 性别	男宝宝	女宝宝
身高(厘米)	55.5～60.7	54.4～59.2
体重(千克)	5.0～6.9	4.0～5.4
平均头围（厘米）	35.9	
前囟门（厘米）	最小值：1×1 最大值：3×3	

体能活动

宝宝的肢体活动频繁，更有劲了，学会踢被子了。爸爸妈妈给他盖上被子后，他会迅速踢掉。快学会自己竖头了，俯卧位的时候会用两个前臂把头支撑起来。会用手抓住带把的玩具了，但是还不能主动张开手指。

情感发展

对外界的反应更加强烈了。笑的时候，有时还会发出“啊、哦”的声音，见到妈妈变得着急，两只胳膊上伸，做出要抱妈妈的样子。吃奶粉的宝宝，见到妈妈会做出兴奋的样子。

喜欢亮的地方，喜欢被抱到室外。周围有人逗他，他会发出会心的笑，有时还会发出一连串的笑声。

个体状态出现差别

有的宝宝会比较安静，有的则比较活跃。宝宝的状态和所处的环境有关，也和性格有关。

科学喂养，打下一生营养好基础

营养素的摄入和补充

蛋白质、脂肪、矿物质、维生素，这些营养素可以通过母乳和配方奶获得。母乳喂养的宝宝，可以补充果汁。人工喂养的宝宝每天可补充 20 ~ 40 毫升的果汁。早产儿此时可以补充铁剂和维生素。

多数宝宝知道饥饱

此时的宝宝，每天所需的热量是每千克体重 450 ~ 540 千焦。在实际的操作中，妈妈会发现，计算孩子的食量没有必要，因为大部分宝宝都知道饥饱，按照他们的食量喂养即可。

母乳喂养

不要叫醒睡觉的宝宝

母乳充足的妈妈，这个月仍然可以用纯母乳喂养宝宝，两次吃奶间隔时间会延长，从 3 个小时一次可延长到 4 个小时一次。晚上可能会延长到六七个小时。这是很正常的现象，妈妈不要担心会饿着宝宝而把宝宝叫醒喂奶。

对吃奶没有兴趣的宝宝

有的宝宝每次吃的奶量较少，对奶不亲，吃奶时也漫不经心，没有奶吃的时候，也不哭闹。面对这样的宝宝，妈妈不要强制喂奶，当宝宝不想吃奶的时候，就不要再给宝宝喂奶了，同时要缩短喂奶的时间，每隔两三个小时给宝宝喂一次奶。这样宝宝摄入的奶量并不少，一样可以满足宝宝成长的需要。

爱玩耍的宝宝

这个月的宝宝醒来的时间更长了，宝宝想要人陪着玩，如果妈妈不懂得宝宝的意愿，有的宝宝就会哭。所以当宝宝哭闹的时候，妈妈不要就认为孩子饿了，给宝宝喂奶，或者担心自己的奶量不足，孩子吃不饱才会哭。

喂养不当造成宝宝过胖或过瘦

有的妈妈担心宝宝会饿着，宝宝已经连续几次把乳头吐了出来，但是妈妈还是会把乳头硬塞进宝宝嘴里。这种喂养方式会带来不良后果。一种是宝宝的胃口逐渐变大，摄入的营养过多，变成肥胖儿；另一种是消化系统不能承担过量的工作，宝宝胃口变差，食欲下降。前者容易导致宝宝过胖，后者则过瘦。

添加配方奶粉的具体操作

每次冲150毫升左右的配方奶粉，如果宝宝全部喝完以后，好像还没有吃饱的样子，下次适量添加，最多可增加到180毫升。

如果宝宝依旧因为饥饿而哭闹，夜里醒来的次数增多，那么每天可以增加到两次或三次喂配方奶粉次数，注意不要过量。

如果宝宝哭闹的次数减少了，体重每周能增加200克以上，则可以以这个量为标准继续添加配方奶粉。

让宝宝接受橡皮奶头和配方奶粉

有的宝宝不喜欢橡皮奶头和配方奶粉，所以为了以后辅食的添加，有必要锻炼宝宝接受橡皮奶头和奶粉。母乳足的妈妈，可以用奶瓶喂宝宝水。为了预防以后的母乳不足，应该让宝宝试着吸吮橡皮奶头，偶尔喂一次配方奶粉，让宝宝熟悉奶粉的味道。但配方奶粉要整顿加，不要半顿配方奶粉半顿母乳。

人工喂养

宝宝食欲更好了

此时宝宝的胃口较好，喂奶量从以前的每次120~150毫升，可以增加到150~180毫升。每天吃5次的宝宝每次可以喂180毫升，每天吃6次的宝宝每次喂160毫升。

混合喂养

母乳不足时可以添加配方奶粉

判断母乳是否充足的依据是宝宝的体重，如果宝宝一周的体重增长低于200克，则表示母乳不足了，应添加配方奶粉。喂配方奶粉的时间为下午四五点，奶量以宝宝需要为准。

坚持母乳喂养

有的宝宝吃了配方奶粉后，就不喜欢吸吮乳头了。此时妈妈还是要继续母乳喂养，不要随宝宝的兴趣，如果减少了母乳喂养量，母乳分泌就会逐渐减少。

哺乳妈妈催乳食谱推荐

海鲜炖豆腐 丰乳通乳

材料 鲜虾仁 100 克，鱼肉片 50 克，嫩豆腐 200 克，青菜心 100 克，熟猪油、盐、葱、生姜各适量。

做法

1 将虾仁、鱼肉片洗净；青菜心洗净，切段；嫩豆腐洗净，切成小块；葱、姜分别洗净，切末。

2 锅置火上，放入熟猪油烧热，下葱末、姜末爆锅，再下入青菜心稍炒，放入虾仁、鱼肉片、豆腐稍炖一会儿，加入盐调味即可。

营养师说功效

这道菜富含优质蛋白质、磷、钙、铁、维生素和纤维素，有丰乳通乳的功效。新妈妈多食，能缓解脾肾两虚导致的乳汁稀少、疲倦乏力等。

丝瓜仁鲢鱼汤 活血、通乳

材料 丝瓜仁 50 克，鲜鲢鱼 500 克，酱油、盐、植物油各适量。

做法

1 丝瓜仁冲洗干净；鲜鲢鱼处理干净，切上花刀。

2 锅置火上，倒入植物油烧热，放入鲜鲢鱼煎半熟，倒入适量清水，放入丝瓜仁，大火煮开，放入少许酱油、盐调味即可。

营养师说功效

丝瓜仁有行血、催乳功效，鲢鱼有和中补虚、温中理气的作用，新妈妈应多喝这道汤。

宝宝日常照护

衣物、被褥、床、玩具

此时的宝宝用原来的衣服被褥床即可，不需更换。多数宝宝开始学翻身，所以宝宝周围不要放物品，尤其是塑料薄膜，因为有可能导致宝宝窒息。

如何选择宝宝的枕头

宝宝3个月大时就要开始使用枕头了。给宝宝选择枕头要遵循软硬适中、抗菌防螨、高矮适度的原则。若枕头太软，宝宝侧头时可能会堵塞口鼻，有窒息的危险。若枕头太硬，长期使用可导致宝宝头骨变形。带凹的枕头也不能再用了，否则会使溢出的奶液堵塞宝宝的口鼻。

宝宝的枕头一定要有良好的吸湿性、透气性。枕芯最好使用天然无毒害、无异味的填充物，如荞麦皮、稗草籽、灯心草、蒲绒、茶叶、菊花等，千万不要用泡沫塑料、腈纶或丝棉做填充物。填充物要经常晾晒，以免产生霉菌。枕套选择纯棉及天鹅绒的最佳。

枕头的高度以宝宝枕在枕头上，头和身体保持平衡，没有下沉和抬高的不舒服状态为准。枕头的长度和宝宝的肩宽相等，宽度和宝宝的头高差不多。3~6个月的宝宝最合理的枕头高度是小于3厘米，6个月以后以3~4厘米为宜。

选择宝宝玩具的注意事项

这个月的宝宝已经能够握住带把的玩具，在玩玩具时可能会打到脸上，所以要注意玩具的质地和硬度。玩具要保持清洁，因为宝宝可能把玩具放到嘴里。

给宝宝洗澡的益处

经常给宝宝洗澡也是对皮肤触觉的最好刺激，在洗澡过程中，皮肤能把各种感觉直接传递到大脑，对促进脑的发育和成熟十分有利。此外，每次洗澡时，妈妈还可以检查宝宝全身的皮肤、脐带等，以便及早发现和处理宝宝发育中可能出现的问题。

洗澡成为一项亲子活动

这个月的宝宝会竖头了，脊柱明显硬朗了，洗澡容易多了，可以把宝宝带到洗浴间洗澡，并且把洗澡作为一项亲子活动。

洗澡注意事项

1 洗澡前的准备：浴盆清洁、浴室温度、婴儿浴盆、洗发液、婴儿皂、浴巾、毛巾、小布帽、水温计。

2 水温宜在33~35℃，如果不用水温计，可以用手背或手腕前部感觉水温，水温温暖、不烫即可。

3 水的深度以宝宝坐时没过耻骨为宜。

4 洗头时要注意不能把水弄到宝宝耳朵里，也要防止洗发液或婴儿皂进入宝宝眼睛里。

5 女宝宝洗完澡后，再用流动水冲洗外阴处。

6 洗澡时间不宜长，不要超过 15 分钟。洗发液和婴儿皂一周用一次即可。

7 洗好后用浴巾把宝宝包起来，戴上布帽，让宝宝玩一会儿，皮肤干后再穿衣。

男宝宝与女宝宝护理上的差异

男宝宝护理

男宝宝会有鞘膜积液，若包皮过长、包皮内藏污垢，可能会引起龟头炎症。一岁前男宝宝的鞘膜积液可能会被自行吸收，如果不严重，则不需治疗。清洗屁屁时，首先要清洗包皮处，清理干净包皮内的尿酸盐结晶。

女宝宝护理

在给女宝宝清洗尿道口和屁屁时，一定要用流动水清洗，从上向下。擦肛门的时候，要从前向后擦，否则容易导致大肠杆菌污染尿道和阴道口而引起炎症。

春季：天气暖和的时候再进行户外活动

春季是花香鸟语的季节，在春风和暖、天气晴朗的日子里，可以抱着宝宝到户外活动。早春时节，气温不稳定，要等到天气好的时候再抱着宝宝出去。在供暖还没有结束的时候，最好不要让宝宝参加户外活动，供暖结束后再进行户外活动。

夏季：小心“空调病”

“空调病”出现的原因

在高温环境下，宝宝穿得少，汗腺敞开，突然进入到低温环境中时，宝宝的皮肤血管收缩，汗腺孔闭合，交感神经兴奋，内脏血管收缩，肠胃运动变弱，宝宝因此容易出现咽喉痛、肠胃不适等症状。此外，空调房空气不新鲜，氧气稀薄，环境往往不好。

空调病的表现

空调病的主要表现是皮肤干燥，手足麻木，头晕，头痛，容易疲倦，咽喉痛，肠胃不适，食欲缺乏，宝宝反复感冒，经常腹泻等。

避免空调病的方法

1 定时通风。空调开 4 ~ 6 个小时后要关闭一次，打开窗户，让空气流通 15 分钟左右。

2 减小室内外温差。在室外气温较高时，可以将空调调到低于室外气温 6℃，室外气温较低时，将温差调到 4℃左右。

3 每天给宝宝洗温水澡，搓揉全身肌肤。

4 不要把宝宝放在空调房间的婴儿车内睡觉，车内空间小，易造成宝宝缺氧窒息。

5 长期在空调环境下，应该定时给宝宝活动身体。

6 在空调环境下，应给宝宝的腹部和膝关节处加衣物。

同时，宝宝的衣物不要穿得太多，不要盖得太厚，可以适当增加户外活动，否则会降低宝宝对环境的适应能力和对疾病的抵抗力。

秋季：锻炼耐寒能力的好时节

秋季是宝宝最不容易患病的季节，要利用这个季节增强宝宝的免疫力，为迎接寒冷的冬季做准备。如果天气刚转凉，就急着把宝宝包起来，这样宝宝的呼吸道免疫系统会变差，在冬季寒冷的时节，宝宝很容易患呼吸道感染，甚至得肺炎。

同时，秋天阳光较好，可以增加户外活动，让宝宝多晒太阳，可以预防佝偻病。

冬季：切忌过度保暖

冬季的室内温度不要调得太高，宜保持在18℃左右。如果太高，一方面会降低室内湿度，另一方面室内外温差过大，当宝宝去户外时，会受不了冷空气的刺激，从而患呼吸道疾病。

户外活动别忘安全

户外活动能让宝宝多接触大自然中的景物，刺激宝宝的听觉、视觉、嗅觉能力，锻炼宝宝的体能。但是带宝宝进行户外活动时，一定要注意安全。

一定要时刻照看宝宝。妈妈们聚到了一起，难免诉说育儿心得，容易忽略身边的宝宝，这是很危险的一件事。

不要带宝宝去马路边玩，车辆的尾气中含有较高的铅，婴儿推车一般都在距离地面一米以下，正是废弃浓度最高的地带，宝宝就成了人工吸尘器，这对宝宝的伤害很大。

把宝宝带到公园、居民区活动场所去玩时，要避免蚊虫叮咬和鸟粪等，同时不要让宝宝接近别人家的宠物，因为别人家的宠物和宝宝不熟悉，可能对宝宝造成人身伤害。

带宝宝参加户外活动时，要注意给宝宝戴上帽子，以保护头部不受太阳光的伤害，尤其是眼睛。

特殊情况的照护

便秘的常见原因

母乳喂养的宝宝发生便秘，有可能是母乳不足造成的。这种情况可以检查宝宝最近体重是否增长慢了，如果以前每5天增加150克，现在增加100克，就可断定是母乳不足。如果母乳充足，但是宝宝还是有便秘症状，可以给宝宝喂些蔬果汁。

配方奶喂养的宝宝容易便秘，这个月龄的宝宝已经可以用勺子喂食了，可以喂些酸奶或者果汁，但是刚开始要少量喂。

宝宝便秘的应对办法

如果宝宝便秘严重，则应该隔1天使用纸捻、棉签和灌肠液灌一次肠。在不灌肠的情况下，宝宝如果1周也不排一次便，且腹部有异常、发育不良时，就应该去医院检查。

腹泻是常见消化道疾病

腹泻是宝宝比较常见的消化性疾病，经常能看到妈妈带着2~3个月的宝宝到医院说宝宝腹泻。

如果宝宝腹泻表现为以下几点，妈妈不用紧张。

1 母乳喂养的宝宝，大便不成形，一天七八次，有时还会发绿，有奶瓣，水分稍多。

2 宝宝精神好，吃奶正常，不发热，无腹胀、无腹痛。

3 肠道既没有致病菌的感染，没有病毒的感染，也没有脂肪泻、肠功能紊乱、消化不良等。

4 体重增长正常。大便常规正常或偶见白细胞，少量脂肪颗粒。

宝宝腹泻如何护理

母乳不足的妈妈，添加了配方奶，发现宝宝腹泻时，可以更换其他品牌的配方奶。哺乳妈妈应避免生冷、油腻的食物，尽量多摄入一些高蛋白的饮食。同时要注意宝宝腹部的保暖，可用热水袋对宝宝的腹部进行热敷，也可帮宝宝揉肚子以缓解其疼痛。

湿疹护理

对于湿疹不愈的宝宝，妈妈要做好长期“作战”的准备，不可太着急。在洗澡时，应该用不刺激皮肤的香皂或不用香皂。紫外线会伤害到皮肤，妈妈要注意不让日光直射到宝宝。冬季在给宝宝保暖的同时，注意让皮肤呼吸。人工喂养的宝宝，要在配方奶中添加一部分脱脂奶。

湿疹宝宝的衣物护理

在湿疹发作时，宝宝会抓患处。妈妈可以用安全的粗别针将宝宝袖口别在裤子上，让宝宝的手不能抬起来。其次要注意不能让湿疹患处感染化脓性细菌，每天要换枕巾。棉被贴到脸部的地方要用棉布包上，每天换洗一次。枕巾、棉布在洗前要用开水烫一下，洗后放在阳光下晾晒消毒。宝宝要穿棉质的贴身衣物。

如何给湿疹宝宝上药

外用药物要用不含氟的，否则会留下疤痕。变红糜烂的地方可以敷上含有清洁水的消毒纱布，每天3~4次，每次20分钟。

发热一般不会是传染病

这个月龄的宝宝不会感染发热的传染病，如麻疹、流行性腮腺炎等，也很少因感冒而发热，即他们很少会发热。

发热原因可能是颌下淋巴结炎

宝宝发热的情况可能是颌下淋巴结炎导致，这种情况下宝宝颌下淋巴结肿大，摸上去很痛，妈妈很容易看出来。这种病症应该尽早看医生，早期用抗生素治疗即可痊愈。

患中耳炎的宝宝也会发热

宝宝会伴有哭闹。这种发热多在夜里。如果妈妈不能及时发现宝宝得了中耳炎，仅仅给宝宝冷敷头部，第二天早上去看医生也来得及，一般三四天即可治愈。

妈妈不要太担心宝宝得肺炎

肺炎发热应该是让妈妈比较害怕的一种病症。肺炎症状多为表情异常、嘴唇发暗、不喝奶、呼吸急促、吸气时鼻翼翕动、呼吸困难。宝宝一旦有了这种症状，应该立即去医院就诊。现在医学科技发达，妈妈对肺炎也不要太担心。

腹股沟疝多见于男宝宝

腹股沟疝一般见于男宝宝。男宝宝的睾丸开始在腹部，在临出生时降入阴囊。睾丸经过的从腹部到阴囊的通道一般在出生后会闭合，但也有男宝宝闭合不好，这部分男宝宝在2~3个月时，由于剧烈哭闹等原因使腹腔压力增高，腹腔内的肠管就会顺着没有闭合好的通道，穿过腹股沟降入阴囊中，形成腹股沟疝。

如何确定宝宝患了腹股沟疝

腹股沟疝的危险在于可能导致嵌顿，即肠管在通道中拧搅在一起。嵌顿性腹股沟疝出现时，肠腔会梗阻，婴儿会疼得大哭。值得一提的是，有腹股沟疝病史的孩子突然大哭，妈妈要考虑宝宝腹股沟疝发作的可能性。如果这种大哭的情况持续3个小时以上，且伴有呕吐，就一定要看医生。

手术治疗腹股沟疝要多听取医生的意见

采用手术治疗腹股沟疝，是大多数宝宝的情况，当然也有部分婴儿不治自愈。关于手术治疗腹股沟疝的年龄，最好还是听医生的意见。对于还没有进行手术的宝宝，妈妈要时刻留意，一旦嵌顿发生，马上和主治医生联系。

2~3 个月宝宝的能力发展与培养

宝宝对颜色有偏爱

这个月龄的宝宝已经能区分不同的颜色，在近 3 月龄的时候，颜色视觉基本功能已经基本和成人接近，宝宝对颜色的偏爱程度依次是红、黄、绿、橙、蓝。此时，妈妈可以给宝宝看多彩的图案，培养宝宝对视觉的认知能力。

可以初步区别音乐的音高

2~3 个月的宝宝可以区分语言和非语言、不同的语音，并能区分音高。爸爸妈妈不要在宝宝面前争吵，宝宝已经可以区分吵架的语气，并且会受到这种情绪的影响，而产生厌烦情绪。此时，可以给宝宝听优美的音乐，和宝宝交谈时用不同的语速、语气，锻炼宝宝的听力。

可以调节视焦距了

这个月龄的宝宝已经可以按照物体的不同距离来调节视焦距了，妈妈要抓住这一好时机，在宝宝觉醒时，变化物体的距离，锻炼宝宝调节视焦距的能力。

可以闻到刺激性气味

这个月龄的宝宝在闻到刺激性气味时，会有轻微的惊吓反应，并且慢慢学会了回避刺激性气味，如转身、扭头等。

头部抬得很高

这个月龄的宝宝俯卧位时，会把头部高高抬起，还会向左右转头，这是宝宝开始学着用站立的视觉看东西的表现，有助于认识周围的物品，是一大进步呢。妈妈有意地在宝宝面前左右运动，让宝宝的眼光追随你，可以锻炼颈部肌肉。

用手够东西和看手

宝宝已经有意识地用手够东西，并且会紧紧握住手中的东西。宝宝还会把手中的东西尝试放到嘴里，努力放到嘴里后，就会像吸吮乳头一样吸吮玩具，而非啃东西。宝宝会把手举起，放在胸前，看自己的小手。

依靠上肢和上身力量翻身

宝宝有了自己翻身的意愿。这个月龄的宝宝翻身主要依靠上肢和上身的力量，翻身时仅把头部和上身翻过去，臀部以下的姿势依然是仰卧位。

吸吮手指是宝宝的一大进步

这个月龄的宝宝开始吸吮大拇指，妈妈不要认为这是不好的习惯而加以阻止，因为此时吸吮手指和1岁以后的吸吮手指不一样，此时是宝宝运动能力的体现。

手足训练

手足运动对宝宝的大脑发育非常重要，所以不要把宝宝的手包起来。此时的宝宝开始关注自己的小手，会盯着小手看，妈妈可以告诉宝宝，这双小手可以吃饭、玩玩具、写字等，还可以把玩具放到宝宝的手中，让宝宝体验。

竖头训练

在宝宝醒着的时候，把宝宝抱起来，用手托住宝宝的枕后、颈部、腰部、臀部，避免宝宝脊椎受伤。

抬头训练

宝宝俯卧位时，会自觉抬起头部，两个月末时甚至能把头抬起90 ，并且用上肢支撑起胸部。这个训练可以促进宝宝的大脑发育，锻炼颈部、背部肌肉及肺活量。抬头运动要在喂奶前或喂奶后1小时进行，以防止吐奶。

开发潜能

宝宝喜爱看对称的图形。听到音乐时会安静下来，会有意识地寻找音乐的来源。眼睛会有目的地追随移动的物体，对陌生的声音、人物、环境有所觉察。和宝宝对话时，宝宝会发出“咿呀”的声音，好像是在回答，还会发出笑声。

大人放松孩子玩疯的亲子游戏

大球小球

数学逻辑能力、观察能力、触觉能力

益智点

帮助宝宝认识大小的概念，提高数学能力，同时培养宝宝的观察能力。

游戏进行时

妈妈把一个大球一个小球放在宝宝面前，让宝宝看球，指着大球告诉宝宝：“宝宝看，这是大球。”再指着小球告诉宝宝：“这是小球。”然后妈妈把大球和小球分别拿起来让宝宝抱一抱，让宝宝亲自感受一下大球与小球在触觉上的不同。

摔伤很危险

这个月龄的宝宝开始学习翻身，妈妈认为宝宝的行动力还不强，不会有摔伤的危险，因此会抽出空来做家务或休息。但是有一天，宝宝突然学会翻身了，身子移动到了床边，就可能会掉下来。

如果提前知道宝宝可能会翻身，妈妈就会格外注意，采取不会让宝宝掉下来的措施，反而不会发生意外。所以这个月是最应该小心宝宝的摔伤危险的。

防止窒息

溢奶的宝宝随着食量的增加，吐的奶量也在增加，此时宝宝吐出的奶可能会堵塞呼吸道，如果妈妈没有及时发现，宝宝会有窒息的危险。

宝宝已经会用手抓东西，一些物品如塑料袋等不要放在宝宝身边，因为宝宝如果把塑料袋放在脸上，则可能会堵塞口鼻，有窒息的危险。

吐奶：警惕肠套叠

肠套叠是一种急腹症，早期发现肠套叠的方法是根据孩子的吐奶情况。这个月龄的宝宝溢奶症状明显减轻，男宝宝依然会大口吐奶。如果宝宝平时不吐奶，突然吐奶了，此时可以去医院检查下，看宝宝是否得了肠套叠。等到宝宝排出果酱样大便的时候，基本可以确诊为肠套叠，但此时已经失去了保守治疗的机会。所以肠套叠要早发现，早治疗。

鼻塞不用去医院

宝宝如果有非疾病性鼻塞的症状，用吸鼻器清理宝宝鼻道即可，不用治疗。还有一种“渗出体质”的宝宝，这种宝宝的眉弓或脸颊有小红疹，或者眉弓上有头皮样的东西。这种宝宝更容易患鼻塞。如果长辈有鼻塞史，宝宝也容易患鼻塞。

宝宝的鼻腔狭窄，鼻黏膜血管多，容易受刺激，导致鼻黏膜水肿、渗出，鼻涕增加，导致鼻痂出现，鼻孔被堵塞，从而呼吸困难。

用软布做捻子，在鼻孔捻动，也可以带出里面的分泌物。对于患鼻黏膜水肿的宝宝，妈妈不要着急，一般一个月左右就会痊愈。

3～4个月 宝宝的翻身大练习

3~4个月宝宝的生长特点

宝宝生长发育的基本数据

项目 \ 性别	男宝宝	女宝宝
身高(厘米)	58.5～63.7	57.1～59.5
体重(千克)	5.7～7.6	4.7～6.2
平均头围(厘米)	37.3	
前囟门(厘米)	最小值：1×1 最大值：2.5×2.5	

身高增速减缓

和前3个月的身高增长速度相比，这个月开始减速。如果宝宝是健康的，就没有必要为宝宝的身高纠结。

囟门假性闭合

这个月龄的宝宝后囟门已经闭合，前囟门对边连线一般在1.0～2.5厘米之间，如果前囟门对边连线大于3.0厘米，则可能患脑积水、佝偻病；小于0.5厘米，则可能患狭颅症、小头畸形等，应该请医生检查。

医生在给宝宝测量囟门的时候，有时会没有考虑到宝宝囟门假性闭合的情况，即因为头皮张力比较大，从外观上看好像闭合了，其实囟门没有闭合。

吐奶明显减轻

经常吐奶的宝宝，在三四个月大的时候，吐奶症状会明显减轻。即使继续吐奶，如果没有影响宝宝的生长发育，就不用担心，过一段时间就会好转。

在吃奶前不给宝宝洗澡，宝宝吃奶后不要再让他活动，要竖立着抱宝宝，这样都会减轻吐奶症状。吐奶症状减轻后，就不容易反复，自然慢慢就会好了。

对于吐奶的宝宝，如果吃奶后半小时还在吐，就把宝宝竖着抱半小时；如果吃奶后一小时还在吐，就把宝宝竖着抱1小时；如果宝宝睡醒后吐奶，就在他没有醒过来之前，竖着抱一会儿；如果宝宝哭的时候会吐奶，就尽量不让宝宝哭闹，宝宝哭的时候就让他躺着。

食量拉开了，睡觉推后了

这个月宝宝的吃奶次数和数量有了明显的差异。配方奶喂养的宝宝，吃得多的一次可以喂200毫升，吃得少的可能还不到120毫升。有的母乳到了这个月会不够吃了，这时可以喂宝宝一些配方奶。

有的宝宝不再七八点就睡了，开始闹觉了。如果妈妈睡觉比较晚，宝宝会一直等到妈妈睡觉的时候才睡。

科学喂养，打下一生营养好基础

出现缺铁性贫血

三四个月大的宝宝可能会有缺铁性贫血的症状，应该多补充铁。妈妈可以吃一些富含铁的食物，如绿叶蔬菜、蛋黄、动物肝脏等，通过乳汁喂养，可以达到给宝宝补血的目的。

如果妈妈在孕期贫血，这个月可以给宝宝每天补充铁剂，每天每千克体重2毫克。

母乳喂养不必添加辅食

充足的母乳依然可以补充宝宝营养所需，这个月的宝宝不需要添加辅食。宝宝对碳水化合物的消化吸收能力较差，但可以较好地吸收奶液。当然也可以喂宝宝少量的蔬果汁。添加辅食可以促进宝宝的牙齿萌发，锻炼肠胃功能，但也不要着急给宝宝添加辅食，如果宝宝不喜欢吃辅食，强制喂食只会给以后添加辅食增加难度。

宝宝的吃奶次数和吃奶量巧安排

宝宝满4个月，吃奶次数基本固定了。一般每天吃5次，夜里不起来。有的宝宝是每隔4小时吃1次奶，5次以外夜里还要加1次，共喂6次。究竟用不用夜里给宝宝喂奶，要根据宝宝的具体情况而定。

总的原则，是以宝宝能够消化吸收、体重增长在合适的范围以内而定。值得注意的是，母乳喂养者仍应按需哺乳。

在吃奶量上，爸爸妈妈要严格掌握，既不使宝宝饿着，又要防止宝宝超量。这个阶段的宝宝，每天的奶量不应超过1000毫升，即如果按宝宝一天喝5次奶算，每次应该喝180毫升；如果宝宝每天喝6次，每次就应该喝150毫升比较合理。

哺乳妈妈催乳食谱推荐

鲢鱼冬瓜汤 补气血

材料 鲢鱼头500克，冬瓜100克，葱段、姜片、盐、香油、植物油各适量。

做法

1 鲢鱼头去鳃，洗净，从下颌部剖开，摊平；冬瓜去皮除子，洗净，切块。

2 鲢鱼头煎至两面金黄色时盛出。

3 将煎好的鲢鱼头和葱段、姜片一起放入砂锅内，加适量温水大火烧沸，转小火煮至鲢鱼头九成熟，下入冬瓜块煮熟，加盐和香油调味即可。

营养师说功效

鲢鱼头煮汤前用油煎至两面金黄，不但可以去除腥味，而且还能使煮出的汤汤色乳白。

山药木耳炒莴笋 促进乳汁分泌

材料 莴笋300克，山药、水发木耳各50克，醋1小匙，白糖、精盐各少量，葱丝、植物油各适量。

做法

1 莴笋去叶、去皮，切片；水发木耳洗净，撕小朵；山药去皮，洗净，切片。

2 山药片和木耳分别焯烫，捞出。

3 锅内倒油烧热，爆香葱丝。

4 倒入莴笋片、木耳、山药片炒熟，放精盐、白糖、醋调味即可。

宝宝日常照护

衣物、被褥、床

不要给宝宝准备过多衣物

一般来说，宝宝的衣物，春秋季衣服准备 3 套，夏季准备 6 套、冬季准备 4 套即可。要给宝宝准备纯棉的衣服，不要纯毛的，纯毛的衣服可能会掉毛，这些毛飞到宝宝的口鼻内，不利于宝宝健康。

及时消毒

给被褥、衣服晒太阳是最好的消毒。给宝宝洗衣服时，不要使用成人洗衣液，要使用宝宝洗衣粉、洗衣液或洗衣皂。更不能用消毒液给宝宝洗衣服，因为残留在衣服上的消毒液会伤害宝宝的皮肤。

衣服不能限制宝宝运动

在冬天，有的妈妈会给宝宝戴手套，殊不知，这样会限制宝宝的活动。也不要用被子把宝宝紧紧包裹起来，即使在睡眠时也不要这样。

宝宝外出时，不要给宝宝戴和衣服相连的帽子，要戴独立的帽子，这样方便宝宝转动头部。

宝宝的肢体活动和智力发展是紧密相连的，不合适的衣服会阻碍宝宝运动，从而不利于宝宝的智力发育。

不要给宝宝蒙纱巾

在有风沙的春季和寒冷的冬季，有的妈妈会给宝宝蒙纱巾，这是不可取的。纱巾被宝宝的口水弄湿后，沾在上面的灰尘会被宝宝吃到嘴里，灰尘里有很多病原菌，尤其是结核菌，会威胁宝宝的健康。结核菌粘在宝宝的眼睫毛上，可能被宝宝揉进眼睛里，造成结核性眼角炎。

还不适合训练尿便

对这个月的宝宝来说，训练尿便依然太早。宝宝大便时不要把太长时间，否则有增加脱肛的危险。不要羡慕别人家的宝宝已经可以把尿便了，很少洗尿布了，孩子存在个体差异，这种比较没有什么意义。

不要给宝宝的肠道乱用药

这个月的宝宝容易出现大便问题，如患生理性腹泻，妈妈要注意和肠炎区分开来。如果怀疑是肠道疾病，可以带着宝宝的大便去医院化验。

切忌和宝宝半夜玩

这个月是妈妈帮宝宝培养良好习惯的时候了。下面为妈妈们介绍一套适合宝宝的作息。

早晨：洗脸、吃奶、洗澡、听音乐、和妈妈交流、到户外活动。

午饭时间：开始睡觉，妈妈吃完饭后，正好宝宝也醒了，吃奶，玩一会儿，开始睡午觉，大概睡3~4个小时，醒来再吃奶。

傍晚：在室内玩玩具，听音乐，看色彩鲜艳的图画。

晚上：洗脸、洗脚、洗屁屁。吃一会儿奶，到了七八点钟，就可以睡觉了。夜里，有的宝宝醒来后，妈妈就陪宝宝玩，养成了宝宝夜里也要人陪玩的习惯，如果妈妈没有精力再陪宝宝玩，宝宝就会哭闹。所以切忌半夜和宝宝玩。

春季享受日光浴

春暖花开的季节，可以带3个月大的宝宝享受日光浴了。宝宝每天可以两次日光浴，每次1个小时左右。时间最好在9~10点，15~16点。如果这段时间宝宝想睡觉，就不要带宝宝出去了。

把宝宝从婴儿车中抱出来

有的妈妈会把宝宝放在婴儿车里面，推着婴儿车散步。这样不如把宝宝抱出来。如果阳光比较强烈，可以为宝宝准备一顶带檐的小布帽遮挡阳光。个别皮肤敏感的宝贝还要在皮肤的暴露部位涂抹上防晒霜，防止晒伤。

防过敏、干燥、扬沙

宝宝在春季皮肤会变得干燥，易过敏，哺乳期的妈妈应该少吃海鲜、辛辣的食物，防止宝宝皮肤过敏。北方春季天气干燥，需要给宝宝多喂水喝。遇到有扬沙的天气，妈妈就不要带宝宝出去了。

夏季防止脱水热

三四个月的宝宝汗腺发育已经成熟，气温过高的时候，会排出大量的汗，如果没有及时补充水分，会造成脱水热。

宝宝脱水热的症状是体温升高、尿量减少、烦躁不安。妈妈一开始会认为宝宝感冒了，给宝宝吃感冒药，感冒药又会促进排汗，从而加重病情。夏季宝宝发热吃感冒药不是一种聪明的选择，妈妈首先要给宝宝补充水分。发现宝宝体温较高的时候，先给宝宝喝水，帮助宝宝降温，给宝

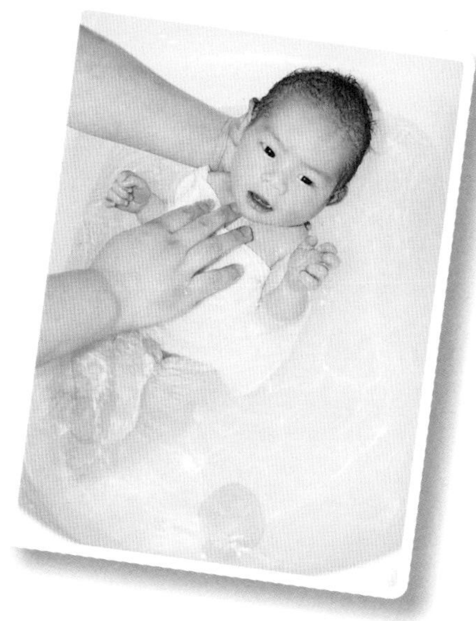

夏天天气炎热，蚊虫多，可以用泡八角、茴香等调料的水给宝贝洗澡，既可以消热降暑，又可以防蚊虫叮咬。

宝洗个热水澡，室内温度调至 28℃左右，和室外温差不要超过 7℃。

如何给宝宝做夏季护理

宝宝餐具要保持清洁，切记病从口入。

防蚊虫。蚊虫叮咬有传播乙脑的危险。苍蝇接触宝宝，宝宝吸吮手指，会把苍蝇携带的细菌带入体内，引起肠炎。

每天给宝宝洗 2 ~ 3 次澡。

注意防晒，户外活动地点最好选在树荫下。切忌在高大的建筑物旁边避光，否则宝宝可能会受到卷流风的吹袭。

预防秋季腹泻

秋季腹泻是婴幼儿常见的疾病，多发生在秋季，是感染了轮状病毒引起的肠炎。秋季腹泻起病急，多是先出现呕吐的症状，不管吃什么，哪怕是喝水，都会很快吐出来。紧接着就是腹泻，大便像水样或蛋花汤样，每天五六次，严重的也有十几次的。腹泻的同时还伴随低热，体温一般在 37 ~ 38℃。宝宝会因为肚子痛，一直哭闹，并且精神萎靡。

秋季腹泻是一种自限性腹泻，即使用药也不能显著缓解症状。呕吐一般 1 天左右就会停止，有些会延续到第 2 天，而腹泻却迟迟不止，即便烧退下来了，也还会持续排泄三四天像水一样的呈白色或柠檬色的便，时间稍长，大便的水分被尿布吸收后，就变成了质地较均匀的有形便，而并不只是黏液。一般需要 1 周或者 10 天左右，宝宝才能恢复健康。

秋季腹泻要提防宝宝脱水，所以可以去药店买点调节电解质平衡的口服补液盐，孩子一旦开始泻，就用勺一口一口不停地喂他。如果吐得很严重，持续腹泻，宝贝舌头干燥，皮肤抓一下成皱褶，且不能马上恢复原来状态，这就说明开始脱水了，此时必须要去医院输液治疗。

冬季室内温度不要过高

这个月龄的宝宝呼吸道对环境的适应能力还是很差的，室内外温差过大，宝宝外出的时候受到的刺激会更大，因此不要把室内气温调得过高，室内气温保持在 18℃ ~ 22℃即可。

特殊情况的照护

分情况对待宝宝的稀便

“消化不良”型的稀便不是大问题

3~5个月的宝宝如果“消化不良”，主要是说宝宝有稀便的情况，即大便里有颗粒物，并且还有黏液，大便的形状由有形便变为水样便，颜色由黄色变为绿色，并且次数增加。不能只从大便的形态就说宝宝“消化不良”，如果宝宝的状态很好，情绪没有异常，食欲、体重增加正常，稀便也没有关系。

宝宝的这种“消化不良”并不是大问题，这个月的宝宝主要吃母乳、配方奶和果汁，没有吃不易消化的食物，肠胃不容易变差。稀便可能和母乳分泌量突然增加、配方奶过量、果汁种类改变有关。

妈妈要警惕肠炎导致的稀便

妈妈最应该担心的是，痢疾杆菌和致病性大肠杆菌随着宝宝喝的配方奶进入体内，引发肠炎而出现稀便。宝宝除了稀便外，还会有其他症状，如发热、体重骤减、吐奶等。所以喂宝宝的果汁和配方奶要卫生，防止污染，远离上述两种病菌。同时，妈妈要勤洗手。

开始出现稀便时，妈妈可以改变喂养方式，如果是母乳和配方奶混合喂养，就会改为纯母乳喂养，这样稀便会持续1周以上。如果稀便的宝宝状态还不错，可以恢复母乳和配方奶混合喂养，宝宝会恢复得更快。吃代乳食品的宝宝有稀便状况时，可以停喂代乳食品，只喂配方奶，然后再恢复代乳食品，宝宝也会很快恢复，和上面的那种一样。

每年11月末至第二年1月，这段时间，8~9个月至1岁零3~4个月的宝宝有发生严重腹泻的可能，但是这种腹泻不会传染给三四个月龄的宝宝。

感冒是本月龄最易患的疾病

感冒是这个月龄的宝宝最容易患的疾病。这个月龄的宝宝体内有从母体内获得的免疫力，所以即使感冒，体温也不会很高，一般只有37℃。刚开始感冒时，妈妈会发现宝贝总揉鼻子、喷嚏，还有可能出现鼻塞，流清鼻涕等。宝贝精神差，烦躁不安，同时由于鼻塞、咽部不适而影响睡眠，食欲下降。

宝贝出现鼻塞时，可以垫高宝贝上身，让宝贝保持45° 坡度躺卧。单侧鼻塞可以侧卧，让不通的一侧在上，并及时清除鼻内分泌物，保持呼吸通畅。还可以在喂奶和睡前，用温湿毛巾敷前额和鼻梁。如果宝贝出现发热的情况，可以采用物理降温的方式。

宝宝的感冒症状明显时，应该减少洗浴次数。宝宝食欲缺乏，可以减少半勺或1勺奶粉，果汁的量不必减少。

去医院诊治，医生往往会开抗生素类的药物，这种药物虽然对杀灭感冒病毒没有作用，但是可以预防肺炎。

积痰会自动消失

胸部有痰鸣音是很多宝宝都有的症状。3个月大的宝宝的主要症状是胸部有呼噜呼噜的痰声，宝宝夜里咳嗽的时候，有时候会把喝的奶吐出来。妈妈往往感到不安，带宝宝去医院，医生也许会说宝宝得了“支气管炎”。

积痰并不一定会影响正常生活

有的宝宝胸部有痰声，早晚经常咳嗽，如果精神状态很好，积痰就不会妨害宝宝的正常生活。咳嗽有可能会咳出喝下的奶，妈妈可以再喂一些给宝宝。同时，妈妈可以下次少喂宝宝一些奶，防止宝宝再次吐奶。绝大部分宝宝在成年之前，积痰会自动消失，不会因为积痰而患上哮喘。

分情况对待高热

这个月龄的宝宝很少会出现高热症状。中耳炎会导致高热。患中耳炎的宝宝体温会达到38℃以上。如果夜里很少哭闹的宝宝突然在夜里哭闹了，怎么哄都不行，妈妈应该检查一下宝宝是否得了中耳炎。

颌下淋巴结炎的宝宝也会出现高热症状，一般体温会达到38℃。患这种病的宝宝左侧或右侧颌下肿得很厉害，手一摸就会感到很痛。早期患了颌下淋巴结炎的宝宝用抗生素即可治愈，所以妈妈一定要及早带宝宝治疗。

在夏季，这个月龄的宝宝有患暑热症的。暑热症的症状只是高热，温度可达38～39℃，可以持续到第二天上午，下午会自动退去。

这个月龄的宝宝还有极少数因幼儿急疹、病毒性脑膜炎、膀胱炎而高热的。总之宝宝如果持续高热，应该及时送医院检查。

夜啼是可以消除的

宝宝夜啼一般是习惯性的，很多家长不胜其扰。要解决宝宝的夜啼，首先爸爸妈妈要相信夜啼是可以消除的，白天可以带宝宝散步，喝奶的时候不要吸进气，夏季枕冰枕、灌肠等都是消除宝宝夜啼的好办法。

治疗出眼眵最好不要手术

这个月龄的宝宝的脸是最胖的，脸部因丰满的脂肪而鼓起，导致下眼睑向眼内侧倾斜，容易导致出眼眵。出眼眵的症状是下眼睑的睫毛倒向眼内侧，触动了眼球，倒向里面的睫毛刺激眼角膜，眼睛就流泪或出眼眵。治疗出眼眵最好不要手术，一般把倒向眼睛的刺激眼角膜的睫毛拔掉即可。

流行性结膜炎也会导致出眼眵，它主要是细菌引起，患了此病症的宝宝白眼球会充血，点抗生素的眼药水即可治愈。

补充维生素 D 预防佝偻病

现在的宝宝很少会患佝偻病。佝偻病的发病原因是缺乏维生素 D，阻止了骨骼正常生长，引起骨骼变形。

早产儿患佝偻病的概率更大，但是现在医院都会给早产儿服用合成维生素，并且嘱咐妈妈回家后也要坚持给宝宝服用，早产儿在 3 个月左右的时候还有患佝偻病的迹象，6 个月以后这种迹象会消失。

预防佝偻病的方法有服用合成维生素或单独的维生素 D，给宝宝适当的阳光照射和锻炼等。

斜视在这个月可以发现

斜视的宝宝双眼的视线不能同时落在同一个物体上。宝宝过了 3 个月才能清楚地把视力集中在某一点，所以妈妈在这个月才会发现宝宝是否有斜视症状。

斜视有真性斜视和假性斜视之分。正常的宝宝有时在瞌睡的时候也会出现斜视，4~6 个月时会消失。4 个月之后的宝宝如果经常出现斜视，应该去医院检查。

3~4 个月宝宝的能力发展与培养

会侧身、翻身了

这个月龄的宝宝可以挺起腰了。在仰卧时，宝宝自己可以把身体侧过来，也可以变成俯卧位，但是还不会从俯卧位变成侧卧位和仰卧位。

能拿更多的东西了

这个月开始，宝宝的手开始了主动张开、触摸，从大把的、不准确的抓握，变成了准确的手的精细动作。妈妈可以把玩具放到宝宝手里，握握宝宝小手，放到宝宝眼前晃动，再拿开，让宝宝自己去拿。

能够区分男声和女声

3 个月大的宝宝可以发出“啊、哦”的元音了。宝宝情绪越好发的音也越多，家长要抓住时机，多和宝宝说话，让他模仿爸爸妈妈说话，带宝宝听鸟声、流水声等。宝宝已经可以区分男声和女声了。

视觉训练是这个月的重点

这个月宝宝的训练重点是视觉训练。宝宝的颜色视觉能力已经快要达到成人的水平了。宝宝喜欢的颜色依次是红色、黄色、绿色、橙色、蓝色。

电视上面快速变化的影像会引起宝宝的兴趣，特别是彼岸花开、色彩鲜艳、图像清晰的广告画面。

3 个月大的宝宝视觉注意力增强，看某些物象的时候更有目的性。宝宝喜欢看妈妈、玩具、食物，对看到的东西有了清晰的认识，开始认识家人的脸，还能识别家人的表情。如果妈妈从视线里消失，宝宝还会用眼睛去寻找。爸爸妈妈要抓住这个时机，增强对宝宝的潜能开发。

大人放松孩子玩疯的亲子游戏

颜色碰撞真好玩

视力跟踪能力、认知能力

益智点

增强宝宝视力的跟踪能力，有利于宝宝把声音和图像联系起来。

游戏进行时

1. 把几个颜色鲜艳的小球放入塑料瓶中，盖上盖子。

2. 倾斜或翻转小瓶，带动瓶子里的小球相互碰撞发出声音。

3. 引导宝宝观察小球是怎样运动的。

育儿中最棘手的平常事

洗澡的危险性增加了

这个月龄的宝宝洗澡时开始淘气了，不让妈妈摆弄了，开始有自己的兴趣和要求了。妈妈在洗澡时可以先给宝宝用商量的口气说：“宝宝，我们洗澡了。”宝宝虽然听不懂，但是如果不说，宝宝真的会生气的。

宝宝的小浴盆要换成大浴盆了。给宝宝洗澡的时候，宝宝可能会从妈妈的手中滑出，给宝宝洗澡的时候要避免宝宝掉到水里或磕到盆沿上。

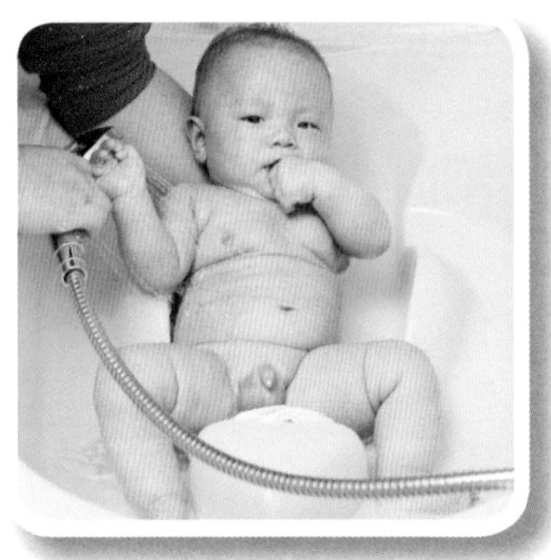

洗澡时，妈妈和宝宝的语言交流，可以促进宝宝的语言发展，同时增进母子间的感情。

生理性腹泻难以避免

这个月是妈妈准备步入职场的时期，也是妈妈准备为宝宝添加辅食、母乳不足的时期。宝宝的饮食可能由纯母乳喂养改为了母乳和配方奶混合喂养，开始了半断乳期，妈妈不再规律地喂养宝宝，等等。这些变化都在影响着宝宝的肠胃健康，可能带来腹泻。

生理性腹泻不用治疗

由饮食结构变化带来的腹泻是正常的生理性腹泻。生理性腹泻的症状是大便不成形，一天七八次，颜色会发绿，水分稍多，有奶瓣，但是肠道没有致病菌感染、病毒感染，没有消化不良、肠功能紊乱等疾病的症状。生理性腹泻不是疾病，不用治疗。

缓解宝宝生理性腹泻

宝宝喝了配方奶以后出现腹泻，可以更换去乳糖配方奶试试。如果不行，可以试着减少奶量，喂宝宝一些米粉。因为有些小宝宝体内乳糖酶减少或缺乏，吃了含乳糖的配方奶可出现腹泻，改喝去乳糖配方奶后腹泻会好转。如果症状没有改善，应停止添加米粉。

食用鱼肝油滴剂补充维生素 AD 的，改用维生素 D 胶丸，有利于减轻腹泻。

如果宝宝有生理性腹泻，妈妈不要急着为宝宝添加辅食。

啃手指依然正常

三四个月大的宝宝会吸吮小拳头、拇指，还会啃小手、玩具。这是正常的现象，妈妈不要强制阻止。宝宝在1岁之前啃手指，都不能说是“吮指癖”，妈妈不要干预。

牙齿萌出前开始咬乳头

有的宝宝在这个月就开始长牙了。牙齿萌出之前，宝宝出于本能，会咬妈妈的乳头。妈妈的乳头被宝宝吸吮得本来已经很嫩了，再被宝宝咬会很痛，妈妈感觉疼痛后打算把乳头从宝宝的嘴里拽出来，宝宝还没有吃饱，就会使劲咬住乳头，妈妈会更痛，甚至会出现乳头皲裂的后果。

如何避免宝宝伤害妈妈乳头

当宝宝咬乳头时，妈妈可以用手按住宝宝的下颌，这样宝宝会松口，不再咬乳头。对待要出牙的宝宝，妈妈在喂奶前可以先给宝宝含没有孔的橡皮奶头，磨磨牙床，过了10分钟，再喂宝宝奶。

突然厌食配方奶

对于突然厌食配方奶的宝宝，妈妈不要着急，这是三四个月大的宝宝很正常的反应，以后宝宝还会重新喜欢上配方奶的。

解答预防接种中常见问题

这个月宝宝第二次吃脊髓灰质炎疫苗糖丸，开始打百白破三联疫苗。

某种疫苗接种推迟了，以后接种是否要推迟?

只推迟那个被推迟的疫苗即可，其他疫苗依然按照接种时间进行。

吃药是否对接种疫苗有影响

一般来说，药物对接种疫苗是没有影响的，但最好接种疫苗的前后两周停用药物。抗生素对预防接种疫苗没有影响，微生态制剂对口服疫苗也没有影响。

疫苗接种期间，宝宝病了怎么办

如果是轻微的感冒，不需要服用药物，尤其是抗生素。如果病情较重，必须服用药物，可推迟接种，等病情稳定后再接种。若服用的药物是抗生素，则需要停止使用后1周再接种。

刚接种后就吃药，是否要补种

吃药对疫苗不会有影响，也不需要补种。

4～5个月
勇于探索和发现的好奇宝宝

4~5 个月宝宝的生长特点

宝宝生长发育的基本数据

项目＼性别	男宝宝	女宝宝
身高(厘米)	61.0～66.4	59.4～64.5
体重(千克)	6.3～8.2	5.3～6.9
平均头围（厘米）	38.3	
前囟门（厘米）	最小值：1×1 最大值：2.5×2.5	

平均身高增长两厘米

这个月的宝宝身高增长速度放缓，变成增长两厘米。值得一提的是，宝宝身高会存在个体差异，3 岁以前，受种族、性别影响较大，3 岁以后，遗传的影响越来越明显。

体重增速下降

四五个月的宝宝体重增长速度开始放缓。4 个月以前，宝宝每个月平均体重增加 0.9～1.25 千克；从第 4 个月开始，宝宝平均每个月会增重 0.45～0.75 千克。

体重增长曲线图表明了宝宝的生长规律，虽然孩子增长速度会有差异，但这些差异在曲线图上保持在第 3 百分位以上，第 97 百分位以下，就是正常的。如果宝宝体重增加异常，除了疾病原因外，就可能是喂养方式不当所致，妈妈需要注意。

头围增速放缓

宝宝头围增长速度开始放缓，平均每个月增长 1 厘米。定期测量头围，及时发现头围异常很有必要。如果头围过小，需注意宝宝是否有发育迟缓的症候；如果过大，则需注意宝宝是否患了脑积水、佝偻病等。

如何帮助宝宝测量头围

取一根带有毫米刻度的软尺，把宝宝放在妈妈腿上坐直，爸爸在宝宝的右侧，用左手拇指将软尺零点固定在宝宝头部右侧齐眉弓上缘。用软尺从宝宝头部右侧经过右耳上方，绕过枕骨粗隆最高的地方，再次过左耳上缘，沿左侧齐眉弓上缘回至零点，在起始处读数。

囟门可能会缩小

四五个月的宝宝囟门可能会缩小，也可能没有变化。如果宝宝的头发比较少，妈妈在给宝宝喂奶时，还会看到宝宝的前囟门跳动，会很担心。其实这个月的宝宝囟门跳动是很正常的，但是囟门处没有颅骨，妈妈要注意保护宝宝的囟门。

如果宝宝发热，囟门会膨隆，跳动可能也会比较明显，这是正常的。如果宝宝出现了高热症状，囟门隆起异常，精神状态不好，则要及时就医。

需要注意的是，在测量宝宝头围的时候，软尺要平整均匀地紧贴头皮，不可过紧，保持左右高低对称。

爸爸妈妈在测量后，发现宝宝的头围增长不理想，可以先观察宝宝有无异常，如果没有异常，可观察到下个月，再次测量，对比数值是否正常。如果担心，可以请医生帮忙再测量一次，并对比数值。

科学喂养，打下一生营养好基础

辅食有关营养

宝宝这个月每天需要的热量为 495 千焦，其他营养需求无变化。

宝宝在这个月增加辅食的目的，不仅是母乳营养不足，也不仅是要用辅食来代替奶，而是为了让宝宝养成吃乳类以外食物的习惯，刺激宝宝的味觉发育。增加辅食，可以为半断奶做准备，并且补足宝宝日益长大后对营养的需求。吃固体食物，也可以锻炼宝宝的吞咽能力，促进咀嚼肌的发育，促进语言发育。

纯母乳喂养最好 6 个月开始添加辅食，纯奶粉喂养从满 4 个月开始添加辅食。一般的辅食添加时间开始于 4~6 个月，可以根据宝宝个体实际情况灵活掌握辅食添加的时机。

母乳喂养儿可添加鲜果汁

四五个月的宝宝，一般每天可增加体重 20 克左右。辅食的选择可以是果汁、菜汁、蛋黄，每天可喂宝宝一次果汁 50 ~ 60 毫升，一次菜汁 50 ~ 60 毫升，1/4 个鸡蛋黄。

保证果汁新鲜

妈妈最好自己用鲜水果榨汁给宝宝喝，市面上卖的一般都会含有防腐剂和色素。自榨果汁时要注意卫生，榨好果汁后，用干净的纱布滤一下，然后放在奶瓶或杯子中喂给宝宝喝。果汁要现榨现喝，不能喂宝宝喝冰箱里的剩下的果汁。宝宝喝不完的果汁，妈妈可以喝。

如何做菜汁

把新鲜的蔬菜剁成菜泥，放沸水锅中煮熟，如果是可以生吃的菜，煮至水再次开即可。关火后，菜汁降温至适宜的温度后，用小勺喂宝宝吃。注意，不要用奶瓶喂菜汁，这样不利于宝宝形成使用餐具吃饭的习惯。

人工喂养的宝宝奶量变化小

四五个月的宝宝奶量变化较小。有的妈妈认为宝宝个头大了，活动量也大了，应该喂更多的配方奶，这种认识是错误的。

辅食添加的原则

不能从夏季开始

夏季宝宝食欲不好，不容易吃辅食，不如等到天气凉爽些再添加。

循序渐进

辅食的添加是帮助宝宝进行食品转移的一个过程，不可操之过急，要按照月龄的大小和实际需求来添加。辅食添加要从稀到稠、从少到多、从细到粗、从软到硬、从泥到碎，以适应宝宝的消化、吞咽、咀嚼能力的发育。

难易有序

从宝宝最容易吸收、接受的辅食开始，一种一种逐步添加。如果宝宝不喜欢吃，就不要勉强，过几天再试，让宝宝有一个适应的过程。

不要在患病的时候添加

在宝宝患病时，不要喂宝宝吃从来没有吃过的辅食。

出现消化不良反应时要暂停

添加辅食的时候，宝宝如果出现了腹泻、呕吐等症状，妈妈应该停止辅食添加，等到宝宝的肠胃功能恢复正常后，再继续添加，但数量和种类都要减少，然后逐步添加。

尊重宝宝的个性

遇到宝宝不喜欢吃的食物的时候，不要强求宝宝。宝宝不吃某种辅食只是暂时的，某种辅食的添加也不是必需，妈妈没必要纠结。

辅食添加的步骤

水果

先从过滤后的果汁开始，到不过滤的果汁，然后是水果泥，再是水果块，最后整个水果让宝宝自己拿着吃。

菜

先是过滤后的菜汁，然后是菜泥做成的菜汤，再到菜泥、碎菜。

谷类

先是米汤，然后是米粉，随后依次是米糊、稀粥、稠粥、软饭、正常饭。面食依次是面条、面片、疙瘩汤、面包、饼。

肉蛋类

从蛋黄开始，随后依次是整个鸡蛋、虾肉、鱼肉、鸡肉、猪肉、羊肉、牛肉。

宝宝营养餐

南瓜汁 防治便秘

材料 南瓜 100 克。

做法

1. 南瓜去皮、去瓤，切成小丁，蒸熟，然后将蒸熟的南瓜用勺压烂成泥。
2. 在南瓜泥中加入适量开水稀释调匀后，放在干净的细漏勺上过滤一下，取汁食用即可。

宝宝日常照护

培养良好的睡眠习惯

四五个月的宝宝在睡觉方面和上个月差别不大。有的宝宝会从晚上 8 点一直睡到第二天早晨。宝宝的睡眠习惯受家长的影响较大，如果妈妈睡得晚，宝宝可能会十点多才睡，一直睡到第二天七八点。所以家长想让孩子有一个良好的睡眠习惯，就要先约束自己的作息。

如果宝宝一天的睡眠时间总共不足 12 个小时，妈妈就要找原因了。

春季多参加户外活动

四五个月大的宝宝已经可以竖直头部并灵活转动了。春天阳光明媚的时候，可以带宝宝出去看花草树木，并多做户外运动。这一时期的宝宝和外界的交往能力明显增强，可以用小手抓东西了，会与人藏猫猫，会咿呀学语，能认识爸爸妈妈了等。户外活动对锻炼宝宝的认识能力而言，无疑是锦上添花。

夏季饮食切记餐具要卫生

夏季给宝宝喂食物时，一定要保持餐具的卫生。夏季是肠道感染性疾病易发的季节，妈妈一定要注意饮食卫生。不要给宝宝吃剩的饭菜，不要喂宝宝储存在冰箱里的上一次剩下的奶，不要在奶瓶中存放奶、果汁等，宝宝的餐具一定要清洁。爸爸妈妈一定要洗过手之后再喂宝宝。

秋季也要注意户外活动

秋季天气渐渐凉了，妈妈要注意给宝宝添加衣物。秋高气爽，天气好的时候，最适合带宝宝出去参加户外活动了。宝宝能很好地接受阳光，补充维生素 D，预防佝偻病。多参加户外运动，还可以帮助宝宝开发智力和潜能。参加户外运动还有助于让宝宝适应逐渐寒冷的空气，提高呼吸道对寒冷的适应能力。

冬春季补充维生素 D

冬季天气寒冷，有的妈妈为了让宝宝多晒太阳，扩大视野，会把宝宝抱到阳台上面晒太阳。这种做法美中不足的是，玻璃会阻挡紫外线的照射，宝宝补充维生素 D 的效果不理想。因此，妈妈要适当为宝宝增加维生素 D 的摄入，每天的补充量为 400 国际单位。由于冬天户外活动少，婴儿体内维生素 D 储存很少，春天更为缺乏，所以春天也是补充维生素 D 的重要季节。

意外危险增多

四五个月的宝宝已经可以熟练翻身了，妈妈稍不注意，可能宝宝就滚到床边了。宝宝会拿东西了，因此刀子等坚硬的东西一定不要放在宝宝身边。再次强调，不要在宝宝身边放塑料布，因为有可能导致宝宝窒息。

特殊情况的照护

让妈妈头痛的便秘

四五个月的宝宝还会出现便秘。即使已经开始添加辅食了，便秘症状依然没有明显缓解。这种宝宝，应该多吃蔬菜，菜泥、菜粥都可。

改善饮食可以缓解宝宝便秘

芹菜和菠菜中的膳食纤维较多，有利于缓解便秘。多吃胡萝卜泥，菜里加香油都是缓解便秘的方法。水果中的葡萄、梨、香蕉、草莓都对缓解便秘有一定的效果。便秘的宝宝不要吃橘子。蜂蜜虽然有缓解便秘的功效，但是不适合1岁以下的宝宝食用。宝宝肠胃还很弱，不可食用泻药。

顽固的湿疹

大多数5个月大的宝宝湿疹症状都会减轻，甚至痊愈。有的宝宝湿疹症状依旧，这种宝宝多为渗出体质。渗出体质的宝宝特点是：体型较胖，皮肤白薄细，容易出汗，头发黄稀，喉咙里好像有痰。把耳朵贴近宝宝背部或胸部，可以听到呼呼的喘息声，像小猫一样。渗出体质的宝宝一旦感冒，就可能会患喘息性支气管炎。这种过敏体质还有遗传性，如果爸爸妈妈是过敏体质，宝宝更容易过敏。

发热原因和上个月相同

这个月龄的宝宝出现发热的原因和上个月一样，主要是感冒、中耳炎、颌下淋巴结炎等。如果宝宝哭闹的原因看起来是因为疼痛，妈妈就要检查宝宝的这几个地方。耳朵不容易看到，但宝宝会去抓痛的一侧耳朵，中耳炎的宝宝第二天早上耳孔会有湿润。

幼儿急疹也会发热，幼儿急疹多见于6个月以后的宝宝，但这个月的宝宝也有可能发生。

夏季宝宝如果发热，还有一种可能，就是宝宝患了暑热症。

这个月可能会发暑热症

患暑热症宝宝的症状

暑热症多发于4~8个月的宝宝，2~3个月的宝宝也会发生，一般1周岁之后就不会发生了。

饮食预防宝宝湿疹

母乳喂养的妈妈哺乳期要少吃鱼虾、辛辣食品，蔬菜水果可以多吃。配方奶喂养的宝宝要注意补充维生素。

暑热症多发于气温高、湿度大的7～8月份，症状是发热，从半夜开始到清晨持续高热达38～39℃，中午开始下降，下午又恢复到正常体温，并且在炎热的天气里这种情况可以一直持续，时间长的可以达1个月。宝宝发热时不咳嗽、流鼻涕、腹泻，精神也不错，食欲有些减退，出汗稍微减少。

暑热症是可以自动痊愈的

过了炎热的8月，高热的症状自动退去。暑热病的发病原因应该是体温调节功能失调。

暑热症的发病原因是炎热的天气，所以只要环境气温降低，病情就会改善。可以把患暑热的宝宝放到凉快、通风效果好的地方，家里有空调的，只要把室内气温调至比室外低5℃左右，暑热症的宝宝就会自动痊愈。

暑热宝宝日常护理

应该给患暑热的宝宝准备冰枕，冰枕要用毛巾包好后再给宝宝用。对于出汗多的宝宝，要及时补充水分，可以喂宝宝果汁或白开水，配方奶要调得比平时稀一些，饮品的温度以10℃为宜。傍晚时宝宝的体温如果降低了，可以给宝宝洗温水澡。

体重不增加

体重轻并不意味着宝宝不健康。宝宝的体重和食欲息息相关，食量大的宝宝体重增加得快些，食量小的宝宝就比较慢。体重轻的宝宝只是食量较少，这种宝宝一般不大哭大闹，夜里也不会醒，是非常省心的宝宝。

食量小可能是遗传原因

食量大小和遗传有关，小食量宝宝的妈妈多数身体苗条，性格温顺；大食量宝宝的妈妈大多比较丰满。

不要强制给宝宝喂食

如果宝宝状态好，运动功能正常，就没必要担心宝宝体重轻。不要给体重轻的宝宝强制喂食，不要喂宝宝不喜欢吃的东西，否则会引起宝宝的厌烦心理。

4~5 个月宝宝的能力发展与培养

随着音乐摇摆身体

四五个月大的宝宝已经会倾听音乐，并随着音乐的旋律自动摇摆，有节奏感了。当宝宝听到音乐时，会找声音的来源，带动颈部运动。妈妈可以给宝宝放动物叫声的音频，并告诉宝宝这是哪种动物的叫声。这样不但提高了宝宝的听力，还锻炼了发音。

能注意镜子中的人了

四五个月大的宝宝可以对近的和远的目标聚焦，眼睛视聚焦的调节能力已经和成人相当。宝宝开始注意镜子中的自己，妈妈可以指着镜子中的人告诉宝宝，这是宝宝，这是妈妈，这是爸爸，等等。

能发出连续音节

4 个月以后的宝宝开始发出连续的音节了，发音也明显增多了，会喊 ba—ba、mou—mou 等，但是属于自言自语，还没有具体的指向。这时，可以加强对宝宝的语言训练了。在给孩子喂奶时，妈妈说“妈妈给宝宝喂奶了”，并指着奶瓶说，“这是奶瓶，是玻璃做的”，把奶瓶放到宝宝的手里，让宝宝感受奶瓶。

如果宝宝发出了“妈妈”的音节，要马上鼓励宝宝，可以亲吻他，赞美他。虽然宝宝不一定认识到他发出的音节是在呼唤妈妈，但是妈妈的行动可以帮助宝宝把这个音节和妈妈这个人联系起来，逐步有意识地会喊妈妈。

看到的东西都想摸

4 个月以后的宝宝，对于看到的东西都有摸一摸的兴趣。家长要抓住这个机会，宝宝感兴趣的东西，能够摸的东西，都尽量让宝宝摸一摸，协调宝宝的视觉和触觉。

大人放松孩子玩疯的亲子游戏

靠坐训练
大动作能力、身体协调能力

益智点

锻炼宝宝背部脊柱支撑能力，为独坐做准备。

游戏进行时

让宝宝靠着枕头、小被子、垫子等软的东西半坐起来。宝宝很喜欢靠坐，因为靠坐比躺着看得远，双手还可以同时摆弄玩具。

这样的玩具不能玩

四五个月大的宝宝手眼的协调能力有限，质地较硬的玩具，如铁质玩具，可能会碰着宝宝的头部。掉色、掉零件、劣质的玩具，宝宝也不要玩。

音响玩具里面的音乐音质比较差，会影响宝宝的音乐感。这个月的宝宝对音乐很敏感，妈妈给宝宝放音乐，一定要放音质好的，旋律优美动听的，否则会破坏宝宝的乐感。

哭闹表达更多欲求

四五个月大的宝宝个性差异更明显了。情绪比较容易激动的宝宝，更爱哭爱笑了；平时比较乖的宝宝，依然很安静；会玩的宝宝，不那么爱闹人了。

宝宝的哭闹有了更多的积极意义，不让他拿某个东西，他会以哭来表达抗议；看不到妈妈会哭；醒了没人玩，也会哭。妈妈不要再把宝宝的哭当作饥饿了、尿了等。爸爸妈妈不要忽视宝宝的哭，要多陪陪宝宝，和宝宝一起玩亲子游戏，不要担心会把宝宝惯坏，否则会使宝宝变得焦躁不安和孤僻，对成年之后的社交能力也有不良影响。

尿便控制不是明智之举

家长在这个月依然不要在控制宝宝排便上面花费太多时间。如果宝宝排便很有规律，可以少换洗尿布。如果没有规律，也不要尝试控制宝宝排便。

经验会告诉妈妈宝宝该大小便了。宝宝该大便的时候，会用力，眼神发呆，脸憋得通红，妈妈这时应该把宝宝抱起来，放到便盆上面。如果大便很软，宝宝没有上述表情，就不知不觉地排便了。妈妈要格外注意。

不提倡晚上勤换尿布

如果宝宝晚上睡得很乖，一晚上都没有吃奶，也没有哭闹，妈妈休息得也很好，这样就没有必要中间叫醒宝宝一次，给宝宝换尿布。如果把宝宝叫醒，宝宝会哭闹，并很难继续入睡，所以不要半夜更换尿布。如果怕宝宝发生尿布疹，可以睡前在宝宝的臀部涂抹鞣酸软膏。

宝宝常见的食物过敏

食物过敏是宝宝最常见的一种过敏，很多宝宝因为一些原因不能够纯母乳喂养，只能另外用配方奶粉来代替，这就容易出现食物过敏的情况。

不是所有的食物都会引起过敏这种异常反应，通常情况下，只有免疫系统不成熟或者是受到破坏之后的宝宝才会出现过敏的情况。要想让宝宝避免食物过敏，妈妈在喂食过程中要遵守一定的原则，尽量减少食物过敏的发生。

- 1岁以内的宝宝不能喂食鲜牛奶及其制品、大豆及其制品、鸡蛋清和带壳的海鲜。
- 1岁以内的宝宝不应该在食物中添加糖或其他调料，少量用盐。
- 1岁半以内，宝宝的主食是奶，不应该让辅食充当主食的角色。
- 根据宝宝自身的情况添加辅食，不要盲目同别的宝宝进行对比，要根据自家宝宝的情况来进行添加。
- 在宝宝乳牙没有长出之前，宝宝的辅食注意以泥状为主。

宝宝皮肤的过敏表现

宝宝皮肤上的过敏反应主要是两种，一种是急性的荨麻疹，一种是慢性的湿疹。两者尽管都和过敏有关，但是有着本质的不同。

荨麻疹一般发病都比较急，遇到过敏原之后数分钟到数小时就会出现，主要表现就是不规则的、发痒的皮疹；湿疹则是慢性发作，在接触过敏原72小时内发作，多从宝宝的头和脸开始，慢慢地发展到全身，当遇到潮湿闷热的情况时，就会局部变红，皮肤出现粗糙、脱屑的症状，有的时候还会有红肿和渗液。

宝宝胃肠系统的过敏表现

一般对于食物过敏的宝宝，在胃肠系统中都会表现出来，急性症状有恶心、呕吐、腹泻、腹痛，慢性症状有稀水便、大便带血、大便带黏液、腹痛等，这些表现症状不是过敏的特有反应，所以也要考虑是其他的疾病造成的。

反复咳嗽也可能是过敏

过敏不仅仅体现在消化系统和皮肤上，呼吸系统同样也会有过敏反应。有的宝宝出现了过敏反应和上呼吸道感染的症状是非常相似的，所以很多妈妈一直在让宝宝检查上呼吸道的疾病，却忽视了过敏这个问题的存在。

当宝宝总是出现感冒、咳嗽的情况时，妈妈不要着急判断是呼吸道感染造成的，也要考虑一下宝宝是不是过敏。有的时候宝宝只要是一上床或者是一到某种特定的环境下就会出现咳嗽，那么，这可能就是和环境过敏有关，例如是对灰尘、真菌、尘螨过敏等。

5～6个月
开始观察世界

5~6 个月宝宝的生长特点

宝宝生长发育的基本数据

项目 \ 性别	男宝宝	女宝宝
身高(厘米)	65.1～70.5	63.3～68.6
体重(千克)	6.9～8.8	6.3～8.1
平均头围(厘米)	39.3	
前囟门(厘米)	0.5～1.5	

身高增加不再只受喂养影响

对于这个月龄的宝宝来说，喂养不再是影响宝宝身高的唯一因素，遗传、种族、性别、环境、营养、疾病等，都会对宝宝的成长产生影响。爸爸妈妈要尊重宝宝身高增长的规律，如果是中等或中等以上身高，就不要为了让宝宝快快长高，强迫给宝宝喂食。

头围正常增长

宝宝在这个月头围的增长大概为1厘米。头围的增长不大，头围的增长外观也不明显，测量时稍不仔细，就可能造成大的误差。如果家长测的数据和正常应该增长的数据差别很大，则需请专业医生帮忙测量，并和自己测的数据作比较。如果证实宝宝头围增长不正常，则要做进一步检查。

前囟门尚未闭合

五六个月的宝宝前囟门尚未闭合，大小为 0.5～1.5 厘米。大多数宝宝的前囟门为 0.8 厘米 ×0.8 厘米，宝宝前囟门的大小有着个体的差异。有的宝宝前囟门小，只有 0.5 厘米 ×0.5 厘米。前囟门小，并不是说闭合，也不能说会提前闭合，更不能证明就是宝宝患了小头畸形、石骨症等疾病。前囟门大也不代表就是缺钙。

科学喂养，打下一生营养好基础

补铁

这个月龄的宝宝体内铁的储备量减少，母乳和配方奶提供的铁已经不够身体所需。这个月开始，妈妈要为宝宝添加主食了。

给宝宝补铁最佳的食材是蛋黄，蛋黄含铁量丰富，但不容易被人体吸收。上个月为宝宝推荐吃 1/4 个蛋黄，这个月可以增加到 1/2 个。

正式添加辅食

这个月的宝宝可以消化乳类以外的食物了，对这些食物也有了吃的兴趣，这个月是比较好的断奶期。早期为宝宝添加辅食，可以锻炼宝宝的咀嚼、吞咽能力，提高宝宝对乳类食物以外的兴趣。

早产儿需要摄入更多的营养物质，以赶上足月儿的生长发育水平，因此要及早添加辅食。

配方奶喂养也要加辅食

这个月龄的宝宝所需的营养成分和上个月差别不大。随着哺乳期即将结束，母乳的量分泌有限，已经不能满足宝宝生长所需。配方奶是随宝宝生长发育调配的，可以满足各时期宝宝的营养需求，但是也需要配合辅食。为了让宝宝有一个从乳类食品到普通饭食的过渡期，可以从这个月开始为宝宝添加辅食。

不爱吃就更换辅食品种

宝宝不爱吃辅食的表现是把吃到嘴里的辅食吐出来或者用舌尖顶出来，用小手把饭勺打翻，把头扭到一边等。妈妈不要强迫孩子进食，要尊重孩子的选择。下次进食辅食时，妈妈可以换一种辅食给宝宝吃，如果宝宝喜欢吃，就说明宝宝暂时不喜欢第一种辅食，可以一周后再喂宝宝拒绝的辅食。这样做，可以帮助宝宝逐步接受辅食。

辅食不要以米面为主

添加辅食时要注意防止宝宝吃辅食后肥胖，辅食营养要均衡。添加辅食要以肉蛋、汤类、果汁为主，不要以米面为主。米面营养价值不高，富含热量，不是辅食的聪明选择。

辅食添加的品种、多少、时间等，要从实际出发来决定。如果妈妈是上班族，祖辈或保姆看护宝宝，他们不会制作辅食，只有买制作好的。全职妈妈要陪宝宝做户外运动，陪宝宝玩，花费大量的时间和精力，如果妈妈精力不足，也可以买现成的或者做些简单的辅食。

辅食添加不要影响母乳喂养

对这个月的宝宝来说，添加辅食和母乳喂养并不矛盾。母乳依然是这个月宝宝的最佳食品，不要着急用辅食来代替母乳喂养。大多数宝宝在这个月爱上吃辅食了，一部分宝宝依然不爱吃辅食。有的妈妈为了让宝宝吃辅食，就饿着宝宝，让宝宝被迫吃辅食，这是不对的。这样会影响宝宝对辅食的兴趣，还会让宝宝产生焦躁情绪，影响宝宝的健康成长。

本月喂养注意事项

1 不能因为宝宝不吃辅食就惩罚宝宝，断了宝宝的乳类食品。

2 宝宝不吃辅食并不代表厌食，不能随便给宝宝吃治疗厌食的药物。

3 如果宝宝特别爱吃辅食，还是要喂母乳或配方奶，这个月龄的宝宝饮食应该以乳类为主。

4 辅食要一样一样地添加。如果宝宝对某种辅食表现出不适，如呕吐、腹胀等，要暂停添加辅食，但可添加宝宝已经适应的辅食。1周后可以少量添加那种辅食。

5 若宝宝总是把喂进去的辅食吐出来，则要停止添加这种辅食，改喂其他辅食。

6 妈妈不要因为工作而断母乳。

7 不要只喂宝宝吃买的辅食，自己也可以做一些。

8 宝宝如果不喜欢吃辅食，就不要强制喂了，否则有可能导致宝宝厌食。

9 宝宝食量存在差异，对于辅食商品说明书上的喂养量要灵活对待，不可机械照办。

10 不要因为给宝宝做辅食就减少了和宝宝玩耍，带宝宝参加户外活动的时间。

宝宝营养餐

圆白菜米糊 消除疲劳、预防感冒

材料 大米 20 克，圆白菜 10 克。

做法

1 将大米洗净，浸泡 20 分钟，放入搅拌器中磨碎。

2 将圆白菜洗净，放入沸水中充分煮熟后，用刀切碎。

3 将磨碎的大米倒入锅中，加适量水大火煮开，放入圆白菜，调成小火煮开。

4 用勺子捣碎成糊状即可。

营养师说功效

圆白菜含有丰富的 B 族维生素、维生素 C 和膳食纤维，能帮助宝宝消除疲劳、预防感冒，促进肠胃的蠕动。

饼干粥 补脾、和胃、清肺

材料 大米 15 克，婴儿专用饼干 10 克。

做法

1 大米淘洗干净，放入清水中浸泡 1 小时。

2 锅置火上，放入大米和适量清水，大火煮沸，转小火熬煮成稀粥。

3 将饼干捣碎，放入粥中稍煮片刻即可。

可以用配方奶来代替大米粥，在其中放入饼干拌成糊状。

宝宝日常照护

宝宝为什么睡眠少

有的宝宝睡眠好，晚上能连续睡10个小时。宝宝白天的睡眠时间减少了，上午睡1~2个小时，下午睡2~3个小时，有的宝宝晚饭前还会睡1~2个小时，这样晚上可能会睡得晚些。有的宝宝睡得晚，可能10点以后才睡，妈妈就开始担心了。其实宝宝这个时间点睡觉也是正常的，宝宝可以自己调节睡眠时间。

宝宝睡眠少的原因

宝宝睡眠少，妈妈不知道什么原因，心里很着急。以下的5个问题可以帮助妈妈缓解焦虑。

- 宝宝睡眠是否是逐渐减少的？
- 宝宝从刚出生时睡眠就不好吗？
- 宝宝是否有其他异常？
- 宝宝生长发育正常吗？
- 宝宝是从这个月才开始减少睡眠时间的吗？

睡眠时间若是逐渐减少的，那可能是随着月龄的增加睡眠时间改变了。若从出生时睡眠就少，可能和遗传有关。若宝宝发育正常，没有异常，那么睡眠少可能只是睡眠不好，不是病变。若是从这个月减少的，妈妈就要找下原因了。

- 是否母乳不足，宝宝不够吃，又不愿意吃辅食？
- 宝宝是否受到了惊吓？
- 宝宝是否最近心情不好？
- 是否因为父母改变了睡眠习惯？
- 气候原因？夏季的炎热和冬季的寒冷都会影响宝宝睡眠？

这些情况都可能造成宝宝睡眠时间少，需要妈妈多注意。如果宝宝睡觉时突然一阵一阵地哭闹，妈妈就要考虑到肠套叠的可能。

分情况应对宝宝腹泻

这个月添加辅食的宝宝大便可能出现发稀、发绿，呈奶瓣状的现象，这是正常的。若宝宝每天大便次数超过了8次，水分较多，这就不正常了，可以把宝宝的大便带到医院化验，是否有感染。如果是病毒性肠炎，要及时补充丢失的水分和电解质。如果腹泻的原因是新添加的辅食，则停止添加那种辅食，并吃助消化药。

腹泻时，最需要注意的是脱水症状，可以通过自制糖盐水、盐米汤、盐稀饭，及时给宝贝补充水分和盐分。

腹泻常见错误护理方法

1 把腹泻和辅食对立。添加辅食后，宝宝大便变稀了，妈妈就很担心，不敢喂宝宝辅食了，只喂宝宝吃母乳和配方奶。有的宝宝吃乳类吃不饱，很可能造成饥饿性腹泻，妈妈还不知道。不添加辅食也会造成宝宝腹泻。乳类食品可能不满足宝宝的成长需求了，有的五六个月的宝宝会对乳糖和牛奶蛋白质不耐受，这会使宝宝的肠蠕动增强，排出又稀又绿的大便。对于这种宝宝，最好的办法是添加辅食。

2 限制宝宝食量。有的宝宝排便多，妈妈便限制宝宝的食量，造成宝宝营养缺乏，形体瘦小。

3 滥用抗生素。肠道内存在大量有益菌群，这些菌群在肠道中维持了肠道生态平衡。错误使用抗生素，会杀灭宝宝肠道内的有益菌群，导致肠道环境破坏，引发细菌性肠炎。

4 不正确地打针输液。腹泻是肠道疾病，肌注抗生素先吸收入血，再到肠道发生作用，效果没有直接肠道给药好。如果是非感染性腹泻，应该采用灌肠疗法。腹泻对宝宝的伤害主要是丢失电解质和水分，更好的办法是口服补液盐。

春季也要补充维生素 D 和钙

五六个月大的宝宝已经学会了不少本领，在春暖花开的季节，适合带宝宝去户外活动。这个月的宝宝源自母体的免疫蛋白还没有消失，但接触到患儿的话，宝宝依然有被传染的可能。因此，最好不要带宝宝去人群密集的地方，更不要去医院。

随着宝宝生长发育的加速，宝宝可能会缺钙，所以初春时节除了补充维生素 D 以外还可以给宝宝补充钙剂，并让宝宝多晒太阳。

夏季护理提示

1 多喝开水。开水的有些作用是果汁、菜汁、米汤等不能代替的，多喝白开水，可以有效预防中暑。

2 控制食量。夏季宝宝的消化功能减弱，食欲下降，就不要再按原来的食量喂宝宝了，要减少辅食的添加。

3 冰箱保鲜层的食物，不要超过 24 小时。

4 注意保洁。餐具、炊具在使用前一定要消毒。不要喂宝宝剩饭。给宝宝吃奶前，要先用清水清洗奶头，把手洗干净。

5 不能喂宝宝冷饮。不能喂宝宝凉的酸奶，可以喂常温的，每天 50～100 毫升。配方奶、辅食也不能喂凉的。

6 不要经常抱。夏季爸爸妈妈的身体已经很热了，抱宝宝的时候会把体温传给宝宝，宝宝会不舒服。可以把宝宝放在婴儿车里，能充分散热。

7 树荫是乘凉的好地方。宝宝在树荫下能够享受日光浴，又比较阴凉。不要带宝宝去高楼的背阴处乘凉，这种地方没有阳光，还有强风，对宝宝不好。

8 擦汗后再洗澡。宝宝浑身是汗，先不要立刻洗澡，要先把汗擦干。

9 发热不要捂。宝宝发热的原因可能是“夏季热病”，就不要把宝宝捂起来了。可以给宝宝多喝水，洗温水澡，把宝宝放在凉爽的地方，帮助宝宝散热。

10 使用痱子粉要慎重。痱子水比痱子粉好用。若痱子上有小白尖，擦抗生素药水比较好。

11 防蚊虫叮咬。使用高品质的蚊帐。

12 室内湿度以 45% ~ 55% 为宜。

13 防止空调缺氧。使用空调，要定时开窗通风换气，避免室内氧气不足。

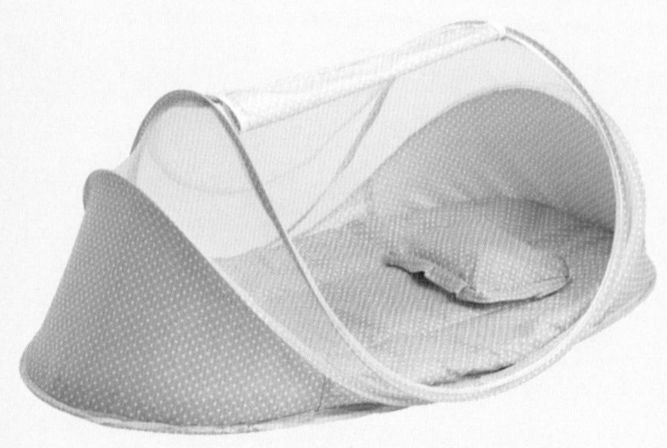

婴儿安全蚊帐可以有效防止蚊虫叮咬。

秋季腹泻成重点

秋季腹泻是宝宝每年都要注意的事情。口服或静脉补液盐的使用，减少了秋季腹泻患儿的死亡率。宝宝患了秋季腹泻，前期可以服用补液盐，及时补充丢失的水分和电解质，可避免宝宝静脉输液之苦。

冬季适当多补维生素 D

冬季寒冷，宝宝户外活动的时间减少，晒太阳的机会明显不足。半岁前的宝宝每天需要的维生素 D 是 400 ~ 800 国际单位，每天在户外接受 2 小时的日光浴，可以补充 400 国际单位维生素 D，冬季一般达不到这种标准，所以需要补充较多的维生素 D 剂。

户外活动防意外

1 呛奶。妈妈带宝宝出去玩时，可能忙着和其他妈妈交流经验，把奶瓶交给宝宝自己吸吮，这样很有可能造成宝宝呛奶。

2 摔伤。比如妈妈让宝宝站在自己的腿上，宝宝的两只脚在妈妈腿上跳跃，如果妈妈只注意宝宝的双腿，没有用力把宝宝往身上揽，宝宝就有可能摔下去。

3 烫伤。户外给宝宝冲奶，暖水瓶放在了宝宝容易够到的地方，妈妈稍不注意，就可能烫伤宝宝。

4 被宠物抓伤。在户外游玩时，切忌让宝宝亲近别人家的宠物。宠物可能会抓伤宝宝，有感染、患狂犬病等危险。

特殊情况的照护

分情况对待消化不良

五六个月的宝宝患了腹泻，也称为消化不良。这个月的宝宝几乎不会患恶性病，遇到宝宝腹泻，妈妈也没必要小题大做，让宝宝遭受不必要的痛苦。

五六个月的宝宝腹泻大概分为两种：一种是饮食不当（饥饿和过饱）引起的腹泻；一种是细菌、病毒引起的病理性腹泻。

细菌、病毒引起的腹泻可能造成宝宝全身感染，导致发热、精神状态不佳、食欲缺乏、吐奶等。饮食不当引起的腹泻只是大便的形态和以前不同，宝宝还是和以前一样爱吃东西。因此，不能只凭宝宝大便形态的变化就断定宝宝消化不良，给宝宝停喂食物。

宝宝是否消化不良，应该看宝宝的精神和饮食状况。如果宝宝大便变稀了，妈妈要先检查下给宝宝吃的乳类食物是否有卫生问题，如果没有，则看宝宝的状态。宝宝若和以前一样爱吃东西，爱运动，妈妈则没必要担心。

当周围有人患痢疾后，妈妈一定要对宝宝的食品进行严格消毒。若家人有患痢疾的，宝宝也不精神，可以推测宝宝可能患了痢疾。

过量饮食会引起腹泻。妈妈平时给宝宝吃10克胡萝卜泥，昨天宝宝特别想吃就喂了20克，这可能就是腹泻的原因了。饮食不足也会造成腹泻。当宝宝因饮食过量而消化不良时，妈妈会把宝宝一直吃的米粥等辅食都停喂，改为只喂乳类食品，结果宝宝的腹泻症状还是没有改观。这种状况在以前被称为“饥饿性腹泻”，现在人们称它为慢性非特异性腹泻。只要重新恢复代乳食品，状况就会好转。

“饥饿性腹泻”在断奶期比较常见。宝宝出现腹泻，妈妈因此停了代乳食品的摄入，宝宝的症状仍然没有好转，这时应该喂些米粥等宝宝以前可以接受的辅食。

如何护理经常咳嗽的宝宝

经常咳嗽的宝宝要加强锻炼

在梅雨季节及夏季，宝宝容易患咳嗽。也有从出生后1个月就开始反复咳嗽，一直持续到现在的，即使这样，也不要把这种病当作很严重的疾病，从而过度治疗。想要治好宝宝的咳嗽，不能只依靠医生，妈妈必须加强对宝宝的锻炼。

经常咳嗽的宝宝日常护理

咳嗽刚开始时，洗澡会加重咳嗽症状，对于咳嗽已经持续1周以上的宝宝，洗澡则不会造成大的影响。给宝宝洗澡的时间最好是下午3点左右，洗好澡后，要避免宝宝受凉。锻炼对于改善宝宝病情必不可少。温暖的天气里，应该多带宝宝出去晒太阳。户外的空气可以锻炼宝宝的皮肤和气管黏膜，有效减少痰液分泌。

远离过敏原

过敏物质也可能导致宝宝咳嗽。家里铺了地毯的宝宝容易患积痰，产生咳嗽。将地毯换成地板，能有效减少咳嗽。减少咳嗽的方法还有，把家里的毛毯换成化纤毯，将荞麦皮的枕头换成其他材料的。

容易积痰咳嗽的孩子并不等同于虚弱的孩子，没必要把他们当作易碎物品一样精心照顾，只要把他们当作只是有些痰多的宝宝看待即可。父母小心翼翼照顾的孩子有时候更容易患哮喘。

猫、狗、鸟类的毛皮会对宝宝的呼吸道产生刺激，有积痰宝宝的家庭不要养这些宠物。大人吸烟也会对宝宝的呼吸道产生刺激。

夏季头疮要及早治疗

在夏季将要结束的时候，会有很多宝宝因为头上长了脓疮去医院就诊。有的宝宝只长了三四个，有的则满头都是，严重的还可能会伴有高烧。

为预防这种情况发生，在宝宝开始起痱子时，就要给宝宝剪指甲、勤换枕巾。一发现脓包，就要带宝宝去治疗。青霉素对治疗早期头疮是非常有效的。

如果脓包有一部分已经化脓，并且已经变软，就应该去外科。脓包痊愈后，耳后、脑后依然会留有淋巴结肿块，这种肿块是极少会化脓的，如果摸上去也不会痛，就不用管它，它会自动消失的。头疮是化脓菌感染引起的，应注意不要传染给其他宝宝。

夜啼分真假性

有的宝宝从这个月才开始夜啼。关于夜啼的原因，很少有宝宝因为肚子饿而夜啼的。如果宝宝比较容易饿，在睡觉之前可以多喂他一些奶。已经习惯了夜里喝1次奶的宝宝，夜里哭闹时喂一次奶就会好。白天运动量不足也会导致宝宝夜啼，多带宝宝出去玩耍、透气，情况就会好转。切记宝宝在白天一定要达到3个小时的活动时间。白天睡眠时间不当也可能导如果宝宝打完针后开始夜里哭闹，可能是宝宝看到了可怕的画面，晚上做噩梦了，这种夜啼持续1～2个月后，会自动消失。

致宝宝夜啼，这样的宝宝因为晚上哭闹，白天一定要十点多才起床，傍晚还要睡一觉。这样的宝宝，要慢慢调整其作息，晚上六点之前就尽量不要让他睡觉了。

如果这些情况改善后，宝宝还是夜啼，那么宝宝就可能是“真性夜啼”。这种症状的发病原因仍不明确。

宝宝麻疹多是被传染的

这个月的宝宝体内还有从母亲身上获得的免疫力，即使得了麻疹，病情也不会很严重。患麻疹的原因多是从身边患了麻疹的孩子身上传染的。

患了麻疹后会获得免疫力

麻疹从感染到患病一般有10天或11天的潜伏期，免疫力强的宝宝有的到第20天才出诊。一般宝宝在疹子出来之前，会有打喷嚏、咳嗽、出眼眵等症状，但5个月大的宝宝没有这些症状，只是会出现低热，脸部、胸部、后背等处会出现像蚊子叮咬的红疹子，麻疹就这样过去了。因为体内已经有了对麻疹的免疫力，一生都不会再感染上麻疹。

这个月患上麻疹的宝宝，除了控制外出、洗澡以外，不需要再做其他护理。同时，要注意不要传染给其他宝宝。

耳垢湿软不同于中耳炎

5个月之后的宝宝耳朵里面容易看清了，妈妈仔细看宝宝的耳朵，发现宝宝耳朵里的耳垢不干爽，并呈米黄色粘在耳朵上。

耳垢湿软和中耳炎的区别

耳垢湿软和中耳炎的不同之处在于，中耳炎很少会两侧耳朵同时流出分泌物，流出分泌物之前耳朵会发热，有时候痛得夜里睡不着觉。耳垢湿软则不会只有一侧。

产生耳垢湿软的原因及处理

耳垢湿软的原因是耳孔内的脂肪分泌异常，不是疾病。如果妈妈也是这种情况，则可能是遗传。耳垢湿软在肌肤白嫩的宝宝中多见。耳垢流出来时，可用脱脂棉小心擦干耳道口处，不可用坚硬的东西挖耳朵，否则有引起外耳炎的危险。

5~6 个月宝宝的能力发展与培养

会伸手够东西

这个月龄的宝宝会伸手够东西了，会把别人手中的东西接过来了；眼神更加灵活了，如果把玩具弄掉了，宝宝会扭头寻找。宝宝还不知道哪些东西可以吃，哪些东西不可以放在嘴里，总是把手里的东西放到嘴里吸吮。所以妈妈一定要注意，不要让宝宝手里拿不卫生的或者不能放到嘴的物品。

会用脚尖蹬地

这个月龄的宝宝腿和脚部的力量更大了，他已经会用脚尖蹬地了，脚蹬着地，身体会蹦个不停。如果把宝宝放在腿上，还会觉得腿被他蹬得有点痛。

用嘴啃小脚丫

宝宝这个月不喜欢躺着了，开始喜欢蹦着或者坐着了。宝宝喜欢热闹了，越是人多的时候，越喜欢蹦。坐的时候需要大人扶着，如果自己坐，则会头扎到脚丫上，用嘴啃脚丫。喂奶的时候可能会用手抱着脚丫，躺着时也会把脚丫抱到面前。

“看”的同时开始认识事物了

五六个月的宝宝白天清醒的时间更多了，有了更多的时间去认识事物，宝宝大脑进入了生理成熟期。宝宝的头部能够自由转动，视野扩大了，视觉灵敏度已经和成人相当。宝宝的手眼协调能力增强了。在这个月，“看”已经不是宝宝的目的了，在“看”的同时，宝宝认识事物的能力也得到了提升。此时，适合对宝宝展开潜能的早期开发。

咿呀学语学说话

五六个月的宝宝，对语音的感知更清晰了，更喜欢说话了，会无意识地发出“baba”、“mama”的语音。当宝宝发出语音时，家长要及时反应，例如妈妈可以指着自己说“我就是妈妈”。

宝宝这个月的理解能力增强了，妈妈在做事情之前，可以说，“妈妈要做什么了”，让宝宝知道你就是妈妈，把语音和实际相结合。同理，其他家人也可以这么做，多说多做，并不断重复，帮助宝宝感受语言，认识事物。

对外界有生疏感

这个月的宝宝看到爸爸妈妈会开心地笑；看到陌生人，尤其是男人，会把头藏到妈妈怀里。陌生人不再容易把宝宝从怀里抱走了，但是如果用吃的、玩具等引逗宝宝，宝宝还是会高兴让人抱。已经能看到宝宝的性格差异了，有的不愿让陌生人抱，有的会对着陌生人傻笑，并很快和陌生人玩耍。认生与否，与宝宝是否聪明无关。

可以记住声音了

此时宝宝已经有了敏锐的听力，并能记住声音了。宝宝能听出爸爸妈妈的声音，并在听到这些声音的时候，寻找他们。例如宝宝哭闹的时候，妈妈的声音可以对宝宝起到抚慰的作用，陌生人的声音不但不会让宝宝停止哭闹，反而会使宝宝哭得更厉害。

这个时期可以多给宝宝放一些音乐，宝宝对音乐有天生的感受，播放音乐时，宝宝还会随着音乐摇摆身体，已经会和着拍子晃动了。

会因害怕而哭

宝宝已经懂得了害怕，受到惊吓后会大哭。宝宝已经会做梦了，还会把白天的事做到梦里去。如果白天遇到了让他害怕的事，宝宝会把它带到梦里，夜里会突然大哭。如果连续受到这种刺激，宝宝就可能成为“夜哭郎”。所以妈妈不要让宝宝听到怪声，看电视中恐怖的画面，爸妈不要在宝宝面前吵架等，尽量少让宝宝受到刺激。

吃奶时对声响特别敏感

宝宝吃奶时，如果外界有声响，宝宝会因为好奇而把头转过去看。这是宝宝对外界反应能力增强的表现，是正常的。所以妈妈要在安静的环境下喂宝宝，培养宝宝认真吃奶的好习惯。

大人放松孩子玩疯的亲子游戏

爸爸，妈妈

语言能力、理解能力

益智点

锻炼宝宝对语意的理解能力。

游戏进行时

当宝宝玩耍时，听到妈妈说“爸爸回来了”，宝宝会马上转向门的方向，并撑起身体。如果进来的是爸爸，宝宝会微笑；如果进来的不是爸爸，宝宝会回头看着妈妈。当奶奶抱着宝宝散步时，妈妈来了，奶奶说“妈妈来了”，宝宝会十分急切地伸头张望，看到妈妈后会举起双手扑向妈妈怀中。

闹夜增多

这个月龄的宝宝有的爱闹夜了。宝宝会闹觉，闹着要玩、要抱、要排泄、要吃妈妈的乳头，闹浑身不舒服、闹盖得多了、闹打针等。患了病的宝宝，闹得更厉害。

宝宝闹夜可能是患了肠套叠

突然闹夜的宝宝，妈妈要首先检查是否得了疾病。这个月龄的宝宝夜里突然哭闹，最有可能的原因是患了肠套叠。

如何应对闹夜宝宝

遇到闹夜的宝宝，爸爸妈妈要冷静处理，尽可能找到宝宝闹夜的原因，平息宝宝的哭闹，宝宝就会越来越乖。一般来说，在妈妈为闹夜而烦恼时，宝宝会突然不闹夜了，变成乖宝宝。

新爸爸妈妈面对闹夜的宝宝如果生气、相互抱怨，把不良情绪传染给宝宝，宝宝会越闹越凶，闹夜持续时间会更长。

添加辅食难的原因

这个月的宝宝有的仍然不喜欢吃辅食。宝宝不爱吃辅食，主要是以下原因：

- 依赖母乳；
- 母乳足够，不想吃辅食；
- 宝宝不喜欢喂辅食的餐具；
- 一开始不喜欢喝配方奶，现在刚刚开始喜欢吃；
- 辅食的味道不好；
- 缺铁或锌了，食欲下降了；
- 喂辅食的时候有过被烫、被呛到的经历；
- 不喜欢吃购买的成品辅食；
- 天气炎热，宝宝的消化能力降低了；
- 经常喂某种辅食，宝宝厌腻了；
- 有过被强制喂辅食的经历；
- 宝宝消化不良，食欲下降了；
- 宝宝生病了。

不会翻身惹人愁

很多宝宝上个月都会翻身了，现在已经可以自如翻身了，可以从仰卧到侧卧，从侧卧到俯卧，但是还不能从俯卧翻到仰卧或侧卧。

对不会翻身的宝宝要加强锻炼

如果宝宝这个月还不会翻身，妈妈要检查以下问题：是否给宝宝穿得太厚，宝宝不容易自由行动；妈妈是否对宝宝的翻身训练不足；是否是压被子的沙袋或枕头限制了宝宝的行动。

妈妈还可以帮助宝宝做翻身锻炼。具体如下：首先给宝宝穿少量的衣服，把宝宝的头向右侧卧，方法是妈妈一只手托住宝宝的前胸，另一只手轻推宝宝背部，让其俯卧。如果右侧的上肢压在了身下，帮宝宝抽出来，动作要轻柔。宝宝的头会自动抬起，让宝宝用双手或前臂撑起前胸。这种锻炼对帮助宝宝翻身很有效。

如果宝宝仍然不会翻身，应该带宝宝去看医生了。

任何东西都敢放在嘴里啃

宝宝这个月吸吮手指依然是正常的。科学家发现，大约 50% 的宝宝会吸吮手指。如果想帮助宝宝改掉吸吮手指的坏习惯可以亲亲宝宝的小手，让宝宝用手玩一些玩具，喂宝宝果汁、水等。

五六个月的宝宝还会把其他东西往嘴里送，所以妈妈给宝宝的东西要卫生、安全，宝宝能放进嘴里的东西，如糖块、纽扣、小球等，不要给宝宝玩，以免掉到气管里发生意外。

该给宝宝准备几个小兜嘴了

五六个月的宝宝唾液分泌增多了，吃了辅食之后，分泌得更多。这个月出乳牙的宝宝，流的口水更多。可以在宝宝的胸前戴一个小围嘴，围嘴湿了之后，要立刻换下一个。口水会淹红宝宝的下巴，要用干爽的毛巾帮宝宝擦干，以免弄伤皮肤。如果喂了宝宝食物，要先清洗一下下巴再擦。

在训练宝宝翻身时，应先从仰卧位翻到侧卧位，再回到仰卧位，一天训练 2～3 次，每次训练 2～3 分钟。

6～7个月
宝宝会自己坐了

6~7 个月宝宝的生长特点

宝宝生长发育的基本数据

项目 \ 性别	男宝宝	女宝宝
身高(厘米)	67.4～72.3	65.9～70.6
体重(千克)	7.5～9.4	6.9～8.8
平均头围（厘米）	40.3	
前囟门（厘米）	最小值：0.5×0.5 最大值：1.5×1.5	

身高增长有差异

宝宝的身高增长幅度有了一定差异，即使是同一个宝宝，增长速度也会存在较大差异，这个月长得慢，可能下个月就较快。

体重增加差异大

和身高相比，宝宝这个月的体重增加差异更大。宝宝体重增长速度和食量息息相关，宝宝食欲好，吃得多，增长速度就快，反之则慢。

宝宝的食量会受多种因素影响。如果宝宝生病了，食量可能下降。炎热的夏季，宝宝的肠胃功能下降，不爱吃东西，也会增长缓慢。立秋后，宝宝食欲增加，会出现补长现象。妈妈要会分析宝宝体重下降的原因，不要盲目喂宝宝助消化药。

前囟闭合出现真假

大部分宝宝在这个月囟门在 0.5～1.5 厘米，不会闭合。有的看起来闭合了，其实是膜性闭合，没有真的闭合。如果宝宝头围发育正常，没有异常症状，就不用担心。

科学喂养，打下一生营养好基础

添加辅食的原则

良好的进餐环境有必要

妈妈喂宝宝辅食时，要遵循宝宝的要求，不要非喂宝宝一小碗不可，宝宝也吃不了那么多。为宝宝创造一个好的就餐环境，让宝宝开心吃饭，既可以减少添加辅食的难度，又有利于宝宝的消化，很有必要。

不要在食谱上花太多精力

这一阶段宝宝添加辅食的原因，除了增加宝宝营养外，更主要的是为了锻炼宝宝吃的能力，只要食品有营养，宝宝可以消化吸收即可，妈妈没必要为了食谱而大伤脑筋。在1岁之前的这段时间，只要试着让宝宝吃辅食就行了。

鱼汤单纯喂即可

如果喂食宝宝鱼汤，就单纯喂鱼汤即可，不要再和菜汤、菜泥、果汁等饭菜混合了。

制作辅食的原则

辅食制作和以前一样，要讲究卫生。给宝宝做的饭菜要软烂一些，少放油、不放鸡精等调味料。做鱼汤时一定要注意不能有鱼刺。借助大人的饭菜给宝宝做辅食，可以节省不少时间。

吃辅食的时间安排

六七个月的宝宝每天睡2~3次，可以在上午睡前喂一次辅食，午睡后喂一次。早中晚各喂一次奶。

添加辅食的建议

食量小的宝宝这样吃

给食量小的宝宝喂肉汤，可以把面条、菜等放在肉汤里面，把饭菜一起喂宝宝。不要把粥和菜汤混合之后喂宝宝。

避免宝宝吃腻鸡蛋

鸡蛋营养丰富，适合经常喂宝宝吃。可以把蛋黄和菜汤一起喂宝宝吃，这样既可避免宝宝不喜欢蛋黄的味道，还可以预防宝宝噎着。不要总是把蛋黄和一种食物，如配方奶搭配喂宝宝，否则宝宝会吃腻的。

可以改变蛋黄的形式，或与菜汤同食，避免宝宝吃腻鸡蛋。

六七个月的宝宝不能食用蛋清。由于1岁以内的宝宝消化系统还没有发育成熟，肠壁比较娇嫩，而作为异种蛋白质的蛋清中有一些小分子清蛋白容易穿过肠壁进入到血液中，从而引起宝宝体内对异种蛋白质的过敏反应，导致湿疹等发生。可能有的宝宝胃肠功能发育良好，吃蛋清不会引起过敏反应，但是为了保险起见，最好让宝宝满1岁后再食用蛋清。

添加辅食要具体问题具体分析

给宝宝添加辅食，要根据辅食添加的量、母乳的多少、宝宝是否喜欢辅食等，具体问题具体分析，灵活掌握。

1 宝宝每天吃奶次数变成了三次或三次以下，辅食喂养两次，吃奶次数为三次以上则要减少一次辅食。

2 宝宝不习惯吃半固体食物，就喂宝宝流质食物。

3 宝宝已经习惯了吃辅食，并且发育正常，则按照这个方法继续做下去，不需要改变。

4 如果宝宝的吞咽能力好，可以让宝宝拿着饼干或面包吃。

母乳喂养半断乳方案

1 如果母乳很少了，吃不吃母乳对宝宝的发育影响不大了，可以断奶，改喂配方奶和辅食。

2 不能完全停喂乳类食品。

3 如果妈妈感觉乳胀，宝宝不爱吃母乳，可以不喂宝宝母乳了，把母乳加到配方奶的里面喂宝宝吃。

4 白天喂宝宝三次母乳，两次辅食，晚上再喂两次母乳。

5 如果宝宝不吃母乳，也不喝配方奶，就喂宝宝酸奶、奶酪等乳制品。或者逗宝宝开心，这时再喂宝宝配方奶，可能宝宝就愿意喝了。在早上喂宝宝配方奶，一般宝宝也愿意喝。

6 宝宝半夜哭了，就立刻喂宝宝母乳，有助于预防宝宝夜啼。

在给宝宝添加辅食时，用水果代替宝宝不爱吃的蔬菜。

不要浪费母乳

如果母乳分泌依然很好，妈妈感到奶胀，就没必要给宝宝减少喂母乳的次数，只要宝宝想吃，就给宝宝吃。如果宝宝夜里起来要奶吃，妈妈不要拒绝，否则宝宝可能成为夜哭郎。

配方奶是母乳的最好补充

已经开始辅食喂养的宝宝，如果辅食的量不足，宝宝也会哭闹。妈妈的母乳又不足，这时可以喂宝宝配方奶。不要喂鲜奶，鲜奶中含较多脂肪，宝宝不容易消化。

慎重添加配方奶

母乳逐渐不足，这时可以添加一次配方奶。如果每天需要添加 150 毫升以上就添加，但要继续添加果汁、菜汁和蛋黄。如果添加的配方奶一天不足 150 毫升，就说明母乳还能提供宝宝所需的热量，就不必每天添加配方奶了，特别是对于厌食配方奶的宝宝。

配方奶不必再加糖

配方奶粉是以母乳为标准，对牛奶进行全面改造，使其最大限度地接近母乳的母乳替代品，符合宝宝的消化吸收和营养需求。因此，给宝宝喂配方奶就不必再加糖了。过多的糖进入宝宝体内，会使水分潴留，使肌肉和皮下脂肪组织松软无力，这样的宝宝看起来很胖，但身体抵抗力却很差。

过多的糖储存在体内，还易诱发龋齿等疾病。

宝宝营养餐

大米汤 助消化、促进脂肪吸收

材料 精选大米 100 克。

做法

1 大米淘洗干净，加水大火煮开，转为小火慢慢熬成粥。

2 粥好后，放置 4 分钟，用勺子舀取上面不含饭粒的米汤，放温即可喂食。

宝宝日常照护

醒着就放到面积大的地方玩

有的宝宝这个时候已经会翻滚了，活动能力更强了，开始学着爬了。宝宝在醒着的时候，就不再适合放到婴儿床里。婴儿床很小，宝宝玩时很容易碰到栏杆，脚也容易卡到栏杆缝隙中。可以把宝宝放在铺着褥子的地板上，这样宝宝才有足够的空间锻炼。也可以放在大床上，但要有人时刻陪在身边。

在宝宝发生掉床时妈妈千万不要惊慌，更不要心急火燎地将宝宝从地上抱起，因为有时动作过猛也有可能导致其他不必要的伤害。妈妈应该以平和的心态去看待，也应认识到在一个人的成长过程中磕磕碰碰是难免的，宝宝也不例外。

如果妈妈临时有事，没时间照看宝宝，可以把宝宝临时放在婴儿床里，注意不要放太久。

不要着急训练排尿

这个月龄的宝宝一般每天的小便次数为10次左右。夏季天气炎热，排汗多，小便次数会减少。

宝宝到了这个月，在排便的时候一般不会反抗，很听妈妈的话。有的妈妈一把尿，宝宝就尿了。妈妈不要以为这时宝宝能控制大小便了。并且，频繁地把尿，会造成宝宝憋尿时间越来越短，不利于以后的控制排便。也有的宝宝本来没有尿，妈妈把了好大一会儿，宝宝还是没有尿，这时宝宝就会抗议了。

进行排便训练，需要妈妈多注意宝宝的排便规律，到了宝宝该排尿的时间，可以把尿，也可以坐便盆。对于不能自行排便的宝宝，妈妈不要着急，正常情况下，1岁以后才是训练排便期。

警惕宝宝的排便哭闹

女宝宝在排便的时候哭闹，并且尿液浑浊，有可能是患了尿道炎，妈妈要及时帮助宝宝化验尿常规。男宝宝排便时哭闹，要先检查一下尿道口是否发红，发红的话可以用浓度很低的高锰酸钾水浸泡几分钟阴茎。如果怀疑宝宝包皮过长，要去医院检查。

对意外要更警惕

这个月宝宝的运动能力增强了，会翻滚、坐立了，发生意外的风险也增高了。会拿起东西了，但是不知道尖的东西会扎手；会把够得到的毛巾、尿布塞到嘴里吃，还会蒙到脸上。当呼吸不舒服时，不知道是因为蒙的东西阻挡了呼吸，也不会拿掉。翻滚时，也不会意识到会掉下去。

为预防意外发生，妈妈一定不要让这个月的宝宝一个人在床上玩耍、睡觉。不要把药物、塑料袋、过热的东西放到宝宝身边。

宝宝掉床时，妈妈应该怎么办

1 宝宝掉下床立刻就哭了，并且哭声很响亮，哭后宝宝面色不变，精神也不错，玩耍、吃奶等也正常。这种情况下，一般来说，宝宝大脑没有受伤。可以在家观察宝宝的变化。

2 观察的时候，发现呕吐或发烧都应该看医生。

3 发现宝宝精神状态不好、不喜欢吃东西、嗜睡等，如果有其中一种情况，就应该看医生。

4 摔下后，宝宝没有立刻哭，似乎失去了知觉，不哭闹，面色发白。应立刻看医生。

5 头部有出血现象，应去医院包扎。

6 头部有包块，表皮无可见伤，也无异常，不用去医院。

7 不要揉宝宝头上的血块。

8 不要热敷宝宝头部的包块。如果无外伤，可以冷敷。

9 皮肤有擦伤，如果伤口较小，可消毒后涂药水；伤口较严重，需要去医院。

10 宝宝摔下来后，如果碰到了头部，无论有无异常都应该观察48 小时。

避免白天睡晚上玩

六七个月的宝宝白天睡眠时间减少了，夜里睡眠时间增多了，这是一个好的现象。但是有的宝宝却不这样，他们晚上往往十点了还没有睡觉，第二天起得很晚。造成这种现象的原因是宝宝白天睡得太多了，晚上来了精神，睡不着。

有的妈妈白天要上班，晚上才回家，宝宝白天活动少，睡眠时间就会多些，到了晚上，就想和爸爸妈妈多玩一会儿，导致晚睡。

生长激素分泌的高峰期在晚上，晚上如果休息不好，就会导致雌激素分泌下降，不利于宝宝的身高增长。家长白天应该多带宝宝出去玩，晚上宝宝就会早睡，第二天也会起得比较早。

春季预防疾病为重头戏

这个月龄的宝宝从母体中获得的抗体消失，自己的抗体尚未形成，对病毒的抵抗力弱。人工喂养的宝宝抵抗力更弱。

春天气温时高时低，气候不稳定，再加上冬天人体运动量小，所以春天刚开始时，人的免疫力弱，很容易患病。春季气温回暖，各种病毒也开始滋生，出疹性疾病也容易出现。所以春季要注重疾病的预防。

夏季护理依照常规

蚊虫叮咬	尤其是还没有接种乙脑疫苗的宝宝，一定要避免蚊虫叮咬。
冷饮	冷饮在宝宝的肠胃内，会导致胃内血管收缩，胃黏膜缺血，影响胃的分泌功能，可能带来消化不良等疾病。可以把蔬果汁、酸奶当作冷饮喂宝宝，既营养又美味。
夏季热病	宝宝体内缺水，天气过热等都可能导致夏季热病。
积食	夏季宝宝食欲下降，吃得少了很正常，妈妈强迫给宝宝进食很容易造成积食。
餐具卫生	辅食餐具、奶瓶一定要杀菌消毒，桶装配方奶要放在冰箱冷藏柜储存。
皮肤糜烂	如果是爱出汗的宝宝，妈妈要用清水给宝宝勤洗，最好不要用爽身粉或痱子粉。对于胖宝宝，要勤洗褶皱处皮肤。

秋季适当增加食物多锻炼

秋季气温下降，宝宝食欲增加了，可以给宝宝适当增加食物量，但是要注意避免积食。

有的宝宝在秋季会出现咳嗽，嗓子总是呼噜呼噜的，似乎有痰。这是因为天气凉了，宝宝气管分泌物增多，只要适当增加户外运动，就可改善这种症状。千万不要当作气管炎来治，否则可能一冬天也治不好。

冬季预防呼吸道感染

要预防冬季呼吸道感染，除了注意对宝宝的护理外，家人的感冒预防也是必要的。很多宝宝的感冒就是被父母传染的。父母得了感冒，要注意减少和宝宝的接触，感冒的妈妈给宝宝喂奶时，要戴上口罩。要勤洗手，避免宝宝用的餐巾等用具被病毒污染。

特殊情况的照护

出现感冒症状

这个月是宝宝从母体获得的免疫抗体消失的时期，宝宝在此时患了感冒，症状要比以前严重。宝宝感冒会出现打喷嚏、鼻塞等症状，并伴有声音嘶哑、不易喝奶。一般不会发热，但如果发热，就会比4~5个月时严重。高热不会持续很久，大概一两天就会退下来。

宝宝患了感冒的第二、第三天，如果仅仅流鼻涕而无其他异常，食欲和精神都很好，可以带宝宝到室外呼吸新鲜空气。食欲不好就不要喂了。

感冒宝宝护理

患了感冒的宝宝有时会出现大便次数增多、大便变稀的症状，妈妈先不要着急停掉宝宝的代乳食品，改为只喂奶。这种腹泻的症状不会持续很久。还有的宝宝因感冒而出现便秘，是否需要灌肠，可以等一两天后视情况而定。宝宝生病的时候哭闹，妈妈不要对宝宝表现出不耐烦，要让宝宝处在轻松愉悦的精神状态。

不要给感冒宝宝随便用药

宝宝出现了感冒症状，要及时护理，一般很快就会好，不要随便用药。抗生素类的药物一般都有不良反应，能不用尽量不用。

高热可能是幼儿急疹

这个月龄的宝宝如果出现39℃以上的高热，妈妈首先要考虑到，宝宝是否得了幼儿急疹。幼儿急疹经常见于6~18个月的宝宝，其中以6~8个月的宝宝最为常见。

幼儿急疹和感冒的区别

刚开始，妈妈和医生并不能确定宝宝得了幼儿急疹，因为幼儿急疹的早期症状与感冒、扁桃体发炎很相似。一般的感冒等疾病和幼儿急疹不同的是，感冒不会像幼儿急疹一样持续高热两三天。患幼儿急疹的宝宝一般会疹出热退，在不知不觉中痊愈，妈妈不用担心。

得了幼儿急疹会获得免疫力

宝宝只要得过1次幼儿急疹，以后就不会再感染。即使两岁之前没有患幼儿急疹，两岁之后也不会再得这种病。

通过辅食缓解便秘

如何判断宝宝是否便秘

有些宝宝七八个月的时候会出现便秘的情况。判断是否便秘，不能依照大便间隔时间长短来判断，要看大便的软硬程度。如果大便过硬，或成小粒状，就是便秘了。由于大便过硬，宝宝在大便时往往觉得疼，所以会让宝宝害怕排便，从而导致便秘更加严重，甚至形成顽固性便秘。

便秘宝宝的护理方法

运动不足也会造成便秘，可以多带宝宝去室外活动。

通过吃辅食调节便秘。有的宝宝吃了酸奶之后，排便通畅了，那么就可以经常喂食宝宝酸奶。

便秘的宝宝要多喝温水。可以选择添加香蕉泥、红薯泥、胡萝卜泥等辅食，用梨汁、苹果汁、蔬菜汁代替橙汁。

妈妈顺时针方向按摩宝宝的小肚子也有助于促进排便，要持续按摩3分钟。

用于解决大人便秘的方法，对宝宝并不适用。不可以通过早晨喂宝宝盐水的方法来缓解便秘。

治疗湿疹可用含激素药膏

少数宝宝的湿疹这个月依然没有改观。宝宝夜里痒得睡不着觉，导致睡眠不足，有的妈妈会因此而烦躁不安。其实没必要这样，妈妈过度紧张，抱着宝宝经常去看医生，反而会导致宝宝更不适。

宝宝湿疹很严重时，可以在患处涂抹少量含有微量肾上腺皮质激素的药膏，每日3次。病情好转后，减少涂抹次数，由1天2次改为1天1次，再改为隔天一次，最好改为1周2次。注意含氟的激素药膏容易造成不良反应，所以要少用。

趴着睡觉不能说不健康

有的宝宝在这个月有了趴着睡觉的现象。妈妈会以为宝宝得了什么疾病，或者担心趴着睡觉会造成呼吸困难，而去咨询医生。宝宝趴着睡觉是能自由翻身的证明，这可能只是宝宝最舒服的睡觉姿势。在炎热的夏天，宝宝会在凉席上趴着睡觉，把脸贴在凉席上，原因是这样睡觉更舒服。

也有宝宝因为疾病而趴着睡觉的，例如宝宝后脑勺长了一碰就疼的疙瘩，宝宝只能侧着睡或者趴着睡觉。

趴着睡觉并不代表宝宝不健康，很多趴着睡觉的宝宝过一段时间又开始仰卧或侧卧睡了。那些到了七八岁依然趴着睡觉的孩子，也都很健康。

斜视要及早治疗

宝宝视力问题的预防和矫正必须尽早开始。

发现宝宝 6 个月之后总是有一侧眼睛出现斜视，就应及早去医院检查，需要手术的要及早手术，手术时间最晚也要在 6 岁之前完成。

斜视手术

外斜视一般 1 次即可治愈，内斜视可能需要多次治疗。手术开始的年龄和手术日期，要听从主治医师的话。有时候主治医师的意见也不尽一致。有的医生提倡早做手术，会把手术年龄定在宝宝 6 个月至 1 岁之间，有的医生则主张把宝宝的手术年龄定在 2 岁以前。

带宝宝检查斜视时，一定要去那些矫正设备齐全的医院，以免对宝宝的视力状况做出误判。

妈妈不要认为宝宝越大，视力训练就越容易。

要给便秘的宝宝多喂点儿温水或果汁，有助于缓解便秘症状。

斜视的征兆

有的宝宝斜视是在不同情况下出现的，有时候斜视，有时候正常。斜视出现的时间一般在睡醒睁开眼睛或太阳光照射时。如果妈妈发现宝宝有斜视征兆，应该及时带宝宝去眼科检查。

斜眼不同于斜视

如果宝宝的床头悬挂了转转乐等玩具，宝宝经常歪着脖子看，也可能会造成斜眼。斜眼产生的原因是移动眼球的某块肌肉产生麻痹，正面看东西时重影，斜着眼睛看才能看清，和斜视不同。为预防斜眼，妈妈要经常调整宝宝和所看物体之间的相对位置。

6~7 个月宝宝的能力发展与培养

● 听力存在个性化差异

六七个月大的宝宝听的能力已经和成人相当，可以区别简单的音调了，妈妈要抓住时机，培养宝宝的乐感，这对宝宝成年后的音乐感知能力有帮助。

宝宝的生长速度、发育水平存在着个性化差异，如果宝宝还不具有某种能力，妈妈不要着急。只要宝宝是正常的，在家长的呵护下，宝宝在未来也许成长得更出色呢。

● 看的能力提高了

1 可以较长时间看事物。宝宝开始关注数量多、体积小的事物，并能长时间观看。辨别差异和转换注意的能力提高了。父母可以让宝宝认识更多的人和事物，增强宝宝记忆人和事物特征的能力。

2 对陌生人会表现出不快。宝宝会惊奇地望着陌生人，也会表现出不快的表情，并把身体和脸转向妈妈。

3 对和自己有关的事物更感兴趣。宝宝对妈妈、玩具、食物等和自己有关的事物更感兴趣。

4 能认识吃的。妈妈可以告诉宝宝哪些能吃，哪些不能吃，宝宝就不会随意把东西都往嘴里放了。

● 会说父母听不懂的音

宝宝除了能发出“baba”“mama”等音节外，还会发出一些别人难以听懂的音，有高兴的，有不快的。家长要鼓励宝宝的这种语言“创造”。

● 能把语言和具体的事物相联系

如果每次出去玩的时候妈妈都会给宝宝拿玩具，并且说：“我们要去玩耍了，妈妈给宝宝拿玩具玩。”时间长了，宝宝就会认识玩具，并且把玩具和出去玩相联系。妈妈带宝宝出去玩的时候，宝宝就会先找玩具，看到玩具后就会联想到出去玩。

妈妈在这个月，可以多和宝宝说话，多交流感情，抚摸宝宝，给宝宝听一些音乐。

交流对宝宝学习语言很重要

宝宝虽然不会用语言和妈妈交流，但是他会用其他方式表达感情，和父母交流。妈妈通过语言和宝宝交流，是宝宝学习语言的基础。宝宝会把听懂的语言累积，逐渐学会说话。

坐和爬的能力

这个月龄的宝宝可以不依靠东西坐立了。宝宝有了爬的愿望和动作，家长可以轻推宝宝的脚底，帮助宝宝向前爬。

探索的兴趣增强

宝宝的知觉感提升了。抓住物体后，会感受它的形状、大小；咬一咬感受它的滋味、硬度；摇一摇听它的声音；打一打、拍一拍，认识它。对已经会的能力，不再感兴趣，对刚开始学以及还没有学会的更感兴趣。

动手能力显著进步

宝宝双手的运动能力已经有了显著进步，能用双手配合着握住较大的物体了。还会把一个物体从一只手传到另一只手上。已经能自己拿着奶瓶放到嘴里吸吮了。

对可以拿的东西有了自主选择，看到喜欢的东西，会伸手想去拿，拿不到时就会哭。对于不喜欢的东西，即使妈妈放到了他的手里，也会扔掉。会去伸手抓妈妈的眼镜。

会翻滚了

六七个月大的宝宝会从仰卧翻到侧卧和俯卧，有的已经可以从俯卧翻到侧卧和仰卧了，能在床上翻滚了。如果把宝宝放在婴儿车里，宝宝翻滚时可能会撞到床栏杆上面。更好的办法是把宝宝放到大床上，或者铺了褥子的木地板上、婴儿围栏里。放到大床上时要注意防止宝宝掉下来。

大人放松孩子玩疯的亲子游戏

汽车快，宝宝慢

对比能力、追视能力、理解能力

益智点

培养宝宝的初步对比能力。

游戏进行时

妈妈在客厅里发动电动小汽车，让小汽车跑起来，然后引导宝宝追视；妈妈也可以抱着宝宝追小汽车，并对宝宝说："汽车比宝宝跑得快，宝宝比汽车跑得慢哦。"反复做几次，让宝宝逐渐明白快和慢的概念。

如何面对“高要求”夜啼的宝宝

有的宝宝原本不夜啼，可是在这个月开始夜啼了。有的原本夜啼的宝宝，到了这个月更爱夜啼了。宝宝夜啼的真正原因，一般很难找到。父母会觉得带夜啼的宝宝是一件很困难的事，医生很同情父母，因为宝宝很健康，所以也无能为力。姑且把这种宝宝叫作“高要求”的宝宝吧。

对“高要求”的宝宝要“高照顾”

对于这种“高要求”的宝宝，父母只能“高照顾”喽。父母要耐下心来，共同更好地照料宝宝，也许不多久，宝宝就不再夜啼了。切忌在宝宝面前相互埋怨，这样不仅不能解决问题，还可能加重宝宝的夜啼。

有的人提议对夜啼的宝宝采取不管不问的态度，让他哭个够，这是不对的。这样会让情况变得更糟。

在纠正宝宝吃手指时，别跟宝宝说“你以后再也不许吃手指了”这类话，以免引起宝宝不快。可以尝试在他没有吃手指的时候给予肯定和夸奖。

该重视吸吮手指了

宝宝在出生后头 3 个月里，会有强烈的吸吮欲望，吸吮手指是很正常的。宝宝在 3 个月以后，吸吮手指的欲望会慢慢变弱，大部分半岁之后就不再吸吮手指了。如果宝宝以前不吸吮手指，从这个月开始吸吮手指，或者宝宝在这个月吸吮手指的症状更加严重了，妈妈就需要重视了。

人工喂养的宝宝更容易吸吮手指

一般来说，母乳喂养的宝宝比人工喂养的宝宝吸吮手指要少。这是因为：人工喂养的宝宝吸吮时间短；吸吮母乳的宝宝，能够长时间地吸吮；人工喂养次数少，是按时喂养；母乳喂养次数多，是按需哺乳。

如何预防宝宝吸吮手指

妈妈要帮助宝宝改变这种情况，不要采取强制性措施，要默默帮助。宝宝吸吮手指的时候，可以转移他的注意力，例如给宝宝的手里放一个玩具。如果宝宝因为长牙而吸吮手指或者啃手指，就不必在意。

即使没乳牙也是正常的

有的宝宝出牙早，在两个月时就有牙齿萌出了。一般情况下，宝宝在半岁的时候开始有乳牙萌出。有的宝宝出牙晚，到了一岁的时候还没有牙齿萌出，这也是正常的。宝宝的牙齿发育存在个体差异，妈妈不要看到同龄的宝宝甚至比自家宝宝小的都有牙齿萌出了，就开始着急，喂宝宝吃一些没必要吃的药物。

6个月以上的宝宝可以让他们啃点磨牙饼干，可减少牙龈不适，刺激乳牙萌出，减少流涎。

如何应对湿疹加重

一般来说，宝宝到了这个月，湿疹症状会减轻。但是也有个别的宝宝湿疹不但没有减轻的症状，反而加重了。这样的宝宝，多是因为对异体蛋白，如鲜牛奶、鸡蛋清等过敏。

湿疹的症状

湿疹主要发生在两颊、额部眉毛、耳郭周围和下颌部，严重时可累及胸部和上臂，尤以皮肤皱褶处多发，例如肘窝、腋下等。每年10月初冬到次年春夏季节较为多发。

湿疹开始时皮肤发红，上面有针头大小的红色丘疹，可出现水疱、脓疱、小糜烂面、潮湿、渗液，并可形成痂皮。痂皮脱落后会露出糜烂面，愈合后成红斑。数周至数月后，水肿性红斑开始消退，糜烂面逐渐消失，宝宝的皮肤会变得干燥，而且出现少许薄痂或鳞屑。

湿疹的自觉症状为剧烈瘙痒，常引起患儿反复抓挠，特别容易引起继发感染，使原发病加重。婴幼儿湿疹常见的类型有3种，即渗出型、湿润型、脂溢型。

湿疹

渗出型湿疹

症状

发生红斑、丘疹、丘疱疹，常因剧痒搔抓而显露有大量渗液的鲜红糜烂面。严重时会累及整个面部甚至全身

发病部位

多是颈部、额部、两脸颊部，分布比较对称

易感人群

多发于较胖的宝宝

干燥型湿疹

易感人群

常见于较瘦的、营养状况比较差的宝宝

发病部位

一般长在头皮、眉间等部位

症状

皮肤发红，可见丘疹，有糠状鳞屑，看起来像是往下掉白皮似的，没有渗出，是干巴巴的样子。用手摸一摸，皮肤显得粗糙、发干。其阵发性的剧烈瘙痒会引起宝宝的哭闹

脂溢型湿疹

易感人群

多见于新生儿，常在宝宝出生后几日内发生

发病部位

额部、头皮、两眉间、眉弓及四肢外侧

症状

出现红色的疹子和浅色红斑，并且起皮屑和渗出少量黄水。以后形成黄色结痂，一般不流水，也不很痒

湿疹加重的护理

对于湿疹加重的宝宝，在添加辅食的时候，妈妈要注意宝宝吃了哪些东西后湿疹加重了，如果喝了鲜牛奶以后湿疹加重了，可以把鲜牛奶多煮沸几次，或者改喂配方奶。

在护理方面，妈妈要留意周围环境的温度与湿度；衣服要宽松清洁，避免化纤、羊毛制品；勤剪指甲、勤洗头；生活要规律，保持大便通畅；避免接触刺激因素；加强抵抗力。这样对湿疹有一定的防治作用。婴儿湿疹的治疗应在皮肤科医生的指导下进行，家长切不可滥用抗生素，不要随便给宝宝涂药，也不要随便使用单方、偏方，以免加重过敏。在用药期间要观察宝宝的各项反应，如果不良反应太大，应及时停止并联系医生。

不能和耍脾气的宝宝对着干

有的宝宝到了这个月龄，开始发脾气了，有时候发得还挺大。妈妈喂的饭，宝宝不想吃了，会把饭打翻。

发脾气说明宝宝的情感丰富了，有了自己的主见，所以这不一定是坏事。对于发脾气的宝宝，妈妈应该温和地对待，心平气和地讲道理，这有利于宝宝的智力、情商开发，不应该和宝宝对着干。妈妈不能用成人的逻辑去教育，认为宝宝应该好好管教了。也不能一味地将就宝宝，这样会导致宝宝的脾气越来越大。

厌食可能是因为妈妈护理不当

真正厌食的宝宝很少。宝宝厌食表现为食欲低下，会把放进嘴里的奶头吐出来，把喂进的辅食吐出来；什么都不想吃，看到吃的不高兴。如果强制喂食，宝宝就会干呕。宝宝发育落后，体重增长缓慢，头发稀疏。这是真正的厌食症状，需要去医院做必要的检查。

有一些宝宝因为妈妈的护理不当而厌食。例如，宝宝喜欢吃某一种食物，妈妈就一味地喂宝宝这种食物，宝宝吃腻了，妈妈就认为宝宝厌食；妈妈按照食谱给宝宝做辅食，宝宝吃不下或者不喜欢吃，妈妈就说宝宝厌食了等。所以怀疑宝宝厌食之前，妈妈要先反省一下自己。

不会坐不一定就是病了

一般来说，半岁大的宝宝应该都会坐了。但是有的宝宝仍然坐不稳，需要人扶着或者后背靠着东西。这是正常的，有的宝宝到了七八个月大的时候才能坐稳。但是宝宝若依靠着东西也不会坐，头向前倾，下巴抵着前胸，就要去医院做检查了。

白开水是一定要喝的

这个月的宝宝在饮食口味的选择上自主性越来越强了，喝惯了果汁、配方奶的宝宝不喜欢喝白开水了，这可不行。任何饮料都不能代替白开水。母乳喂养的宝宝应该每天喝 40～80 毫升白开水，配方奶喂养的宝宝应该每天喝 100～150 毫升白开水。让宝宝喝水的有效方法是让宝宝自己拿着奶瓶喝水，对于不爱使用奶瓶的宝宝，妈妈要训练。宝宝喜欢自己做事，把奶瓶交给宝宝，宝宝会抱着奶瓶喝不少水，妈妈在一旁看着就行。

7～8个月
可以发出单音节词了

7~8 个月宝宝的生长特点

宝宝生长发育的基本数据

项目＼性别	男宝宝	女宝宝
身高(厘米)	68.3～73.6	66.4～71.8
体重(千克)	7.8～9.8	7.2～9.1
头围(厘米)	40.9 ～ 50	
前囟门(厘米)	最小值：0.5×0.5 最大值：1.5×1.5	

身高、体重、头围增长减缓

宝宝在这个月的身高增长慢了下来。这一阶段的宝宝存在“补长”现象，这个月增长得缓慢，下个月可能突然长高了很多。妈妈在给宝宝测身高时，不要只看一个月的，要连续看。

种族、遗传、性别对个体的影响越来越明显了，宝宝的身高差异也越来越大。3 岁以后，宝宝受种族、遗传的影响越来越凸显，青春期时，性别对身高的影响更大。

妈妈不要为了宝宝长得高，就一味地给宝宝添加营养，营养好不一定长得高，更有可能营养过剩，长成小胖墩。

体重、头围和身高一样都呈现了增长缓慢的现象，体重也呈跳跃式增长。体重的增长受营养、护理方式、疾病的影响比较大。宝宝患病期间，食欲缺乏，睡眠不好，也有可能出现体重下降的现象。

头围的增长也存在着个体性差异。家长在测量宝宝的头围时，最重要的是要掌握科学的测量方法，动态监测宝宝的头围增长状况。

前囟几乎无变化

前囟发育几乎无变化，和上个月相当，变化不大。

尿便问题无大变化

在这个月，宝宝的便秘问题可能并没有因为辅食的添加而改善，相反，大便次数多的宝宝，有可能大便次数减少。宝宝还不会说“我要大便”，但是细心的妈妈会发现宝宝便前的反应，帮助宝宝排便。随着喝奶量的减少，宝宝的小便次数会变少，一天为 10 次左右。

有的宝宝需要抱着才能睡好，只要放到床上，睡得就不安稳，半个小时就会醒来，如果抱着睡，能睡好几个小时。这是很多新手父母会遇到的问题。从某种程度上说，这是父母的问题而不是宝宝的问题。良好的睡眠习惯是需要父母帮助宝宝建立起来的。

宝宝都喜欢妈妈温暖的怀抱，如果宝宝哭得很厉害，需要父母的关心，或者遇到了问题需要父母的帮助，父母能够积极回应，就会让宝宝得到安慰，增加对人的信任。但也不能一味迁就宝宝，要允许宝宝有自己的空间，如果宝宝在睡眠中伸个懒腰、打个哈欠等，妈妈就立即去抱或者拍，就会干扰宝宝。此时妈妈可以反应慢半拍，让宝宝自己去适应。如果父母整日抱着宝宝睡觉，宝宝自然不会拒绝妈妈抱着他睡，慢慢地就会养成习惯。另外，大人在抱宝宝时只能是两只手臂作为支撑点，所以，抱着宝宝睡觉对宝宝骨骼的生长发育也不好。

睡眠时间昼短夜长

这个月宝宝最让妈妈开心的，可能就是睡眠时间改变了。宝宝的白天睡眠时间继续减少，晚上睡眠时间相对延长。

本月龄的宝宝较易得病

随着活动能力的增强，宝宝接触的东西也多了，活动的范围扩大了，宝宝和其他小朋友接触的机会也增多了，接触病毒的机会也增多了。

宝宝在这个月随着从母体中得到的抗体的消失，自身的抗体还没有完善，所以更容易患病。

和母乳喂养的宝宝相比，人工喂养的宝宝抵抗力更差。

母乳喂养可以保护宝宝的消化系统、呼吸系统和耳部不受感染，提高宝宝的免疫力，这种保护甚至可以延续到母乳喂养结束后很久。

科学喂养，打下一生营养好基础

热量需求不变，多补铁

宝宝这个月所需热量依然是每天每千克体重约 427.5 ~ 450 千焦，蛋白质摄入量是 1.5 ~ 3.0 克。脂肪摄入量略有减少。维生素 A、维生素 D 及其他营养素的变化不大。

和前几个月不同的是，这个月宝宝对铁的需求量猛增。现在每天需要的铁是以前的 3 倍以上。这是因为宝宝出生时从妈妈那儿获得并储存在体内的铁消耗殆尽，全靠摄入铁剂来补充。

妈妈这个月多给宝宝吃富含铁的食物，相应减少脂肪的摄入量，减少的部分可以由最好含铁的碳水化合物来代替。

母乳喂养儿也必须添加辅食

这个月龄的宝宝单纯吃母乳已经不能满足对铁的需求，是到了添加辅食的时候了。添加辅食的主要目的是补铁。

妈妈可以想办法增加宝宝对吃辅食的欲望，例如翻新辅食的花样，把辅食做得好看些，使用能吸引宝宝眼球的餐具等。喂宝宝辅食的时候，可以和宝宝多交流，鼓励宝宝，例如“宝宝真乖”“吃完了带宝宝出去玩”等。宝宝如果对出去玩感兴趣，吃完辅食后带宝宝出去玩，可以形成一种条件反射，让宝宝认为吃完饭后就可以出去玩，这对鼓励宝宝吃饭很有帮助。

贪恋母乳怎么办

有的宝宝很贪恋母乳，即使妈妈母乳不足，甚至是空奶，宝宝还是会不停地吸吮，甚至吸得妈妈乳头都痛了。有的还会用牙齿咬妈妈的乳头，把乳头弄得很痛，宝宝也不管。如果妈妈不给宝宝吃奶，宝宝就会哭闹。

断奶可以解决这个问题。刚断母乳的宝宝有的会在晚上哭闹，对于这种“顽固”贪恋母乳的宝宝，妈妈可以只在晚上喂奶。如果不给宝宝奶吃，宝宝继续哭闹，不但影响大人休息，还可能造成宝宝“夜啼”的毛病。随着成长，宝宝会慢慢忘记吃母乳的习惯。

同时，妈妈要尽量做好辅食添加，让宝宝吃饱，吃得有营养，否则宝宝会营养不良，影响身体发育。

配方奶喂养的宝宝这样喂辅食

配方奶喂养的宝宝现在已经爱吃辅食了，妈妈要根据宝宝的具体情况灵活喂宝宝辅食。

如果宝宝一次喝 80 ~ 100 毫升配方奶	可以早晨喂一次配方奶，上午 9 ~ 10 点喂辅食；中午喂配方奶，午睡前喂辅食；午睡后喂配方奶，睡醒后带宝宝玩，其间喂点心、水果；傍晚和睡前各喂一次奶
如果宝宝食量较大，可以一次喝 150 ~ 180 毫升配方奶	可以在早中晚餐时间各喂一次奶，上午和下午各加一次辅食，再穿插喂两次点心、水果等
遵循原则	一般两次喂奶间隔和辅食间隔不能少于 4 小时，奶和辅食的间隔不能少于 2 小时。奶、辅食在前，点心、水果在后

辅食添加新要求

1. 白米粥中不要加含盐的食物

有的宝宝喜欢吃混合了酱油、菜汤、肉汤、香油的白米粥。但这种粥并不适合宝宝吃。菜汤、肉汤、酱油中都含有盐，一不小心容易导致宝宝盐分摄入过量，增加肾脏负担。

1 岁以内的小儿肾脏功能未发育成熟，多吃盐、酱油会加重肾脏负担，一般奶类辅食均含有钠，足够宝宝需要。如果妈妈想让宝宝多摄入养分，可以喂宝宝一口菜、一口粥，不要把两者混着给宝宝吃。让宝宝摄入辅食的滋味不断变化，也符合喂养这个月龄宝宝的要求。

2. 肉、蛋、饭、菜要分开喂

七八个月大的宝宝可以吃单独的肉、蛋、饭、菜了，这样可以让宝宝品尝不同食物的味道，对食物感兴趣，增加食欲。

3. 不能同时增加两种辅食

七八个月大的宝宝可以在上个月添加的辅食基础上，添加豆腐、整个的鸡蛋黄、整个的苹果等。宝宝以前没有吃过的辅食，不要同时添加两种。

4. 可以吃半固体食物了

有的宝宝在这个月已经不爱吃软烂的粥、面条了。有的妈妈担心宝宝还没有长出牙来，不适合吃半固体的食物，其实宝宝会用牙床咀嚼，并可以咽下去。这个月可以喂宝宝软烂的米饭、稠粥、鸡蛋羹了。

宝宝营养餐

芋头玉米泥 健脑益智

材料 芋头 50 克，玉米粒 50 克。

做法

1 芋头去皮，洗净，切成块状，放水中煮熟。

2 玉米粒洗净，煮熟，然后放入搅拌器中搅拌成玉米浆。

3 用勺子背面将熟芋头丁压成泥状，倒入玉米浆，搅拌均匀即可。

营养师说功效

玉米中富含谷氨酸，能促进脑细胞代谢，有一定的健脑功能。

菠菜鸡肝泥 明目、预防缺铁性贫血

材料 菠菜 20 克，鸡肝 2 块。

做法

1 鸡肝清洗干净，去膜、去筋，剁碎成泥状。

2 菠菜洗净后，放入沸水中焯烫至八成熟，捞出，凉凉，切碎，剁成蓉状，将鸡肝泥和菠菜蓉混合搅拌均匀，放入蒸锅中大火蒸 5 分钟即可。

鸡肝中含铁质较多，宝宝多食能预防缺铁性贫血，还含维生素 A，可以使宝宝的眼睛更加明亮。

宝宝日常照护

衣物、被褥、玩具

宝宝这个月的衣物、被褥、玩具护理要求和上个月一样。需要注意的是，这个月龄的宝宝容易发生气管异物。宝宝的动作能力增强了，乳牙长出来了，会啃玩具，把玩具啃下来一块，也可能把不结实的零件弄下来，放到嘴里。妈妈在这方面尤其要注意。

宝宝尿便护理要点

小便护理

七八个月大的宝宝小便次数依然不少，妈妈打算让宝宝每次把尿都排在尿盆里的话，就会很累，最好还是给宝宝垫尿布。如果为了不让宝宝尿湿尿布，经常给宝宝把尿，就可能造成宝宝尿频。

当然，如果宝宝小便比较规律，妈妈就可以掌握这些规律，从而把大部分的尿都接在尿盆里。这对以后的尿布训练也是有好处的。

小便可以反映宝宝是否缺水。如果宝宝小便发黄、量少，说明尿液被浓缩了，这是宝宝身体缺水的信号。这种情况在夏天更容易出现。妈妈要多给宝宝喝水，稀释尿液，减轻肾脏负担。冬天宝宝身体缺水的信号之一是，宝宝的小便发白，甚至像米汤一样，这是尿中尿酸盐较多，遇冷后结晶析出导致，妈妈给宝宝多喝水，这种现象就会消失。

大便护理

这个月龄的宝宝一般每天会排1~2次大便。大便呈细条形；也可能是黏稠的稀便，没有便水分离现象；大便的颜色和辅食种类有关。

每天大便三四次的宝宝，如果不是水样便，也是正常的。不要因为添加了辅食之后，大便颜色、形状变了，就停喂辅食。单纯的乳类喂养，可能导致饥饿性腹泻。

还有的宝宝两天大便一次，只要宝宝大便不干燥，排便不困难，就不用担心。还可以训练宝宝增加排便，具体方法是妈妈每天在固定时间让宝宝坐便盆一次，时间不超过 2 分钟。宝宝坐便盆时，妈妈教宝宝发出“嗯、嗯”声使劲排便。

妈妈掌握了宝宝排便的规律，可以让宝宝成功把大便排在便池里。如果宝宝不喜欢坐便池，就没必要让宝宝非要在便池排便。

睡眠护理要点

七八个月的宝宝大部分每天白天睡两觉，上午 10 点左右，下午 3 点左右各一次，睡眠时间在 1~3 小时。下午睡的时间一般比较长。和妈妈一起睡，宝宝会睡得更踏实。

睡前吃饱的宝宝	半夜一般不会起来要奶喝
母乳喂养的宝宝	半夜起来要吃奶，只要把乳头塞进宝宝嘴里，宝宝也会边睡边吸吮着，慢慢进入梦乡
傍晚不睡觉的宝宝	晚上往往睡得较早，第二天也能在六七点的时候就醒来，贪睡的宝宝会再多睡两个小时后醒来

不要轻易叫醒宝宝

妈妈发现宝宝睡觉时翻来覆去地滚动，还出声，如一两声抽啼，咳嗽一两声，干呕几下，还会用小嘴寻找妈妈的乳头等，妈妈不要担心，更不要打扰宝宝休息。如果此时把灯打开，给宝宝把尿、喂奶，把宝宝弄醒，乖宝宝可能一会儿又睡着了，爱闹的宝宝则会要求家长陪玩，否则大发脾气，甚至哭闹不止，结果宝宝和妈妈都得不到很好的休息。

出牙护理

有的宝宝出牙早，五六个月的时候就开始出牙了，大多数宝宝在6个月后出牙。先是萌出一对下乳中切牙，再萌出一对上乳中切牙，其他乳牙从前向后，左右依次成对萌出。一般下牙先出，上牙后出，左右对称，同时萌出。

乳牙出齐是20颗

一般宝宝9个月的时候，会萌出一对下乳侧切牙，然后萌出一对上乳侧切牙。在一岁零两个月的时候，会萌出一对下第一乳磨牙，然后萌出一对上第一乳磨牙。一岁半的时候，会萌出一对下乳尖牙，然后萌出一对上乳尖牙。两岁的时候，萌出一对下第二乳磨牙，然后萌出一对上第二乳磨牙。至此，出齐了20颗乳牙。

计算乳牙数的方法

两周岁之前的宝宝，乳牙数是月数减4~6。如10个月的宝宝乳牙数是: 10-（4~6）=6~4。10个月的宝宝应该萌出乳牙4~6颗。

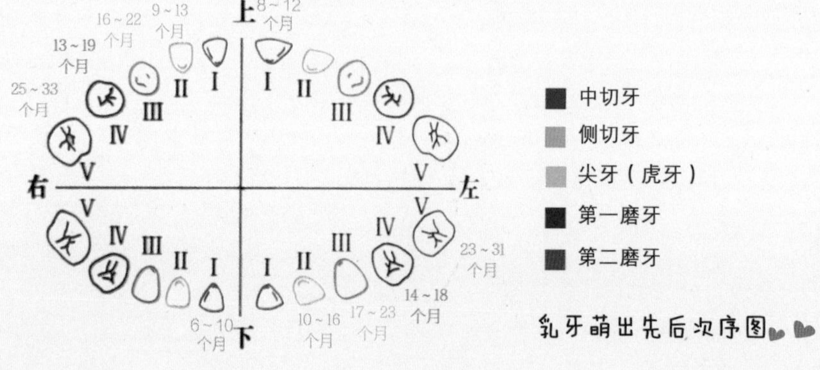

乳牙萌出先后次序图

乳牙萌出时间存在个性化差异

宝宝萌出乳牙的时间也存在个体差异，不是所有的宝宝都是如此有规律地出牙。有的宝宝出牙早，4 个月大就萌出牙了；有的宝宝一岁大的时候才开始萌出牙齿。不要认为宝宝出牙晚了就是缺钙，给宝宝补充钙剂。如果宝宝吸收不了这些钙，反而会导致大便干燥。吸收过多的钙，对宝宝同样有害。

春季防病是重头戏

这个月龄的宝宝基本要靠自己的抵抗力和病毒、细菌作斗争了。春天又是各种病菌活跃的时候，宝宝很容易生病。常见的疾病是风疹、幼儿急疹、咽结合膜热等。

宝宝生病之后，最好不要送去大医院。那里就是一个大的病原体集中地，肺炎、气管炎等都有，宝宝很容易感染新的疾病。甚至会有感染百日咳的危险。

夏季要防蚊虫叮咬

夏季带宝宝出去玩的时候一定不要忘记防止蚊虫叮咬。七八个月大的宝宝还没有接种乙脑疫苗，蚊虫是传播乙脑病毒的危险物，如果不小心，宝宝可能有被传染乙脑的风险。

在我国中部和南方地区，春末夏初就已经有蚊子了，宝宝在 5 ~ 9 月份都可能因蚊虫叮咬患乙脑，尤其是 7 ~ 9 月份。可以挂蚊帐预防蚊虫。傍晚带宝宝出去玩，不要去草多的地方。

秋季痰鸣不要当病治

在天气渐凉的秋季，湿疹的宝宝、容易过敏的宝宝和胖宝宝都容易复发痰鸣。秋末这种病更加严重。

如果宝宝只是发出“呼噜呼噜”的声音，有时还会咳嗽、吐奶，但宝宝可以正常吃饭、玩耍、睡觉，就不必太紧张。有的妈妈抱着这样的宝宝去医院，医生说没事，家长不相信，可能会换一个医生。

对于这种宝宝，多参加户外锻炼，增强耐寒能力，是防治痰鸣的根本之道。

冬季如何护理

冬季少风的日子里，妈妈可以带宝宝去参加户外活动。天气好的日子就在外面多待一会儿，不好的话就出去几分钟。这种活动最后应形成规律，每天或者隔几天出去一次。如果一段时间没有出去，再出去时，宝宝很容易患病。

冬季给宝宝洗澡后，要及时给宝宝保暖，避免着凉。可以每隔两三天给宝宝洗一次澡。如果冬天给宝宝不洗澡，开春给宝宝洗澡后，宝宝很容易生病。

特殊情况的照护

如何防治夏季腹泻

在这两个月，宝宝的辅食添加有了明显的进步，宝宝能吃的东西增多了，肠胃功能增强了，代乳食品带来的腹泻症状得到了改善。

有的宝宝会出现饮食过量、食用了不能消化的食物而导致的腹泻，可以第二天将给宝宝的饮食减少到八成，腹泻就可改善。

夏季腹泻多是由病毒、细菌引起的，即感染性腹泻。这种腹泻经常是发热在前，刚开始的时候还会有呕吐症状。腹泻并不是一开始就出现的。细菌感染导致的腹泻大便中会出现黏液，每次排便量不多。病毒感染导致的腹泻多为稀水样大便，排便量很多，还容易造成脱水。

治疗病毒型腹泻的方法

- 喝酸奶可以辅助治疗。
- 母乳喂养儿可以添加乳糖酶，喝配方奶的宝宝可以喝无乳糖配方奶。
- 喝补液盐防止脱水。
- 有发热症状时，要辅助治疗发热。
- 可以使用抗生素，抗生素的使用要连续 5 ~ 7 天，再次化验大便，大便正常才可以停药。如果痊愈之前停药，很可能造成慢性肠炎。

热性抽搐一般不用担心

抽搐是神经过敏的宝宝对体温的突然上升而产生的反应，肝火旺盛、夜里哭闹、爱哭的宝宝容易发生抽搐。

热性抽搐的症状

抽搐如果是因为高热引起的，就不用担心，它是高热的一种反应，所以叫“热性抽搐”，也叫高热惊厥。患了热性抽搐的宝宝会突然全身紧张，颤抖，两眼上视，白眼暴露，眼球固定，叫他、拍打他，宝宝都没有反应，就像换了一个人一样，抽搐大概会持续 1 ~ 10 分钟。

有的宝宝抽搐只发生 1 次，有的 1 小时就发生两三次，抽搐时宝宝的体温会达到 39℃。

热性抽搐不用特殊治疗

妈妈发现宝宝抽搐，肯定会很紧张，马上带宝宝去医院，可能宝宝在路上抽搐已经缓解了。

妈妈带宝宝去医院后，有的医生还会给宝宝做脑电图及其他检查，以排除脑部病变。如果是单纯的热性抽搐，不用特殊治疗。既然是高热引起的，高热退下来了，身体就会自然恢复，不会留下后遗症。这种抽搐不会引起脑损伤，也不会引发癫痫病、脑性麻痹以及智力发育迟缓，倒是一些抗癫痫的药物，会降低智力。

7~8 个月宝宝的能力发展与培养

开始根据兴趣有选择地看

七八个月大的宝宝可以根据兴趣，有选择地看世界了，对他感兴趣的东西，他会记住，还会用眼睛寻找。听到某种宝宝熟悉的物品名称时，宝宝也会用眼睛寻找。妈妈要训练宝宝把看到的事物及其形状、色彩、大小、功能等结合，进行直观思维和想象，开发宝宝的潜能。

具有直观思维能力

这个月龄的宝宝对看到的东西有了直观思维能力，例如，会把奶瓶和吃奶联系起来。妈妈要抓住这个机会，教宝宝认识东西名称，并与其功能相联系，帮助宝宝开发智力。

懂得物体是实际存在的

宝宝在这个月知道了一个物体被挡住，并不代表消失了，它还存在，这是宝宝的一大进步。如果妈妈把宝宝的玩具蒙住，开始练习时可以露出一个小角，慢慢全部蒙上，宝宝还会把布揭开，当玩具又一次出现在宝宝面前时，宝宝会很开心。

记忆能力提高

陌生人在这个月不容易把宝宝抱走了。看画册可以帮助宝宝提高记忆力，让宝宝认识简单的色彩和图形，认识人、动物、日常用品，然后和实物相比较。

能听懂人话语中的情绪了

宝宝在这个月开始对特定的音节如自己的名字、“baba”、“mama”有了明显的反应。给宝宝听有节奏的音乐，宝宝会跟着节拍摇动身体。会把听到的和看到的相结合。会听懂人的语气中所含的情绪，是高兴、不快还是友好等，听到严厉的声音会吓哭。

可以发出单音节词了

宝宝已经可以发出简单的音节，如爸爸、妈妈、奶奶等。交流对宝宝的语言开发至关重要，家长可以多和宝宝交流，向宝宝多传授语言。

爬行训练是重点

爬行是全身运动。宝宝身体各部位都要参与，可以锻炼宝宝全身肌肉，为以后的站立行走做准备。爬行时宝宝肢体相互协调运动，姿势变化，身体要保持平衡，这种手、眼、脚的协调训练可以促进大脑发育。爬行还会促进宝宝的位置觉，认识距离感。

训练宝宝爬行是这个月的重点。这个月龄的宝宝还不会很好地爬行，手脚的协调能力还不好，宝宝的肚子会不离床而匍匐爬行。有的宝宝刚开始爬的时候，因为手的发育比腿早，所以宝宝先学会向后爬。妈妈可以在前面放宝宝喜欢的玩具，给宝宝向前爬的动力。家长可以用手掌心抵住宝宝的脚，给宝宝外力，帮助宝宝向前爬。

可以教宝宝拍巴掌了

七八个月大的宝宝可以用拇指和四指对抓捏起东西，把东西从一只手放到另一只手上，可以把东西放下，但大多数情况下是东西不由自主地掉下。可以把两只手往一起合，但是还不能很好地合在一起，妈妈可以教宝宝拍巴掌的动作。

活动能力进一步发展

和上个月相比，宝宝在这个月可以坐稳了，坐着的时候可以自如地弯腰取东西了。勇敢的宝宝还会自己向后倒在床上，妈妈注意不要在宝宝背后放坚硬的东西。宝宝这个月会打滚了。喜欢把玩具放在嘴里，但已经不是吸吮，而是啃了。

情感更丰富了

如果把手中的玩具拿走，有的宝宝会哭闹。也有的宝宝比较“大方”，对被拿走玩具不在乎，如果身边有别的玩具，拿起来照样玩。

和妈妈关系亲近，看不到妈妈会哭闹，看到妈妈的高兴劲就别提了。如果爸爸经常和宝宝玩，宝宝也会和爸爸关系很好。

和陌生人见面会不苟言笑，但如果陌生人和宝宝玩一会儿，双方很快能熟络，最后宝宝还可能不愿意和陌生人分开呢。经常和人见面的宝宝，见到陌生人就不会那么严肃了。此时已经可以看出宝宝的性格了，随着月龄的增加，宝宝的个性也越来越明显。

大人放松孩子玩疯的亲子游戏

宝宝过隧道

爬行能力、运动协调能力、反应能力

益智点

锻炼宝宝的爬行能力。

游戏进行时

1. 用枕头、毯子、被子等东西在大床上设计一个有障碍的小通道。在宝宝慢慢爬行时，这些障碍物能帮助宝宝协调平衡能力，锻炼爬行技巧。

2. 爸爸妈妈用玩具或语言逗引宝宝爬过这个通道。这时的宝宝四肢协调性比较好，有的宝宝甚至能四肢立起来爬了，头颈抬起，胸腹部离开床面，可在床上爬来爬去，翻过枕头和被子等障碍物。

缓解大便干燥的方法

大便干燥，甚至是顽固的大便干燥，是宝宝生长中遇到的常见问题。下面这些家庭护理方法，可以帮宝宝缓解大便干燥。

将胡萝卜泥、芹菜泥、香蕉泥、白胡萝卜泥和全粉面包渣，与小米汤合在一起，做成粥。以上食物不一定全用，可以交替使用。

按摩法。妈妈展开手，以肚脐为中心，捂在宝宝腹部，从右下向右上、左上、左下顺时针方向按摩，注意手掌不在宝宝皮肤上滑动。每次5分钟，每天1次。按摩后，让宝宝排便，如果宝宝不情愿，要停止。每天在固定时间按摩把便。

干呕一般不需要吃药

宝宝唾液腺分泌旺盛，唾液多，出牙时口水增多，宝宝还不能很好地吞咽，仰卧时会呛到气管里面，就会造成干呕；宝宝把手放到嘴里，刺激软腭，引发干呕。如果宝宝干呕过后无异常，妈妈就不用管，更不要给宝宝吃各种消化药。

区别对待流口水

这个月是宝宝萌出牙齿的时期，乳牙萌出时会流口水；添加辅食后，宝宝的唾液腺分泌多了，但宝宝还没学会很好地吞咽口水，也会造成流口水加重。如果患了口腔疾病，就不会只有流口水这么简单了。最好不要带宝宝去医院，宝宝这个月的免疫力还很差，去医院有感染传染病的危险。

是否认生和性格有关

看到很多宝宝在前几个月就开始认生了，自家的宝宝却依然不认生，谁抱都跟，见谁都笑，妈妈就开始担心了，宝宝是不是不聪明啊，会不会容易被别人抱走啊？这种担心没有必要，不认生不代表不聪明，如果宝宝是智障儿，连自己的爸爸妈妈都会认得晚；只要陌生人想把宝宝抱走，认生的宝宝也会被抱走。

宝宝是否认生和性格有关，一般认生的宝宝比较内向，不大爱和其他人玩。不认生的宝宝比较活泼，喜欢和人交往。

宝宝咬奶嘴怎么办

宝宝在吃奶时会咬人工奶头还可能把橡胶咬下一块，吞下去，这有卡在气管里的危险。妈妈一旦发现宝宝咬人工奶头，要把奶头拿出来；如果咬破了，要把咬掉的那块从宝宝口中拿出来。妈妈可以喂宝宝固体食物，帮宝宝磨牙，还可以给宝宝磨牙棒或磨牙饼干吃。

8～9个月
变成活跃的小捣蛋

8~9 个月宝宝的生长特点

宝宝生长发育的基本数据

项目＼性别	男宝宝	女宝宝
身高(厘米)	70.1~75.2	68.5~73.6
体重(千克)	8.1~10.2	7.6~9.5
头围(厘米)	41.6 ～ 50.7	
前囟门（厘米）	最小值：0.5×0.5 最大值：1.5×1.5	

生长发育平稳进步

八九个月大的宝宝生长发育情况和上个月相当，体重平均增长 0.22 ~ 0.37 千克，身高平均增长 1.0 ~ 1.5 厘米，头围平均增长 0.67 厘米。关于宝宝的体重、身高、头围和囟门的生长规律，在前面的章节中已经有了详细的叙述，这里就不再复述。男宝宝和女宝宝的体重和身高有一定的差异，男宝宝身高为 71.3 ~ 72.5 厘米，女宝宝大概比男宝宝矮 2 厘米；男宝宝的体重为 9.0 ~ 9.22 千克，女宝宝大概比男宝宝轻 0.7 千克。

这个月的宝宝一般都会爬行了，爬行会带给宝宝前所未有的自由感，他会觉得家里有这么多好玩的地方。爬行的过程中难免磕磕碰碰，所以家长一定要给宝宝创造一个安全的活动环境。

科学喂养，打下一生营养好基础

营养需求和上个月相当

八九个月大的宝宝营养需求和上个月相比，没有大的差异。饮食相应也没有调整。宝宝的食量存在个体差异，食量大的宝宝有变成小胖墩的可能；食量小的宝宝，妈妈会认为宝宝得了厌食症。

这个月妈妈要注意给宝宝补铁。钙和维生素一般不需要补充，妈妈没必要给宝宝吃很多鱼肝油和钙，这可能造成宝宝中毒。维生素 D 过量，会导致肝、肾等软组织钙化；维生素 A 过量，则可能导致烦躁不安、周身疼痛、食欲下降、多汗等症状。

吃辅食变得容易了

妈妈发现，这个月喂宝宝辅食没有那么麻烦了。宝宝有时可以吃大人的饭菜了。宝宝吃的辅食越来越多，大便颜色越来越深，气味越来越臭。宝宝肠道内的正常菌群变多了，肠道环境稳定了，发生生理性腹泻的情况减少。

添加辅食基本原则

1 可以把各种蔬菜、鱼、肉、蛋类当作辅食喂给宝宝吃。可以把猪肉和鸡肉剁成末喂给宝宝吃。

2 根据宝宝的食量来定辅食的量，一般每次喂宝宝 100 克。

3 每天喂宝宝两次辅食，上午 11 点一次，下午 6 点一次，其间再喂宝宝两次点心。

4 宝宝可以吃的辅食种类更多了，面条、饺子、面包、米饭，大部分宝宝都可以接受。

添加辅食注意事项

1 妈妈要根据宝宝的饮食爱好、习惯，睡眠习惯等灵活安排宝宝的辅食，不要照搬书本上的东西。

2 对于吃饭时间过长的宝宝，妈妈可以只喂宝宝一次辅食，多喂宝宝奶，从而增加宝宝的户外活动时间。

3 副食和粥不要混在一起喂宝宝，要分开喂，让宝宝体验不同食物的味道，增加对辅食的兴趣。

断奶期饮食过渡

宝宝越来越吃爱饭菜了，母乳对宝宝的重要性越来越小，这个月龄的宝宝每天喂 3 ~ 4 次母乳即可。宝宝吸吮母乳，更多的是对妈妈的依恋。如果妈妈没有奶水了，就不要让宝宝吸吮乳头玩了。如果母乳不多了，可以在早晨、睡觉前、夜里各喂一次。妈妈要开始为断母乳做准备，但切忌强硬断乳。

每天至少喂600毫升配方奶

八九个月大的宝宝每天喂养配方奶的基数是600毫升，不能少于600毫升，但也不要多于800毫升。如果宝宝不喜欢喝奶，可以暂停一段时间，喂宝宝肉、蛋类，来补充蛋白质和钙。但不要彻底停掉，可以一次喂宝宝几十毫升。不给宝宝喝奶，宝宝只会加重对奶的反感情绪。

有的宝宝有夜里喝奶的习惯，如果不给喝，宝宝就会哭，那就应该给宝宝喝。有的人担心半夜喂半断奶期的宝宝，会导致宝宝龋齿，但如果不喂，宝宝可能养成夜啼的习惯，危害更大。

喜欢和父母一起吃饭

有的宝宝在这个月开始喜欢和父母一起吃饭了，同时喜欢吃爸爸妈妈的饭菜，这是一种好的现象。妈妈可以在午餐和晚餐的时候为宝宝添加两次辅食，既满足了宝宝吃饭的乐趣，也可以省去做辅食的时间，从而有更多时间陪宝宝玩耍了。

和父母一起吃饭时注意要点

1 不要让宝宝拿着筷子或者勺子玩，这有可能伤害宝宝的眼睛和嘴。

2 喂宝宝鱼之前，要把鱼刺挑除干净。

3 饭菜要适合宝宝吃，要少放盐，不放味精、辣椒等调料和食材，饭菜要烂。

4 把宝宝抱到饭桌边吃饭时，要注意不要把热的饭菜放到宝宝身边，以免烫伤宝宝。同时，要注意宝宝的皮肤比较嫩，一些大人感觉不烫的饭菜，宝宝吃起来会感觉烫，妈妈给宝宝的饭菜温度要比自己的低。

5 对于不爱喝奶的宝宝，可以喂肉、蛋类食物来补充营养。

吃母乳宝宝辅食添加时间表

时间	辅食添加情况	时间	辅食添加情况
早晨6～7点	起床，吃一会儿母乳	8点	洗脸、洗屁屁，做亲子游戏
9点30分	喝200毫升左右奶	10点	户外运动
12点	添加辅食，粥或米饭80～100克，鸡蛋黄半个，肉汤炖菜30克。室内活动	13点	午睡。醒来后喂水果、点心
15点30分	喂奶180～200毫升	16点	喂水果、点心，户外运动
18点	喂面条、米饭、粥或面包100克，鸡蛋黄半个，肉汤炖菜50克。室内活动	20点30分	吃母乳，睡觉
半夜妈妈给宝宝换尿布的时候，宝宝醒了以后哭闹，可以喂宝宝母乳，帮助宝宝很快入睡			

无母乳宝宝辅食添加时间表

时间	辅食添加情况	时间	辅食添加情况
早晨 7 点	起床，喂 200 毫升奶	8 点	洗脸、洗屁屁，做体操，室内活动
9 点	吃水果、点心，户外活动	11 点 30 分	吃面食 100 克，肉食 50 克，蔬菜碎 30 克。室内活动
13 点	午睡	15 点	喂奶 200 毫升
15 点 30 分	户外活动。喂水果、点心	18 点	喂粥 80 克，虾汤、虾肉各 30 克，青菜碎 1 ~ 2 勺。室内活动
21 点	喝奶 200 毫升，睡觉		

爱喝配方奶宝宝辅食添加时间表

时间	辅食添加情况	时间	辅食添加情况
早晨 6 点	配方奶 200 毫升，睡觉	8 点	做体操，吃水果、点心
9 点	喝粥 40 克左右，鸡蛋黄半个，配方奶 100 毫升。室内活动	10 点	户外活动
12 点	配方奶 200 毫升。室内活动	13 点	午睡
15 点	水果，点心，牛奶 100 毫升	16 点	户外运动
18 点	猪肉汤炖菜 50 克	20 点	配方奶 200 毫升，睡觉

不爱喝配方奶宝宝辅食添加时间表

时间	辅食添加情况	时间	辅食添加情况
早晨 7 点	起床，喝配方奶 100 毫升	8 点 30 分	吃点心、水果，睡觉
9 点 30 分	吃粥 50 克，鸡蛋黄 1 个	10 点	室外活动
12 点	吃主食 100 克，青菜、鱼肉各 30 克	13 点	午睡
15 点	吃水果、点心后参加户外活动	18 点	吃菜粥 100 克，青菜 50 克，虾肉 30 克
20 点	配方奶 150 毫升，睡觉		

宝宝营养餐

蛋黄土豆泥 增强免疫力

材料 熟蛋黄1个，土豆1个，温水100毫升。

做法

1 熟蛋黄压成泥；土豆煮熟去皮，压成泥。

2 锅中放入土豆泥、蛋黄和温水，放火上稍煮开，搅拌均匀即可。

蛋黄含有丰富的铁、卵磷脂、蛋白质等营养素，容易消化吸收；土豆含有钙、维生素、氨基酸等，两者同食可促进宝宝大脑发育，增强免疫力。

菠菜蛋黄粥 开发智力

材料 鸡蛋60克，菠菜20克，软米饭50克，高汤适量。

做法

1 将菠菜洗净，开水焯烫后切成末，放入锅中，加适量清水煮成糊状。

2 鸡蛋煮熟，取蛋黄，和软米饭、高汤放入锅内煮成粥状。

3 将菠菜糊加入蛋黄粥中即可。

营养师说功效

蛋黄中含有丰富的蛋白质和卵磷脂，能促进宝宝大脑发育，有利于智力开发。

宝宝日常照护

衣物、被褥、玩具

宝宝这个月的活动能力增强了。妈妈要注意，宝宝玩具上的螺丝、零部件、粘贴的商标以及衣物上面的纽扣等，都可能被宝宝吞下形成气管异物，对宝宝造成伤害。

妈妈在给宝宝购买衣物、玩具时，一定要选择安全性和可靠性能高的。要购买质地安全、整体结构的玩具。需要注意的是，玩具的选择一定要符合宝宝的年龄。

生产厂家不明、没有注册商标的小玩具，妈妈不要购买。对于亲朋好友赠送的玩具，一定要严格检查，如果有不安全因素，要舍弃不用。

对于宝宝正在使用的婴儿床、衣服、被褥、玩具等，要定期检查，以确保安全。

眼睛不能离开宝宝

八九月大的宝宝更活跃了，可以自主活动了，不需要妈妈的被动体操训练了。但妈妈不能大意，眼睛要时刻盯在宝宝身上，以防发生意外。

睡眠护理

1 这个月龄的宝宝一般会睡 14 个小时，有的宝宝睡 12 个小时。每天睡 10 个小时或者 16 个小时的很少。

2 白天会睡两觉，午前睡的时间较短，午后睡的时间长些。有的宝宝午前不睡觉。

3 一般晚上八九点钟入睡，早上六七点钟醒来。

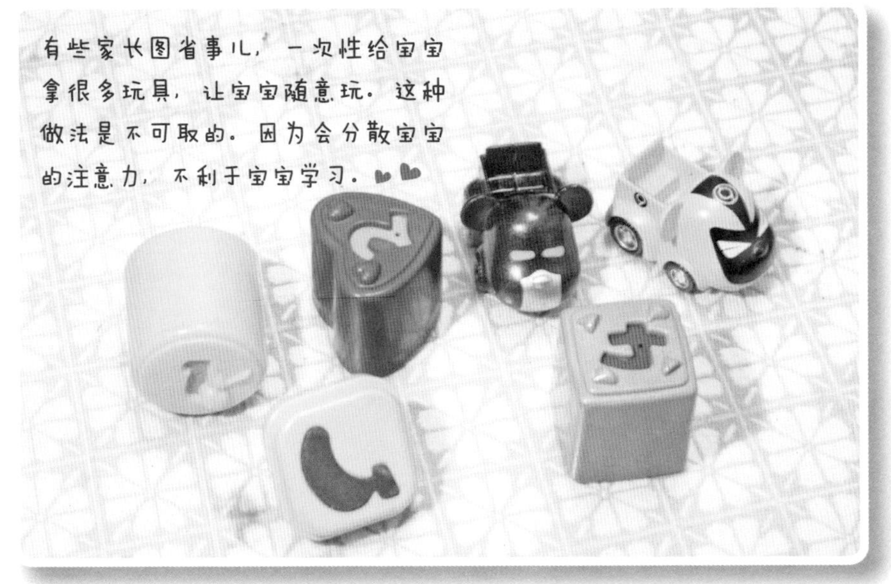

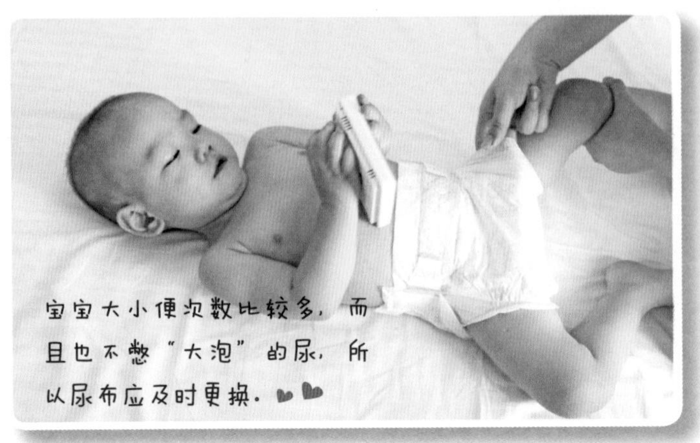

4 如果白天睡眠时间少，晚上睡眠时间长，也是正常的。

5 宝宝体内生长激素的分泌和睡眠时间相关，但是没有证据表明睡眠时间少于 14 个小时的宝宝比 14 个小时的宝宝生长发育慢。

6 如果宝宝爱运动，白天和父母一起玩的时间长，精力好，即使睡觉时间短些，也没有关系。

7 对于睡眠时间少于 10 个小时的宝宝，如果发育、饮食正常，精神状态良好，妈妈没必要哄着宝宝多睡。如果宝宝养成了需要哄才能入睡的习惯，不利于以后独立生活能力的培养。

小便的变化有哪些

1 夏天宝宝小便次数少，冬季相对多。

2 八九个月大的宝宝每天排小便 10 次左右。尿泡小的，次数会多些；尿泡大的，次数会少些。

3 吃辅食的宝宝尿要比以前的黄一些。以后宝宝的肾脏功能会越来越完善，饮水量也在增加，这种情况会改善，尿不会这么黄了。

春季如何护理

1 气温回暖了，妈妈换薄被子的时候，也要给宝宝换。宝宝还盖厚被子，感觉热，会踢掉被子，更容易着凉。

2 给宝宝脱衣服的时间不要太早；也不可一直给宝宝穿厚衣服，宝宝所穿衣服比成人多一层单衣即可。

3 春季易发风沙天气，气温变化大，妈妈要注意在天气好的时候带宝宝出去玩。

4 在户外活动的孩子多了，要注意别的孩子玩耍的时候，不要让石子、皮球等砸到宝宝。

5 春季天气干燥，要注意给宝宝及时补充水分。

夏季如何护理

勤洗澡。宝宝的汗腺发达了，活动多了，夏季天气热，更容易出汗，从而引发痱子和脓疱疹。宝宝，尤其是胖宝宝皮肤的褶皱处被汗液浸渍后，更容易发生糜烂，所以勤洗澡很有必要。

秋季如何护理

1 预防腹泻。腹泻是宝宝秋季最易发生的疾病。宝宝腹泻后，要及时给宝宝补充水分和电解质，预防脱水。

2 户外活动不可少。即使天气转凉了，妈妈也要带宝宝出去玩，这样可以锻炼宝宝抵抗风寒的能力，在以后寒冷的天气里，也不容易患感冒。

3 加衣不可太早。不要天气刚转凉，就急着给宝宝添加衣物。给宝宝一个适应寒冷天气的过程，宝宝会更容易度过寒冷的季节。

冬季如何护理

有的宝宝在冬季嗓子总是呼噜呼噜的，说明嗓子里有痰。更严重的是并发鼻塞，会阻碍呼吸，宝宝会烦躁。有的宝宝得了这种病，一冬天都不会好，吃药打针也没有用。这种病和体质有关，患有湿疹、较胖以及有哮喘家族史的宝宝容易得；宝宝感冒后也容易出现这种情况。这与家长的护理方法有一定关系，妈妈要随着气温的变化，随时给宝宝增减衣物。

对于这种症状，只要护理得当，是可以预防的。

1 多带宝宝参加户外运动，对宝宝进行耐寒锻炼，增强宝宝气管的抵抗力。

2 家族中有哮喘史和过敏体质的宝宝，要进行预防哮喘和抗过敏治疗。

3 偏胖的宝宝要调整饮食结构，防治肥胖。

4 缺乏维生素 A、维生素 D 和钙的宝宝气管内膜功能低下，要及时补充。

5 缺锌的宝宝更容易患感冒，家长可在医生的指导下补充。

6 改善室内空气质量。

7 宝宝还不会咳出痰，如果痰液过多，妈妈可以购买吸痰器帮助宝宝清理痰液，同时注意多喝水，这样痰液更容易清理出来。

户外活动如何护理

1 安全第一。儿童很多的、嬉闹的地方，高压线旁，小河沟旁等地方，都不要带宝宝去。妈妈带宝宝进行户外活动，要时刻牢记安全第一。

2 让宝宝感受大自然的事物。有风了，风把树枝吹得摇动不止，妈妈可以告诉宝宝，这是风的力量。下雨了，可以让宝宝伸出手接雨水，感受雨水打在手上的感觉。还可以让宝宝认识真实的太阳、星星等。

特殊情况的照护

及时发现宝宝的眼疾

家长要留心宝宝看事物时的表现，如果发现宝宝有不正常的现象，如宝宝斜着脸看人，仰着头看电视，歪着头看东西，眼睛总流泪，喜欢用手揉眼睛，一到外面就流泪等，要及早看医生。

坠落后容易忽视的受伤地方

八九个月大的宝宝发生坠落，是很常见的。最常见的坠落是从床上掉下来，其次是从椅子上面坠落。从床上、椅子上掉下来的宝宝一般没必要看医生，也很少有留下后遗症的。从楼梯上掉下来的宝宝，就要谨慎对待了。对于头部受伤和有短暂性意识丧失的宝宝，要去医院的外科看一下，一般医生会给宝宝拍头骨的 X 线片。

有时候妈妈仅仅关注宝宝的头部，对其他部位的伤就忽视了。经常被忽视的伤有骨折，脾脏、肾脏受伤。骨折比较容易治疗，只要固定好了就会愈合。脾脏受伤时，宝宝会出现脸色发黄、腹部胀鼓等症状。肾脏受伤时，小便会变成红色。

烫伤的处理

这个月龄的宝宝可以自由移动了，有可能会发生烫伤。妈妈稍不注意，宝宝就可能被热的茶水、烧着水的壶等烫伤。烫伤有轻重之分，一定要引起妈妈的重视。

分情况处理烫伤

衣服淋上热东西	要先在衣服上洒水，可以把毛巾浸泡在水里，往身上拧水，拧几分钟后，打开衣服看看，如果是轻度烫伤，可以脱下宝宝的衣服，继续在上面洒凉水。如果烫伤严重，需要把衣服剪开
烫伤情况严重	宝宝的背部和腹部一半以上、上肢和下肢的一半以上被烫伤时，先用消毒纱布或者干净的手帕垫在烫伤部位，再用床单包裹住宝宝，立刻去医院急诊
烫伤出了水疱	不要自己弄破，要请医生来处理
皮肤或衣服溅上硫酸、盐酸等	宝宝皮肤上面不小心溅了硫酸、盐酸等，要立即用清水冲洗后去医院。衣服上面溅了硫酸，要先把衣服剪掉再冲洗皮肤
烫伤愈合后，留意宝宝的伤痕	如果是粉红色、光滑、有隆起出现，是可能留疤痕的表现，要及时给宝宝治疗

8~9 个月宝宝的能力发展与培养

独坐带来了巨变

宝宝这个月可以不需要倚靠独坐了，身体可以左右自由转动，拿起周围的东西。宝宝可以独立玩玩具，促进了手的协调活动。独坐给宝宝的生活带来巨大的变化，宝宝的视野开阔了，认识事物的能力增强了。

四肢可以支撑起整个身体

有的宝宝在这个月可以用手支撑起上身，还可以用脚蹬着床，四肢把整个身体支撑起来，把屁股撅得很高，头低下去看脚部。很快前肢就会不支，趴在床上，但宝宝很高兴这样做，乐此不疲地一次次尝试。

扶物可以站立了

对八九个月的宝宝来说，有的已经具备了站立的能力。爸爸妈妈可以扶着宝宝的腋下让他练习站立，或让他扶着小车栏杆、沙发及床栏等站立。同时可用玩具或小食品吸引宝宝的注意力，延长宝宝站立的时间，并慢慢让其不扶物独站片刻。

此外，也可在宝宝坐的地方放一张椅子，上面放上玩具，妈妈逗引宝宝去拿玩具，鼓励宝宝先爬到椅子旁边，再扶着椅子站起来。爸爸妈妈是宝宝学站的最好的“拐棍”，必要时可站在宝宝旁边，让宝宝抓着你的手站起来。

独坐对宝宝意义非凡，宝宝双手的活动能力更强了，比如宝宝可以空出双手拿玩具玩了，并且坐着时会扭转身体拿自己想要的东西。

开始向前爬

宝宝开始慢慢向前爬了，尽管四肢还不协调，四肢不能撑起身体的宝宝，还要匍匐前进。对于不会爬的宝宝，妈妈可以学习锻炼宝宝爬行的方法，帮助宝宝进步。

小手活动可多了

宝宝拿东西的姿势发生了变化，以前是拇指和其余四指拿东西，现在可以用拇指和食指捏东西了。会拉着窗帘来回晃动。宝宝还会撕纸，把撕碎的纸放到嘴里吃。把宝宝抱到饭桌旁边，宝宝会用双手拍桌子。可以自己用饭勺往嘴里送饭。

宝宝可以听懂一些话

宝宝能听懂一些妈妈经常和宝宝说的话了。例如:“妈妈过来了”“妈妈上班了”“爸爸下班了”“宝宝该尿尿了”“我们一起出去玩”“吃饭了”“宝宝真乖”等。知道外人叫他的名字。当然宝宝只有在当时的情景下才能理解这些语言，宝宝抽象理解语言的能力还很弱。

能清晰地发出复音

宝宝还不会说完整的句子来表达情感、需求，但宝宝可以发出清晰的单音了，如“妈——”“爸——”等，有时还能发出清晰的复音呢，如“爸爸”“妈妈”“打打”等。

宝宝会模仿着发音了

宝宝的模仿能力很强，妈妈要多和宝宝交流，和宝宝交流时发音尽量标准清晰，语速放慢些，让宝宝看到你的口形。慢慢地，宝宝就能跟着妈妈说话了。有的妈妈认为电视里面的语音标准，就经常给宝宝放，这是错误的。只有和动作、实物结合起来，宝宝学习语言的速度才会更快。

与家长的交流增多了

宝宝会认识爸爸妈妈的长相了。拿爸爸妈妈的照片给宝宝看，宝宝看到照片，会很高兴。如果看到妈妈不带宝宝出门了，宝宝会哭。妈妈回来了，宝宝又会开心地笑。

宝宝可以表达抗议了

从八九个月大的宝宝手中夺走东西，宝宝不愿意给，就会哭泣，以示抗议。如果是妈妈要，宝宝就会很乖地把东西递给妈妈，甚至把身边的东西一件一件地都给妈妈。

记忆力增强

宝宝对所看到东西的记忆能力增强了。宝宝不但能记得爸爸妈妈的长相，并且可以记住他们的衣服、发型等。如果妈妈穿了一件新买的衣服，宝宝就会好奇地看妈妈半天，似乎在说，我怎么没有见过呢?

锻炼宝宝爬行的方法

向妈妈爬	妈妈在前方，对宝宝说："宝宝，快来妈妈这里来。"宝宝慢慢向前爬的时候，妈妈做出抱宝宝的动作，并说："宝宝过来，让妈妈抱抱。"
向玩具爬	把玩具放到宝宝的前面，宝宝会爬着去够玩具，妈妈在旁边要鼓励宝宝。宝宝努力够到玩具时，妈妈要抱抱宝宝，亲亲宝宝，作为奖励。
助爬	妈妈握住宝宝的两只手，一前一后交替向前。爸爸在后面轻轻地握住宝宝两只脚，与妈妈同步，帮助宝宝向前移动。
支撑身体	有的宝宝还不会用四肢支撑身体，妈妈可以把手放在宝宝腹部向上支撑，让宝宝的四肢放在身体两边，向前或者向后爬动。

初步认识颜色

宝宝对颜色还不能理解，也不能分辨颜色的变化，但是开始能记住颜色了。妈妈告诉宝宝："这是红色的球，这是黄色的球。"妈妈把球放在不同的地方，然后问宝宝："红色球在哪里？"宝宝会看向红色球。黄色球亦然。

全方位训练综合能力

玩依然是锻炼宝宝能力的最好方式。妈妈可以让宝宝在快乐中学习，不要让宝宝接受超前的教育。要在游戏中发掘宝宝的潜能，全方位训练宝宝的综合能力。

大人放松孩子玩疯的亲子游戏

再见

动作能力、理解能力

益智点

训练宝宝的肢体运动能力，扩大宝宝的交流性肢体语言的范围。

游戏进行时

爸爸妈妈可以经常教宝宝将右手举起，并不断挥动，让宝宝学习"再见"的动作。当爸爸上班要离开家时，鼓励宝宝挥手，说"再见"。

"能力倒退"

以前可以顺利地把大便排到便盆中，现在不行了；以前可以扶着东西站着了，现在一站起来就倒，等等，这种暂时性的能力倒退现象，让妈妈感觉很不安。

这其实不是能力倒退。有的宝宝以前还不具备自主排便的能力，妈妈掌握了该宝宝排便时的表现，就顺势让宝宝排到便盆里了。如果宝宝不配合或者妈妈判断失误，就会失败，这不是宝宝能力的倒退。

用手指抠嘴

宝宝萌出牙齿时，嘴里会感到轻微的不适。宝宝这个月的手指也比较灵活了。所以当宝宝感觉不舒服时，就会用手抠嘴。当抠得很深时，抠到上腭，还会把吃出的奶吐出来。有的妈妈就会不高兴，教育宝宝，"不要抠了！"宝宝听到妈妈严厉的语气，可能会吓得哭出来。结果很不尽如人意。

妈妈看到宝宝抠嘴时，应该表现出不高兴的样子，宝宝懂了妈妈的意思，这就行了，没必要严厉地斥责宝宝。妈妈也可以用和颜悦色的样子，告诉宝宝什么是对的，什么是不对的，宝宝虽然听不懂妈妈的话，但是慢慢地宝宝会接受这种教育。妈妈对宝宝的教育是必要的，但要以爱为前提，不能超出宝宝能力接受的范围。

同时，也要提供磨牙棒或其他的替代物缓解出牙期的不适。

不爱吃蔬菜和鸡蛋

1 把主食和副食分开喂宝宝，让宝宝品尝不同食品的味道，增加宝宝吃饭的乐趣。

2 不要每天都喂同一种食品给宝宝，食物要换花样，做法也要常翻新。

3 喂宝宝吃父母的饭菜。

4 用很香的肉汤炖饭菜喂宝宝，宝宝闻到香味，自然有食欲了。

5 让宝宝和爸爸妈妈一起进食，宝宝看到父母吃饭，对吃饭就会有兴趣。

6 辅食中要有饭、菜、汤，食物有变换，宝宝进食的兴趣会更强。

夜里不让把尿

膀胱里面有尿，宝宝不舒服，可能就醒了，妈妈把尿，宝宝也很配合，这是很好的。但是有时候妈妈给宝宝把尿，宝宝会哭，会反抗。这时妈妈先不要着急，先想想宝宝为什么不愿意把尿，是不是天气太冷了，宝宝不愿意从温暖的被窝中爬出来，更乐意直接尿在尿布上。宝宝还不会用语言表达自己的意思，妈妈要站在宝宝的角度想问题，这样才有利于解决问题。

晚上很晚才睡觉

如果是以前养成的睡眠习惯，妈妈可以很容易帮助宝宝改过来。如果是比较执拗的宝宝，想让他改变晚睡的习惯比较费力，但也不要用强硬的措施。如果是环境因素，就比较容易改变，可以先想想最近是不是没有注意宝宝的睡眠习惯，最重要的是要让宝宝白天少睡觉，晚上才能睡得早。

夜里醒来哭泣

有的宝宝因为尿布湿了、睡前吃太多了、室内空气质量差、胃不舒服、饿了想吃奶、冷了等，都会哭闹。如果宝宝夜里醒来哭闹，妈妈要先想想是不是以上原因。

如果宝宝哭一阵停一阵，再接着如此，妈妈就要考虑肠套叠的可能。如果是比较胖的、最近两天闹肚子的宝宝，那么很可能是患了肠套叠。如果是宝宝闹脾气了，妈妈要轻声细语地安慰宝宝，想法使宝宝安静下来。切忌颠着宝宝“哦、哦、哦”地哄，这样宝宝很难安静下来。如果宝宝平时很安静，今天突然哭闹得很厉害，妈妈要考虑宝宝是否生病了。给宝宝检查下身体，打电话咨询医生。

出牙晚

大部分宝宝在这个月都已经出牙了。妈妈看到同龄的宝宝有的已经长出 4 颗牙了，自己家的一直没动静，难免着急。去医院问医生，有的医生会说宝宝可能缺钙，妈妈会给宝宝补充钙剂及鱼肝油。过量补充钙剂会导致大便干结，维生素 A、维生素 D 过量有导致中毒的危险。

宝宝的乳牙在胚胎中就已经长了牙根。只要宝宝饮食、睡觉正常，发育正常，妈妈就没必要为宝宝出牙晚纠结。出牙只是迟早的事。

出汗频繁

这个月龄的宝宝汗腺更发达了，活动量增多了，出汗越来越多了。尤其是天气热的时候，身上总是汗津津的。对于这样的宝宝，妈妈不要认为是异常的，也不要随便给宝宝补钙，可以给宝宝适当减少衣物，睡觉时不要给宝宝盖得过厚。

9～10个月
能够独自站一会儿

9~10个月宝宝的生长特点

宝宝生长发育的基本数据

项目 \ 性别	男宝宝	女宝宝
身高(厘米)	71.0～76.3	69.0～74.5
体重(千克)	8.6～10.6	7.9～9.9
头围(厘米)	42.3 ～ 51.4	
前囟门(厘米)	最小值：0.5×0.5 最大值：1.5×1.5	

睡眠习惯变化不大

这个月龄的宝宝睡眠习惯变化不大。喜欢睡觉的宝宝睡得更深了，即使半夜起来尿尿，也是尿完就睡。不爱睡觉的宝宝睡得更轻了，妈妈一离开就会醒，哭闹着找妈妈，喂母乳的宝宝更是如此。有的妈妈会认为宝宝缺钙了，因而大补特补，这是错误的。

一个舒适的睡眠环境，对宝宝进入睡眠状态和睡眠深度、睡眠质量的影响是非常大的。室内的温度、湿度、声音都可能会影响宝宝睡眠。

科学喂养，打下一生营养好基础

宝宝的营养需求

和上个月相比，营养需求没有大的变化。可以多喂宝宝富含维生素 C、蛋白质和矿物质的食品，如番茄、鸡蛋、配方奶等。

喜欢和大人一起进餐

大部分宝宝到了这个月都开始喜欢吃辅食了。和爸爸妈妈一起进餐是宝宝非常乐意的事，宝宝闻到饭香，就会闹着让家长把他抱到餐桌旁，如果不抱，宝宝会非常着急。

有的宝宝就喜欢和大人一起吃饭，这是值得鼓励的事情，可以将宝宝吃辅食的时间和大人午餐、晚餐的时间保持一致，如果宝宝喜欢吃大人的食物，那也没必要禁止，只要宝宝吃了不噎、不呛、不吐就可以。

给母乳喂养的宝宝添加辅食

宝宝这个时候还吃妈妈的奶，并不是因为饿了才吃的，而是和妈妈撒娇呢。即使妈妈的奶水还很充足，这时也不能给宝宝提供充足的营养了，妈妈要给宝宝添加辅食才好。为了不影响喂辅食，妈妈可以在早晨、临睡前、半夜醒来的时候喂母乳，这样白天宝宝就不会缠着妈妈要吃奶了。

投其所好

对于不爱喝配方奶的宝宝，妈妈要多喂些肉蛋类食品来补充蛋白质。不喜欢吃肉蛋的宝宝，要喂些配方奶，但每天不宜超过 1000 毫升。对于爱喝配方奶的宝宝，可以每天喂 2 ~ 3 次配方奶，每次 100 ~ 200 毫升。

不爱吃蔬菜的宝宝，可以给他吃些水果。宝宝已经可以吃整个的水果了，就不要再榨成果汁、果泥。把水果皮削去后，切成小片，可以直接吃。有的水果去子、去核后，可以直接大块吃，如西瓜、橘子等。对于不爱吃水果的宝宝，可以多喂些蔬菜。

能吃的辅食品种增多

这个月龄的宝宝吞咽、咀嚼能力提高了，可以吃一些固体食物了，所以能吃更多种辅食了。有的宝宝已经可以吃大人的饭菜了。吃的辅食种类多了，每一种的量就相对减少了，妈妈不要担心宝宝吃的东西少，其实加起来也不少，不大可能出现营养不良的问题。

宝宝营养餐

豆腐羹 促进牙齿发育

材料 豆腐1块，白粥1碗，青菜几棵，盐、香油、生抽各少许。

做法

1 将白粥放到小奶锅中，加热至稍沸，转为小火。

2 用勺子将豆腐捣碎，加入粥中。

3 将青菜洗净，剁碎，加一点点盐，煮沸后关火，滴上少许香油和生抽调味即可。

宝宝日常照护

春季如何护理

春季每天带宝宝出去游玩的时间要保持3个小时。尽量带宝宝去有动物、花草、假山、水流的地方，公园就是一个不错的场所，美丽的大自然会引起宝宝的兴趣。

夏季如何护理

夏季要注意饮食卫生，尤其是冰箱里的饭菜，一定不能放太久。夏季是热病、口腔炎、手足口病的高发期，妈妈要注意。

夏季宝宝穿得少，参加户外活动多，没有了衣服的保护，皮肤容易受伤。此外，要注意防蚊虫，预防乙脑。

夏季宝宝食欲下降，体重出现了增加不理想的情况，妈妈也不要着急，到了秋天情况就会改善的。

秋季如何护理

有的宝宝在秋季容易出现喉咙里呼噜呼噜的症状，只要宝宝精神好，食欲正常，睡觉时虽然出气粗，但是不会被憋醒。咳嗽重时还会把吃的饭吐出来，但是吐后一切正常，妈妈就不必带宝宝去医院了。

每天只是服用维生素D的宝宝可以改服维生素AD，因为可以修复气管内膜，帮助痰多和易感冒的宝宝缓解症状。

冬季如何护理

寒冷的冬季也不要让宝宝整天待在屋里。宝宝天天在屋里，容易烦闷、哭闹。一冬天不出去，开春的时候带宝宝出去玩，宝宝可能会患春季肺炎。不给宝宝见阳光，宝宝还可能患佝偻病。冬季也要每天给宝宝洗澡，洗澡可以提高宝宝的抵抗力。

冬季更有必要增加宝宝的耐寒锻炼，对于患感冒的宝宝也是如此。如果宝宝患感冒，就不带宝宝出去玩了，因为此时宝宝抵御风寒的能力会更差。

站立时间不宜长

这个月龄的宝宝，能独立站的并不多，即使站立，也不能站立很久。有的宝宝可以扶着床栏走几步，有的宝宝还不能站稳，需要妈妈的帮助。妈妈要锻炼宝宝的站立，可以每天让宝宝站 2 ~ 3 次，每次 3 ~ 5 分钟。过早的站立和走路对宝宝不一定有好处。

户外活动不可少

这个月龄的宝宝有的可以吃大人的食物了，减少了妈妈做辅食的时间，妈妈有了更多时间陪宝宝去玩了。即使宝宝不能吃大人的辅食，妈妈也要尽量简化食谱，腾出时间陪宝宝去户外。

切记安全第一

这个月龄的宝宝活动能力增强了，妈妈更要注意宝宝的安全问题。重物、玻璃、陶瓷、剪刀等，宝宝够到后，都可能受伤，所以一定要把它们放到安全的地方。

熨斗、暖水瓶、打火机、热奶等，都有可能会烫伤宝宝，一定要放好。也有大人不注意，压到睡觉的宝宝的。家长切记安全第一。

宝宝扶着东西能站立了，甚至扶着东西还能走几步，但是不扶东西就可能会倒。这种情况出现的原因是宝宝想走路了，但是还掌握不了移动的重心，妈妈可以牵着宝宝的手帮助宝宝。

特殊情况的照护

夏季谨防耳后淋巴结肿大

宝宝耳后淋巴结肿大部位在耳朵后面到脖颈的部位，大小如小豆粒，摸上去硬硬的，是一颗筋疙瘩，按上去宝宝也没有痛感。这种症状在夏季特别多见。

宝宝为什么会淋巴结肿大

淋巴结肿大的原因是宝宝头上长了痱子发痒，宝宝用手去抓，指甲里潜藏的细菌，会从被抓破的皮肤进入宝宝体内，在淋巴结处停留。为了阻止细菌的侵入，淋巴结就发生反应而肿大。它很少会化脓、溃烂，而是被自然吸收。

宝宝淋巴结肿大的护理

如果宝宝耳后的筋疙瘩越来越大，数量越来越多时，即使不痛不痒，也要去医院。

在夏季，给容易起痱子的宝宝用水枕头，经常给宝宝剪指甲，勤换枕套，可以预防这种病。

发生高热要区别对待

宝宝发生了高热，妈妈要看一下周围人是否有感冒的，或者想一下宝宝最近两天接触的人是否有感冒的。高热多是由感冒引起的，感冒发生的原因多是病毒，病毒多是由别人传染的。

宝宝高热的原因除了感冒外，还有其他疾病。细菌感染也会导致发热，这种情况现在很少见了。脑膜炎和肺炎的症状除了发热外，还有其他。维生素A缺乏，容易导致脑膜炎菌和肺炎球菌侵犯，维生素A缺乏的现象现在也很少见了。

如果宝宝发热38℃以上，没有流鼻涕、打喷嚏症状时，应该考虑幼儿急疹的可能。已经患过幼儿急疹的宝宝，出现高热，如果时间在初夏，就要考虑口腔炎。如果周围的大孩子有患麻疹的，或者最近流行麻疹，那么即使9个月大的宝宝，也有患麻疹的可能。

其他的如咽峡炎、扁桃体炎等也会造成发热。

因此，宝宝发生高热后，妈妈要第一时间找出高热的原因，然后再对症护理。如果是感冒引起的，要当作感冒来护理。如果是由于维生素A的缺乏导致的高热，就应该遵医嘱补充鱼肝油。如果是幼儿急疹，症状稍轻的，可卧床休息，给予适量水分和营养；高热时可给予退热剂及对症治疗；对免疫缺陷或病情严重的宝宝，需抗病毒治疗。

如果是麻疹引起的高热，让宝宝卧床休息，卧室内保持适宜的温度和湿度，并且适当通风，保持空气新鲜；保持皮肤、黏膜清洁，保持口腔湿润清洁，可用盐水漱口，每天重复几次；一旦发现手心脚心有疹子出现，说明疹子已经出全，宝宝进入恢复期；密切观察病情，出现合并症时要立即去医院就诊。

其他如口腔炎、咽峡炎、扁桃体炎等引起的高热，除了遵医嘱，饮食上要清淡，及时补充水分。

倔强的婴儿多是天生的

这个月龄的宝宝自主意识越来越强了。以前很乖巧的宝宝，现在变得不听话了。例如妈妈看到宝宝拿着钥匙串，担心宝宝乱扔，事后找不到，会从宝宝的手中拿走，可是宝宝却紧紧攥着不松手，妈妈试图掰开宝宝的手时，宝宝就开始哭闹了。这是因为宝宝越来越有主见了。

倔强的宝宝如何养

既有主见强的宝宝，也有主见不那么强的宝宝。一般来说，主见强的宝宝不好养。主见强的宝宝更容易对妈妈持反对态度，和妈妈发生冲突。如果对家长的行为不满，还会发出怪怪的声音，让家长让步。这多是孩子天生的性格。对于这种倔强的宝宝，父母可以采取一些有技巧性的方法，避免冲突。

肥胖和营养不良

现在患营养不良的宝宝很少了，过胖的宝宝却越来越多。过胖和营养不良一样，都是不正常的，过胖会带来成人后的心血管疾病、代谢疾病、儿童成人病。本来每天 2~3 顿辅食，500~800 毫升配方奶，再穿插些点心、水果已经足够了，可是有些家长还会给宝宝填鸭式地喂养，这是不可取的。

吞食异物怎么办

这个月龄的宝宝有捡到小东西就往嘴里送的习惯。如果是进入食管，问题还不是很大，如果是进入气管里面，就比较棘手了。

宝宝吞食异物很常见

异物通过食管，进入胃的情况最为多见，宝宝会和平常一样玩耍、睡觉。如果吞的东西过大，堵塞了食管，宝宝就会翻白眼，这种情况比较麻烦。如果异物进入气管，堵塞了喉头和气管，宝宝会咳嗽、哭泣。

这种情况要去医院

宝宝吞进异物后，出现了痛苦的表情，应该立即用两只手分别抓住宝宝的两只脚脖子，头朝下，手拍宝宝后背，这种方法对东西堵在喉头的情况非常有效。但这种方法只对吞下异物的瞬间有用。如果异物没有出来，要立即与医生联系，或者去医院。

宝宝吞食异物后父母先不要惊慌

如果宝宝把异物吞下去了，并且看起来没有什么事，父母先不要惊慌，可以根据异物的情况采取相应方法。宝宝吞食了异物，宝宝每次大便后，妈妈都要仔细检查。宝宝吞进异物后，妈妈不要把手伸进宝宝的嘴里压舌根部，否则有可能导致东西进入气管中。

还有一种情况是，宝宝本来没有吞进什么东西，妈妈没有亲眼看到而误以为吞进去了。这种情况，妈妈要先在宝宝的周围找一下，实在找不到，再考虑宝宝吞食了异物。

异物进入鼻孔的应对办法

还有的宝宝会把异物塞进鼻孔里，最后出不来了，开始哭闹的情况。能塞进鼻孔的多是光滑的东西，妈妈不要在家里给宝宝取出异物，最好去医院，以免发生不测。还有一种情况是大人不知道宝宝的鼻子里有异物，过了几天闻到了宝宝的鼻子里面有臭味，才想到里面可能有异物，这时要立即带宝宝去医院的耳鼻喉科看一下。如果一侧的鼻孔中流出的鼻涕带血，基本可以确定里面有异物。

如果吞食了非尖状物	如硬币、纽扣等，一般都能随大便排出来，排出的时间有差异，有的两三天即可排出来，有的要两三周才能排出
如果吞食了尖状物	立刻带宝宝去医院就诊，向医生如实说明情况
如果吞食了电池	要立刻去医院诊治，具体情况听医生的话

整理好家里的小东西，切勿让宝宝误食。

9~10 个月宝宝的能力发展与培养

爬行能力提高了

这个月宝宝爬得更快了，有的男宝宝还会用四肢支撑着身体，翘起屁股，低头看自己的脚。有的宝宝其他方面运动能力都不错。但也有就是不会爬的宝宝，妈妈不要放弃对宝宝的训练。有的宝宝已经会走一两步了，但还是要训练爬行能力。在妈妈的训练下，也许下个月宝宝的爬行能力更好了，这就是爱的力量。

也有不会爬就会走路的宝宝，但这些宝宝长大后，身体的协调能力会比较差。

宝宝的站立能力是有差异的。有的宝宝9个多月就可以站立了，有的1岁多才会站立。适当给予宝宝鼓励和支持，让其站立，时间不要过长，才有利于提高宝宝的站立能力。

能扶着东西站立并行走

这个月的宝宝最让妈妈感到惊喜的事，可能就是会扶着东西自行站立了，有的还会走几步。

床被摇得咯吱响

宝宝这个月不断带给妈妈惊喜。把宝宝放在床里，宝宝会自己扶着床栏杆站起来，这个本能也许是上个月学的。宝宝还会抓着床栏杆使劲摇，床被摇得发出“咯吱咯吱”的声音。

可以自行从站立到坐下了

刚才宝宝还站着，现在却自己坐下来了，这是宝宝的又一进步。这个动作需要宝宝的胆略、运动技巧以及腿部肌肉力量，对宝宝来说，实在不易。

会脚尖站着防滑了

有的宝宝经常在妈妈的腿上站着，腿部不平坦，并且还软软的，宝宝站不稳，意识到了危险，就会用脚尖抠着妈妈的腿，避免摔倒。妈妈一开始没在意，直到感觉腿部有点疼，看着宝宝用脚尖站立，妈妈会担心宝宝是否异常，其实这种担心没必要。

快学会蹲了

对于这个月龄的宝宝来说，蹲是不容易做到的，它需要全身肌肉和关节的协调运动以及平衡能力。有的宝宝不再是好像摔似的坐下了，而是自然地坐下，这就代表宝宝快学会蹲了。

手部技能的进步

宝宝会用拇指和食指捏东西了，尽管这个技巧有的宝宝在上个月已经学会了。宝宝还会两只手摆弄手里的玩具，灵活地来回传递。拿着两个玩具的时候，宝宝还会把这两个玩具敲打着，如果敲出声响，宝宝会很高兴。除了玩具以外，宝宝对实用品的兴趣也更强了，对什么东西都想摸一摸。

宝宝喜欢的东西，妈妈若是从宝宝手中抢过来，宝宝会号啕大哭。妈妈如果把东西重新给宝宝，宝宝慢慢就会用号啕大哭来达到自己的目的。所以，不要让宝宝不能拿的东西出现在宝宝的视线之内。

独自玩耍

宝宝不用大人陪，自己会玩了。如果宝宝比较爱动，身边就不要离开人。吃饭的时候也要让一个人特意去看着宝宝。如果让宝宝和大人一起吃饭，就留意不能让宝宝把饭菜弄撒，否则可能烫伤宝宝。

亲子互动很重要

亲子游戏可以让宝宝在快乐中学习，加深亲子间感情，激励宝宝进取。亲子游戏的时间没有要求，随时都可以做。自然的游戏更能使宝宝感到亲切，学起来更有意思。

不断求新

这个月龄的宝宝有一个特点，就是不会做的一定要学着做，会做的反而不做了。比如已经会坐稳了，反而不愿意坐着了；不会走路时，会让妈妈牵着走路，等到会走的时候，可能就会张着胳膊要妈妈抱了。妈妈不要认为这是宝宝能力的倒退，或者调皮。其实这是宝宝求新的特性，儿童也是如此。

妈妈可以利用宝宝的这个特点，教给宝宝新的技能。这个过程中，妈妈不要一味求结果而枯燥地教给宝宝知识，玩耍是宝宝的天性，要让宝宝在游戏中快乐地学习。

开始听懂大人话中的含意了

这个月龄的宝宝可以清晰地喊出“爸爸、妈妈”了，能发出一些完整的音节了，如“拜”。他们也可以听懂父母话中的一些含意了，这是宝宝学习语言的基础，听懂了才能积累词汇，从而说出来。宝宝还会用动作来表达情感，如用拍手来表示欢迎。

锻炼站立能力

沙发墩、桌子、木箱子等都是宝宝可以扶的东西，妈妈给宝宝准备这些东西，帮助宝宝锻炼站立，为以后的行走打下基础。学会站立以后，宝宝脊椎的三个生理弯曲就形成了。宝宝刚开始站立的时候，可能摇摇晃晃的，慢慢就能站稳了。这时可以让宝宝双手不再扶物，锻炼宝宝的独站能力，但要让扶物在宝宝身边，以防摔倒。

这个阶段的宝宝非常喜爱学习新本领，还会开心地重复学到的新本领，妈妈要耐心地教宝宝。

鼓励独立迈步

刚开始的时候，宝宝会扶着桌子、沙发墩、床栏杆等横着走几步，但是还不敢离开扶物独立迈步，妈妈可以给宝宝进行这方面的训练。让宝宝靠着扶物，妈妈说：“宝宝来，让妈妈抱抱。”宝宝会向前迈步，走向妈妈。如果宝宝还走不稳，妈妈要主动伸手去扶着宝宝，并鼓励宝宝。

用小勺吃饭

给宝宝小勺吃饭对妈妈来说是一件比较头疼的事，因为一不小心，宝宝就可能把饭菜撒得哪儿都是，弄脏桌椅、衣服、地面，妈妈要清理这些东西。妈妈切忌因此斥责宝宝，这不但会降低宝宝的食欲，还会打击宝宝练习动手能力。妈妈要有耐心，现在让宝宝练习用小勺，一岁以后宝宝就可以独立用勺子吃饭了。

大人放松孩子玩疯的亲子游戏

牵双手迈步

大动作能力、协调能力

益益智点

让宝宝练习向前方迈步，为独立行走做准备。

游戏进行时

1. 妈妈双手牵着宝宝，两个人都面向前方。

2. 妈妈向前迈左脚，并引导宝宝也跟着迈左脚；妈妈向前迈右脚，同时引导宝宝也向前迈右脚。妈妈可以一边迈步一边数数。

把不喜欢吃的饭菜吐出来

以前喂宝宝吃辅食的时候，可能喂什么宝宝就吃什么，现在宝宝的个性越来越强了，会对食品做出一些选择了。如果是宝宝不喜欢的饭菜，或者宝宝已经吃饱了，宝宝就会把饭菜吐出来。如果是这种情况而非疾病原因，妈妈就不要再喂宝宝了。

让宝宝爱吃菜的方法

1 刚开始给宝宝配餐时，妈妈就要有意地多加一些蔬菜，然后鼓励宝宝吃下去，即使吃得少一点也没有关系。

2 这个月龄的宝宝大部分已经可以吃炒菜和炖菜了，妈妈就不要再喂宝宝罐头食品了。

3 经常变换蔬菜的做法，如果宝宝不爱吃炒菜，可以喂宝宝蔬菜馄饨、饺子等。

不爱用奶瓶

有的宝宝到了这个月，就不爱用奶瓶喝奶了，这是很正常的。宝宝现在吃的辅食很多了，每天喝两三次奶就可以了，如果宝宝不爱用奶瓶喝奶，可以用小杯子喂宝宝奶，和奶瓶喂奶相比，每次也就多花几分钟时间而已。现在宝宝的牙齿已经萌出，有的宝宝睡觉的时候也会吃着奶瓶，这对宝宝的牙齿是不好的。

吃不了固体食物

给宝宝吃固体食物，可以加快乳牙的萌出。所以有的妈妈在宝宝四五个月的时候就给宝宝吃面包等磨牙。但宝宝吃固体食物的情况存在着较大差异，有的宝宝在这个月仍然不能吃固体食物，要么不能把固体食物嚼碎，要么不能吞咽，吞咽的时

辅食中含蛋白质、脂肪比较多，含膳食纤维比较少的话，宝宝就很容易出现便秘。因此要鼓励宝贝多吃蔬菜与水果。

候会咳嗽、噎着等。妈妈就更不敢给宝宝吃固体食物了。其实宝宝吃东西也是要锻炼的，妈妈要试着拿固体食物给宝宝吃。

不会站立

这个月的宝宝一般都具有了站立的能力，但不会站也不一定就是宝宝的运动能力差。如果是在寒冷的冬季，宝宝衣服穿得比较多，活动不方便，就不容易站立。如果是因为缺乏锻炼，妈妈多让宝宝练练，还是可以赶上别的宝宝的。如果确实不会站立，妈妈就要带宝宝去看医生了。

夜里突然啼哭

平时睡觉很乖的宝宝，突然夜里开始哭了。如果哭得不厉害，哄一下就好了。如果哭得比较厉害，不好哄，妈妈要检查一下宝宝是否生病了。有必要的话要去医院。

如果宝宝哭了一会儿，不哭了，过一会儿又开始哭泣了，并且哭得比上一次还要厉害，反复几次，妈妈就要考虑宝宝是否得了肠套叠。

训练排便困难

宝宝到了这个月，有的妈妈开始训练宝宝排便了。但是这个过程中总是有这样或者那样的困难。有的宝宝在妈妈把尿的时候不尿，妈妈刚一放下，他就开始尿了；有的宝宝几个月前就很识把了，一把就尿，现在反而抗拒把尿了，有时候还会把尿盆踢翻。

宝宝长大了，有了自己的选择。妈妈不要着急，虽然宝宝现在不会控制大小便，但是在父母的帮助下总会控制大小便的。两岁以后的宝宝一般都会很好地控制大小便。

依然吸吮手指

如果宝宝这个月依然吸吮手指，情况比上个月有所改善，只是在睡觉前、醒来后或者妈妈不在身边时，才会吸吮手指，那么就是正常的，一般到了一岁以后，都会不再吸吮了。如果宝宝在这个月吸吮手指的情况加重了，妈妈就要注意了。下面介绍一下让宝宝不再吸吮手指的方法。

切忌采取强制性措施

转移宝宝的注意力

妈妈把手从宝宝的嘴里拿开，教宝宝用手指数数

给宝宝手里递玩具玩

男宝宝常抓“小鸡鸡”

宝宝的尿道口黏膜嫩薄，经常用手触摸会引发尿道口发炎，症状为尿道口发红、肿胀、瘙痒，排尿时尿道口会感觉疼痛。所以家长最好给男宝宝穿闭裆裤，不让宝宝抓“小鸡鸡”。

10～11个月 玩的个性更强了

10~11 个月宝宝的生长特点

宝宝生长发育的基本数据

项目＼性别	男宝宝	女宝宝
身高(厘米)	72.7～78.0	71.1～76.4
体重(千克)	8.8～11.0	8.2～10.2
平均头围(厘米)	37.3	
前囟门(厘米)	最小值：0.5×0.5 最大值：1.5×1.5	

宝宝主动要到户外去

这个月的宝宝还不会说话，但是会用行动来表达自己的意思。妈妈抱着宝宝的时候，宝宝会用手指向门，身体往门的方向倾斜，意思是宝宝想出去玩了。虽然宝宝在室内不愿意让陌生人抱，但如果是陌生人抱宝宝出去玩，宝宝也有可能跟着陌生人去。多带宝宝出去玩既可以满足宝宝的愿望，对宝宝的生长发育也有帮助，妈妈何乐而不为呢。

宝宝户外活动的地点不要选在荒凉的郊外，可以在有避风雨地方的儿童乐园或者公园。

科学喂养，打下一生营养好基础

宝宝的营养需求

宝宝这个月的营养需求没有什么变化。有些妈妈认为宝宝这个月又长大了，应该喂更多的食品了，宝宝的食量本来没有变化，所摄入营养也能满足身体所需，妈妈还是填鸭式地喂养宝宝，这是错误的。

预防宝宝肥胖

如果宝宝每天的体重增长超过 30 克，妈妈就要注意防止宝宝肥胖了。妈妈要控制宝宝热量的摄入，同时要保证蛋白质等营养成分的摄入。可以给宝宝多吃水果和蔬菜，吃饭前喝淡果汁，减少主食的摄入，同时增加运动时间。

多带宝宝到户外玩

宝宝这个月已经可以吃很多种食材了，有的宝宝还可以吃大人的饭菜了。很多宝宝一天吃三次饭，喝两次奶即可，妈妈就省去了很多给宝宝做辅食的时间。妈妈可以利用这些时间，多带宝宝到户外活动，陪宝宝做游戏等。

还是要让宝宝多喝奶

奶的营养价值很高，200 ~ 300 毫升配方奶的营养可以抵得上一顿辅食。做辅食用的时间比较长，就不如多喂一顿奶。喜爱喝奶的宝宝，可以一天喂 500 ~ 800 毫升配方奶，两顿辅食。一天可以喝 1000 毫升配方奶的宝宝，喂一顿辅食即可。妈妈可以利用节省的时间陪宝宝玩。

宝宝每天要补充一定量的蛋白质，喝奶少的宝宝要多吃肉蛋类来补充蛋白质。

不能以喂奶为主

有的妈妈觉得配方奶的营养价值高，就一味地喂宝宝配方奶，很少喂辅食。这样喂养的宝宝容易发生缺铁性贫血，咀嚼和吞咽能力训练不足，味觉发育不好，也容易偏食。妈妈要在喂宝宝吃饭和陪宝宝玩耍之间取得平衡。

饮食有明显的个性化差异

1 有的宝宝喜欢妈妈做的饭，有的不喜欢吃半流食，只喜欢吃固体食物，有的还是不吃固体食物。

2 有的宝宝爱吃甜食，夏季爱喝碳酸饮料的宝宝比较多，爱喝白开水的越来越少了。

3 宝宝食量也存在差异，有的宝宝只能吃几勺米饭，有的可以吃半碗，有的可以吃一小碗。

4 有的宝宝爱吃鱼肉、猪肉；有的宝宝爱吃火腿肠等熟食。

5 有的宝宝爱吃蔬菜和水果，有的不爱吃。

6 有的宝宝爱吃整个的水果，有的爱吃妈妈切成片的，有的打成汁才会喝。

不要小瞧宝宝吃的能力

宝宝在吃的方面的能力是惊人的，有时是父母想象不到的。妈妈会经常认为宝宝不会吃，而把饭菜做得很烂，这是很保守的做法。妈妈应该给宝宝锻炼的机会，提高宝宝吃的能力。妈妈可以让宝宝自己抱着奶瓶喝奶，拿着勺子吃饭。

不光是在吃的方面，在其他方面也是如此。妈妈要给宝宝更多的信任和机会。

断母乳不是必须的

对这个月龄的宝宝来说，断母乳并不是一定要做到的事。有的妈妈母乳好，可以继续喂；有的不好，但是不影响其他食物的摄入，也不需要停掉。有的宝宝吃了母乳夜里就不再哭了，醒来也能很快入睡，就不需要断母乳。

断母乳的 3 种情况

①夜里总是频繁要奶吃，严重影响妈妈和宝宝的睡眠。②母乳不足，但宝宝即使饿得哭了，也不愿意吃其他食品，这对宝宝的发育不好。③不吃除了母乳之外的其他食物，导致营养摄入不足。

宝宝营养餐

番茄鱼糊 促进神经系统发育

材料 三文鱼 100 克，番茄 70 克，加奶的菜汤适量。

做法

1 将三文鱼去皮、去刺，切成碎末；番茄用开水烫一下，去皮、去蒂，切成碎末。

2 将准备好的加奶的菜汤倒入锅里，再加入鱼碎稍煮，然后加入切碎的番茄，用小火煮至糊状即可。

宝宝日常照护

春季如何护理

春季是宝宝患病的高发季节。如果宝宝一冬天都没有出来过，开春出去玩后更容易生病。春季患病毒性感冒的宝宝比较多。

夏季如何护理

剃光头防痱子不好

有的妈妈为了让宝宝感觉更凉快，防止出痱子，就把宝宝的头剃得很光，这样是不好的。宝宝头皮会因此完全暴露在阳光下，紫外线会损伤毛囊。剃成短寸即可。

不要给头部长痱子的宝宝涂抹痱子粉，因为容易阻塞毛孔，使症状加重。如果宝宝长的是红痱，应保持皮肤清洁，涂用痱子水等药物。白痱一般不需做特殊处理。脓痱除了注意皮肤清洁外，还应给予有效的抗感染治疗。

预防夏季着凉

冷风直接吹宝宝，吃冰箱内的食品都是不好的。也要注意不要让宝宝着凉。夏季可以吃西瓜解暑。

饮食要卫生

这个月的宝宝吃的辅食更多了，夏季细菌的生长繁殖速度比较快，妈妈更要注意宝宝的饮食卫生，牢记病从口入。

不要在夏季断奶

夏季宝宝的消化酶分泌少，消化功能不好，食欲下降。配方奶不易消化吸收，并且容易被污染，这时不宜用来代替母乳。最好在秋季断奶。

防止膝关节碰伤

有的宝宝在这个月会走了，但是还走不稳，夏季穿的衣服较少，如果跌倒了，很容易磕伤膝关节。有膝关节磕伤后留下永久伤残的情况，所以一定要保护好膝关节。为保护膝盖，可以给宝宝穿上薄半长裤子。

秋季如何护理

预防感冒

秋季气温不稳定，一天中的温差也较大，早晚气温较低，中午有时候阳光灼人。在不能及时增减衣物的情况下，就容易患感冒。秋季气候干燥，多喝水对预防感冒有一定好处。

上托儿所的宝宝

有的妈妈会在秋季送宝宝去托儿所。集体生活增加了患病的风险，托儿所的玩具等公共设施都可能成为传播病毒和细菌的媒介，宝宝间相互感染的机会也增加了。妈妈要勤给宝宝剪指甲、用流动水洗手。妈妈也不必过于担心，随着年龄的增长，宝宝的抵抗力逐渐增强，就不那么容易患病了。

冬季如何护理

继续户外活动

冬季妈妈也要带宝宝参加户外运动，每天至少1个小时。这种耐寒训练，对提高宝宝呼吸道抵抗病毒的能力有帮助。

安全取暖

不要用暖水袋给宝宝取暖，暖水袋的温度刚开始会很高，有可能烫到宝宝，到了半夜又可能变凉了。电褥子对宝宝也不好，不要用。不要让宝宝触摸暖气片，电暖气也要放在宝宝够不到的地方。妈妈的体温是最安全的，如果担心宝宝冻着，妈妈可以抱着宝宝睡觉。

经常使用学步车，会让宝宝对学步车产生依赖，没有车就不敢走路，这反而会对宝宝学会走路造成妨碍。另外，使用学步车的宝宝活动范围更广了，由此带来的安全隐患也就更多了。因此不建议给宝宝使用学步车。

学步车有一定弊端

有研究证明，学步车对宝宝是有弊端的。使用学步车的宝宝，活动能力反而没有不使用的强，发生意外事故的也有很多。使用学步车对宝宝的智力发育也可能造成伤害。放在学步车中的宝宝，活动范围更大了，宝宝会利用自己的移动能力，接触更多的东西，安全隐患因此增加。

再次强调：牢记安全第一

这个月龄的宝宝有如下特点：

宝宝的手指更加灵活了，会打开瓶盖了，包括药瓶盖。宝宝打开药瓶盖后还会把药片放到嘴里，有的宝宝感觉药的味道苦，会吐出来，有的宝宝则没有这种能力，还有的感觉味道甜，就直接咽下去了。这样就可能会造成难以挽回的后果。

好奇心更强了。好奇心会促使宝宝尽力做他想做的事情。

活动能力更强。宝宝会用爬、走等多种方式移动自己的身体，去拿自己想要的东西。相应地发生意外的机会也更多了。妈妈一定要照看好宝宝，避免宝宝烫伤、溺水、碰伤等。

把东西打翻。有的宝宝现在可以打翻暖水瓶、杯子等，要让宝宝远离危险物品。

所以妈妈一定要看好宝宝，牢记安全第一！

特殊情况的照护

宝宝过胖

食量过大的宝宝这个月胖得更明显了，过胖的原因多是妈妈担心宝宝营养不足，宝宝的辅食增加了，配方奶却没有减少。眼看着宝宝一天天变胖，妈妈却觉得宝宝越胖越好，这是不对的。过胖的宝宝行走、站立都比较晚，锻炼也不方便，成年后更容易患高血压、心脏病及多种心血管疾病。

过胖宝宝要控制体重

过胖的宝宝必须要控制体重，定期测量体重。可以每 10 天量一次，如果每次增加的量超过 200 克，就要减少宝宝的食物了。辅食可以照吃，但配方奶量要减少，可以用果汁等饮料来代替配方奶。如果每天增重 30 克以上，就不仅要减少配方奶的量，辅食的量也要减少，如果宝宝感觉饥饿，可以多给宝宝吃些蔬菜和水果。

减少宝宝的食量是一个过程，父母切忌心急。例如本来宝宝每天喝 400 毫升配方奶，突然减到 200 毫升，这是不可取的。

宝宝便秘

不用担心身体无异常的便秘宝宝

有的宝宝从一两个月大的时候就开始便秘，现在便秘症状依然没有改善。这时可以先看看便秘给宝宝的生活带来了哪些影响，再决定是否需要治疗。如果宝宝排便带血，大便发硬，大概 3 天可以自然排便 1 次，无其他异常，这种情况可以置之不理。这可能就是宝宝排便的常态，对有的宝宝来说，这种排便习惯可能持续到上小学。

增加辅食量

食量不足或喂宝宝吃的食物太软，也会造成宝宝排便困难。如果宝宝每天体重增加量在 5 克以下，就要多喂宝宝一些面包、米饭、鱼肉等辅食，对这个阶段的宝宝来说，增加辅食量比增加牛奶量要好。

吃能改善便秘的食物

如果宝宝的体重每天增加 7 ~ 8 克依然便秘，这可能是喂宝宝太多易消化的食物了。可以喂宝宝吃些膳食纤维丰富的食物，如菠菜等。

多给宝宝吃些水果，把配方奶换成酸奶，都可以改善宝宝的便秘症状。

左撇子是天生的

宝宝在游戏中习惯用左手，接东西时

也多用左手，妈妈可能从这个月开始怀疑宝宝是左撇子。不论左撇子还是右撇子都是天生的，并不是后天的习惯使然。觉得宝宝是左撇子，就想纠正过来，有意识地让宝宝使用右手，这是不好的。有的人会以用左手写字不方便为由，强制宝宝用右手写字。其实在西方国家，左手写字也很常见。

最好不要矫正左撇子

宝宝触摸这个世界是从手开始的，用手体现了宝宝的创建性。限制宝宝的用手习惯，会束缚宝宝的创造能力。宝宝用哪只手方便就让宝宝用哪只手，最好不要去矫正。

宝宝受伤后的护理

这个阶段的宝宝经常会滑倒、摔倒，受伤的概率更大。

宝宝鼻子出血	因为头的位置比心脏高，抱着宝宝比较容易止住血。用捻硬的脱脂棉塞在宝宝出血侧的鼻孔里面，并给宝宝额头敷上凉毛巾
碰到了嘴部	可以先给宝宝喝凉开水，不要在宝宝嘴里涂药。不要给宝宝吃刺激性的东西
头部碰到硬的东西而受伤	立即用纱布按住伤口，送到医院
从 1.5 米以上高空落下	立即去医院检查
擦伤、渗血等情况	用酒精棉擦一下伤口周围，不要在伤口处涂抹消毒药，最好也不要用纱布包，这样会好得更快
后脑勺被撞到	如果出现意识不清的症状，立即去医院急救；如果宝宝立即爬起来了，就先不要担心，让宝宝躺一会儿，当晚不要给宝宝洗澡
被刀片等东西割伤	用纱布紧压住宝宝的伤口，立即去医院

每个家长都希望宝宝能健康地长大，稚嫩的宝宝也处于一生中最易得病、最易受伤的时候，所以，有必要让宝宝远离伤害物，如剪刀、小动物等。

10~11 个月宝宝的能力发展与培养

可以迈出第一步了

这个月龄的宝宝不用扶或者依靠其他东西，能独站的宝宝多了起来。有的宝宝还会想向前迈步，但多因身体不够协调而把自己绊倒。有的宝宝可以单手扶着床沿走了，还会推着小车向前走。多数宝宝对这一运动乐此不疲。

把宝宝放在学步车里，宝宝会带着车向前走。如果路比较滑，把宝宝单独放在学步车里面是很危险的，有可能人和车都翻倒。有的妈妈会拉着宝宝练习走路，在练习的过程中有以下几点需要注意。

经常由妈妈拉着走的宝宝，锻炼的机会更少。

宝宝还不适合长时间走路，妈妈不要长时间拉着宝宝走。

不要怕宝宝摔倒，宝宝摔倒后可能会自己站起来。

开始看图画书了

这个月龄的宝宝，可以看图画书了。通过图画书认物、认图，准确叫出事物的名字。

选择图画书的注意事项

- 有准确的图画形体。
- 图画色彩要鲜艳。
- 图画形象要真实。
- 图画要清晰、单一。
- 背景很多、看起来乱的书容易导致宝宝眼睛疲劳、辨识困难，不要购买。
- 卡通、漫画书对宝宝来说尚早，先不要购买。

使用图画书的方法

- 每天给宝宝看图画书的次数不可过多，一两次即可。
- 每次给宝宝看一两个新的物品，时间不要太长。第二天再给宝宝重复看一遍，加深印象。
- 对比书中图画，教给宝宝认识实物。
- 一定要教给宝宝准确的物品名称。

能听懂妈妈的话了

宝宝各方面的能力更强了，和爸爸妈妈的关系更加亲密了。和父母的交流更多了，宝宝能听懂妈妈说的话的意思了，妈妈基本能通过宝宝的表情、举止，判断出宝宝的需求。

开始有了交往能力

这么大的宝宝开始有交往能力了，他不但和父母玩，还爱和小朋友一起玩了。见到小朋友就想过去，还会摸小朋友的脸。

玩的个性更强了

对于喜欢的玩具，宝宝是不允许别人从他的手里拿走的。如果硬要拿走，宝宝会大哭抗议。相反，对于不喜欢的玩具，即使递到了他的手里，他也会扔掉或者往外推。

比较有独立性的宝宝可以自己玩了。但是宝宝还没有保护自己的能力和危险意识，所以妈妈不要离开，以免发生意外。

爬的花样更多了

这个月龄的宝宝爬得更灵活了，还会往高处爬呢。往被垛上面爬的时候，如果摔下来了，还会很高兴呢。

有了延迟记忆能力

宝宝从这个月开始，有了延迟记忆能力。对于妈妈所说的东西的名称、事情，可以记忆较长时间了，可以记忆 24 小时以上或几天，甚至更久。宝宝可以记忆东西了，可以学到更多东西了，妈妈可以利用这个特点对宝宝进行早期教育。

有强烈的好奇心

宝宝的好奇心很强烈，这个月更加明显了：对没有见过的、不懂的东西兴趣很强烈；越是不让宝宝做的事，宝宝越想做；对熟悉的东西不再感兴趣了……妈妈可能感觉宝宝更淘气了。妈妈可以利用宝宝的这个特点，教会宝宝更多的东西。

大人放松孩子玩疯的亲子游戏

牵棍走路

大动作能力、平衡能力

益智点

通过游戏，帮助宝宝学会走路，锻炼宝宝的身体平衡能力。

游戏进行时

妈妈双手分别握住木棍的两端，将木棍竖直放置，让宝宝抓住棍子中间的位置。妈妈一步步向后退，让宝宝练习迈步向前走，在宝宝走的同时，妈妈要用语言鼓励宝宝：“宝宝真棒，宝宝走得真好”。

一边吃一边玩

孩子越来越淘了，一边吃饭、一边玩耍是很平常的事。爱动的宝宝更是一会儿也不歇着，动来动去的。总不能追着喂，这样妈妈比较费力，还会养成宝宝吃饭时随便移动的坏毛病。对于边吃边玩的宝宝，妈妈可以严肃地告诉宝宝，这样是不好的，适当制止宝宝。切忌一个人喂饭，同时另一个人陪宝宝玩。妈妈可以把宝宝抱到餐椅上，让宝宝把饭一口气吃完，再去玩耍。

挑食

挑食是宝宝很常见的一种现象。每个宝宝都有自己的饮食好恶，很少有喂什么就吃什么的宝宝。有的宝宝不爱吃鸡蛋，有的宝宝不爱吃蔬菜。宝宝偏食的习惯是可以慢慢改的，妈妈不要强迫宝宝吃他不喜欢吃的东西。妈妈可以把宝宝不喜欢的饭菜换着花样做，如把鸡蛋做成鸡蛋羹或者和到饺子馅里面，可能宝宝就爱吃了。

用手抓饭吃

用手抓饭吃的宝宝很常见。宝宝使用饭勺还不熟练，或者还不会使用饭勺，就会很自然地用手抓饭吃。抓饭吃既容易把饭碗打翻，也容易烫到手。妈妈要锻炼宝宝使用饭勺的能力，让宝宝试着用勺吃饭。从一开始就要和宝宝立下规矩，能用手抓着吃的可以抓着吃，不能抓着吃的，就要使用餐具。

用手打掉送到嘴边的饭

有的宝宝在吃饱了、生气了等情绪下，会打掉妈妈送到嘴边的饭菜。妈妈这时就不要再喂宝宝了，应该立即把饭菜撤掉。

爸爸妈妈应该成为宝宝的榜样，不挑食，不要在宝宝面前说自己不爱吃什么菜，什么菜不好吃之类的话，以免误导宝宝。同时，宝宝最喜欢得到别人的称赞，可以在挑食的宝宝面前，大大称赞不挑食的宝宝，从而使宝宝因羡慕而积极地效仿。

11～12个月 迈出直立行走的第一步

11~12个月宝宝的生长特点

宝宝生长发育的基本数据

项目＼性别	男宝宝	女宝宝
身高(厘米)	73.4～78.8	71.5～77.1
体重(千克)	9.1～11.3	8.5～10.6
头围(厘米)	43.7 ～ 52.8	
前囟门	多数宝宝的囟门已经变得很小了	

智力发育判断难

对于宝宝的智力发育问题，有的医生也会遇到不能解释的情况。有很多家长会问医生他们的宝宝智力发育是否正常。智力发育的问题要全面估计，判定较难。此外，宝宝的发育模式存在个性化差异，影响智力发育的因素很多。

体格发育不均衡

判定宝宝发育是否正常，有一些客观的指标可以参考，相对容易些。但宝宝有时发育是不均衡的，有的时候发育较快，有的时候发育较慢，还有倒退的时候。

妈妈要经常关注宝宝的体格发育状况，如果宝宝的体格不在正常标准范围内，就要仔细寻找原因了。

科学喂养，打下一生营养好基础

营养需求原则

宝宝的营养需求和上个月比没有变化。蛋白质的来源主要是肉、蛋、奶、鱼虾、豆制品等，碳水化合物的主要来源是主食，膳食纤维的主要来源是蔬菜，脂肪的主要来源是肉、奶、油，维生素的主要来源是蔬菜和水果。

营养补充须知

1 奶制品不可少。这个月龄的宝宝开始了向正常饮食的过渡，但是奶制品依然不可少，每天应该喝配方奶或奶粉。每天500毫升配方奶，有利于宝宝的健康。

2 不偏食。不偏食就是最好的喂养方式。如果宝宝只喝奶，就会导致贫血，阻碍一些维生素和矿物质的吸收利用。

3 谷物是必需。只给宝宝吃肉蛋、蔬果和奶类，而不给吃谷物类。谷物产生的热量可直接供给宝宝，肉蛋奶类提供热量需要转换的过程，过程中产生的物质会增加体内代谢负担。

4 控制豆制品的摄入。豆制品中的蛋白质多为粗质蛋白，不易被宝宝消化吸收，摄入过多的豆制品会加重肾脏负担。每天豆制品的摄入量应控制在50克以内。

宝宝何时可以添加盐

从理论上来讲，应该是1岁以后。即使那时，也应极少量添加。宝宝对辅食不感兴趣，可能不是宝宝的问题，主要是大人的错误所致。例如：早期开始添加果汁，大人吃饭时给宝宝尝一些成人食品。建议家长还是从平常喂养和生活中做起，不要过早给宝宝添加盐等调味品。盐摄入过早、过多都会诱发宝宝成人期出现高血压等疾病。

5 补充维生素制剂。鱼肝油仍要继续补充，量可以减少。不爱吃水果和蔬菜的宝宝每天要补充维生素C片。

断奶注意事项

1 准备在宝宝1岁之后断奶的，现在就要减少母乳的喂养次数。在宝宝不主动要的时候，就不要喂宝宝吃了。

2 断乳的时间要具体问题具体分析。如果妈妈还有奶水，喂宝宝吃奶也不影响对其他饮食的摄入，可以到宝宝1岁半再断奶。

3 给宝宝断乳不一定要采取硬性措施。有的宝宝1岁以后对母乳不感兴趣了，是很容易断乳的。

宝宝营养餐

胡萝卜小鱼粥 护眼、强骨健齿

材料 白粥30克，胡萝卜30克，小鱼干1大匙。

做法

1 胡萝卜洗净，去皮，切末；小鱼干泡水洗净，沥干；将胡萝卜、小鱼干分别煮软，捞出，沥干。

2 锅中倒入白粥，加入小鱼干搅匀，最后加入胡萝卜末煮滚即可。

营养师说功效

小鱼干富含钙和铁，能促进宝宝骨骼和牙齿的健康发育，搭配上胡萝卜，更能保护宝宝的眼睛，预防近视。

南瓜拌饭 护眼、健脾胃

材料 南瓜20克，大米50克，白菜叶10克。

做法

1 南瓜洗净，去皮，切成碎粒；白菜叶洗净，切碎；大米淘洗干净，浸泡半小时。

2 将大米放入电饭煲中，煮至沸腾时，加入南瓜粒、白菜叶，煮至稠烂即可。

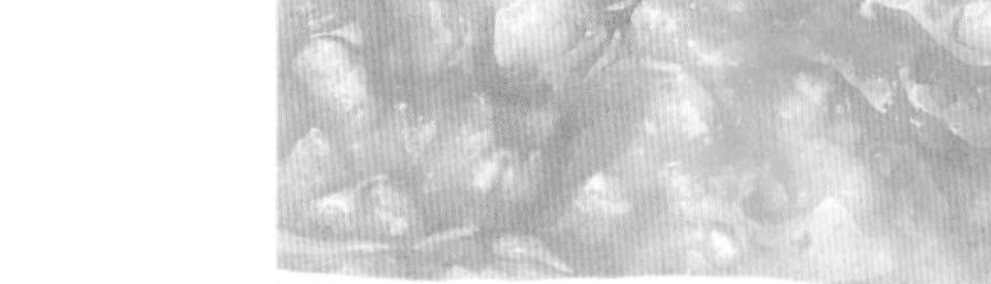

营养师说功效

南瓜中含有较多的胡萝卜素，对宝宝的眼睛发育很有好处。此外，南瓜性温，宝宝常食对脾胃也非常有益。

宝宝日常照护

睡觉情况千差万别

大多数宝宝每天能睡 14 个小时左右。但宝宝的睡眠情况也是千差万别。有的宝宝睡眠很好，能睡一宿，即使半夜把尿也不醒，醒了也能很快入睡。有的宝宝白天睡觉很好，晚上却睡不好。有的宝宝总是睡不踏实，睡一会儿就行，闹一会儿再睡。有的宝宝夜里要玩一会儿，才能继续睡。

睡眠习惯的好坏有时和父母无关，睡得不好的宝宝，妈妈可能费了很大的劲纠正，效果却不理想。也许突然有一天，宝宝睡得很好了。睡得好的宝宝，可能妈妈并没有做什么。

避免宝宝养成不良习惯

吸奶瓶睡觉

有的宝宝在婴幼儿时期，会有吸着奶瓶睡觉的习惯。但是到了这个月，妈妈就要有意识地帮助宝宝改正了。虽然这不是一件很容易的事。妈妈要有耐心，不要强迫宝宝，否则不但不能让宝宝改掉这个习惯，还会加重宝宝对奶瓶的依赖。

离不开安抚物

有的宝宝到了这个月不再吸吮手指了，开始有寻找安抚物的习惯了。布娃娃、枕巾、绒毛小狗等都可以成为宝宝的安抚物，并对它们形成依赖。

开始训练大小便

妈妈可以从这个月训练宝宝的大小便了，但不要期望能很快奏效，欲速则不达。宝宝 1 岁半以后能蹲下撒尿，睡觉醒来后能喊尿尿，2 周岁后能说排大便，不再拉裤子，就说明排便训练是成功的。

宝宝让妈妈把尿，也不排斥坐便盆，可以按照这个方法继续训练。如果宝宝把尿时打挺，不愿意坐便盆，可以暂缓训练。尤其是晚上睡觉时不愿意把尿的宝宝，强制训练会影响睡眠。

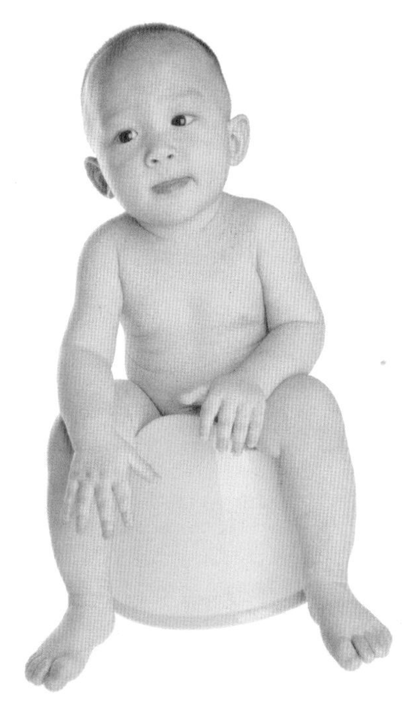

宝宝养成定时坐便盆大小便的习惯后，会省去大人许多麻烦。

妈妈发现宝宝的这种倾向时，要多陪陪宝宝，通过给宝宝讲故事等方式转移宝宝注意力，让宝宝充分感受到来自妈妈的爱。

春季如何护理

春季非常适合带宝宝出去玩。有的妈妈带宝宝出去玩后，发现宝宝的手足部长出了红色的小丘疹，这就是春季湿疹，一般不需要特殊处理。还有的宝宝容易患哮喘、咳嗽等病症。所以妈妈带宝宝出去玩的时候一定要注意宝宝的健康。

夏季如何护理

熟食要注意卫生

夏季是细菌容易繁殖的季节，食用熟食一定要小心。在冰箱里面储存的熟食，在给宝宝吃以前一定要加热。已经打开包装袋的，储存时间不能超过 72 小时。剩饭也要加热后再吃。

防止蚊虫叮咬

被蚊虫叮咬有传染乙脑的危险。到野外玩的时候，要防止有毒蚊虫，否则宝宝被叮咬后，局部会出现严重的红肿，甚至发生感染。

使用空调、风扇要当心

在使用空调的时候，要注意室内外温差不要超过 7℃，空调的冷风口和风扇要避免对着宝宝吹。长时间开空调容易导致气闷，要定时开窗通风。

秋季如何护理

秋季天气干燥，宝宝容易咽喉干燥，出现咽炎。以下方法可以帮助患咽炎的宝宝早日康复：

让宝宝卧床休息，多喝水，吃稀软食物，不吃过于油腻食物，保持大便通畅。多吃富含维生素的水果，如猕猴桃、无花果等。西瓜是清热、利咽、消渴的水果，其中含有的有效成分可以预防和治疗急慢性咽炎，其甜爽的口味也深受宝宝的喜爱，可以给宝宝榨汁喝。

如果宝宝因咽痛而影响进食，应给予静脉输液，补充营养。

需要注意的是，如果发现宝宝得了呼吸道疾病，一定要及时带宝宝去治疗，以免诱发咽炎。

冬季如何护理

由于母体自带的免疫力逐渐变弱，宝宝特别容易在冬季感冒。

宝宝感冒时，多会打喷嚏、流鼻涕、发热等。呼吸道中有很多病菌，通过打喷嚏、流鼻涕可以清除病菌和异常分泌物。服用抗感冒药可以缓解感冒病情，却会使呼吸道黏膜变得干燥，导致细菌乘虚而入，引起下呼吸道感染。过多服用感冒药对宝宝是不好的。

宝宝感冒期间要多喝水、多休息。护理可以有效防治感冒、下呼吸道感染。

特殊情况的照护

破译疾病性啼哭

连续而短促的急哭：我快喘不过气了

哭声低、急、短，连续又带有急迫感，就像透不过气来的样子，表情是痛苦挣扎的样子，是这种哭的特点。这说明宝宝缺氧了。这时妈妈应该解开宝宝的裤带、衣领、各种束带等，把肩部垫高，头略向后仰，伸直颈部。不要紧抱宝宝。

低声呻吟的哭：我病得很重

呻吟不同于哭，它不带有情绪和要求，既哭又会发出轻微的“哼哼”声，这是宝宝生病很重的表现。由于宝宝的动静比较小，往往被父母忽视。这是很危险的。

阵发性痛哭：我的肚子痛

一阵阵发作的剧烈哭闹，发作的间隔时间长短不一，发作的持续时间长短不一，并且经常有躁动不安的现象，是这种哭的特点。在间歇的这段时间里，宝宝会正常地玩耍，所以妈妈可能认为宝宝哭闹是在闹人了。其实这可能是宝宝肚子痛，必要时应该带宝宝去看医生。

阵发性地哭并伴有屈腿：肠套叠

如果宝宝阵发性地痛哭，双腿蜷曲，两三分钟后正常，但精神不好，10～15分钟后又开始哭，如果还伴有呕吐，则有可能患了肠套叠，立即带宝宝去看医生。

突然尖叫着哭：我快头痛死了

哭声直，音调高，单调又无力，哭声突来突止是这种哭声的特点，大人听到宝宝的这种哭声，往往认为宝宝受了惊吓。其实，这可能是宝宝头痛的表现，妈妈不要忽视。

还无牙齿萌出

宝宝下个月就要一周岁了，可是有的宝宝还没有出牙，妈妈开始着急了。担心患有佝偻病的宝宝，要先看下宝宝是否有其他症状，如头部形状异常、骨骼弯曲等。家里的宝宝如果经常在外面玩，妈妈就不要担心宝宝会患佝偻病。那些担心宝宝得了佝偻病的妈妈，给宝宝补充维生素D，摄入过量的维生素D反而对宝宝不利，易造成中毒。

有的妈妈会认为宝宝缺钙导致的出牙晚，就给宝宝服用钙剂。这对促进宝宝早出牙是没有帮助的，牙齿已经在颌骨中长出来了，只是出得慢。如果宝宝喜欢吃辅食，即使牙没有长出，也可以喂宝宝吃辅食。

只要宝宝是健康的，发育正常的，妈妈就没必要担心，放心等待即可。

妈妈可以从一些症状判断宝宝是否想出牙了。比如：

1.流口水：出牙前两个月左右，大多数宝宝就会流口水。

2.牙床出血：有些宝宝长牙会造成牙床内出血，形成一个瘀青色的肉瘤，可以用冷敷来减轻疼痛，加速内出血的吸收。

3.啃咬：宝宝看到什么东西都会拿来放到嘴里啃咬一下。其目的是想借啃咬来减轻牙床的疼痛和不舒服。

出现高热怎么办

宝宝的高热多是由感冒引起的。如果家里人或者来串门的亲友患了感冒，把病毒传染给了宝宝，宝宝就会患感冒。去了医院，医生一般会给宝宝打针、开药方。

除了感冒以外，幼儿急疹、口腔炎、肺炎、脑膜炎、肠病毒、腺病毒等也会引起宝宝高热。

如果宝宝发热达到39℃以上，伴有咳嗽并逐渐加重，可能是患了肺炎。医生会检查宝宝呼吸是否急促、是否有鼻翼翕动，也会给宝宝拍胸片确诊。

宝宝咳嗽怎么办

有的宝宝感染上感冒后，不光有打喷嚏、流鼻涕的症状，还会出现咳嗽。妈妈认为咳嗽是感冒引起的，当感冒好了以后，咳嗽会自然痊愈的。结果感冒好了，咳嗽往往还会持续一两周，这可能是上呼吸道过敏引起的。

这样的宝宝如果精神状态好、不发热、食欲正常，就不用给宝宝吃药打针。带宝宝多去户外参加活动，宝宝如果出汗了，回去后给宝宝洗个澡，会很快自然痊愈的。最好不要带宝宝去医院，以免感染其他病症。

如果宝宝持续咳嗽，妈妈担心宝宝得了百日咳，这样的宝宝要用血液检查或细菌培养来诊断。其实，现在患百日咳的宝宝已经很少了。

11~12个月宝宝的能力发展与培养

可以蹒跚地走了

宝宝的活动能力增强了，得到的锻炼更多了。有的宝宝已经可以离开妈妈，自己蹒跚地行走了。有的宝宝走路还不稳当，需要妈妈扶着。如果宝宝现在还不会走路，妈妈也不要着急，宝宝在1岁半的时候会走路也是正常的。

这个月龄的宝宝一般都能坐得稳、爬得快、站得直了，还不会爬、不会站的宝宝基本没有了。

听是学说话的基础

听是宝宝学习说话的基础。这个月龄的宝宝虽然还不会说几句话，但是能听懂很多话。宝宝从父母和宝宝、父母之间、父母和其他人之间的交流中，观察父母说话的口形，把父母的语言和动作相结合，逐渐学会说话。父母要给宝宝创造良好的语言学习环境。

这个月龄的宝宝喜欢听妈妈高频度的音调，喜欢听优美、节奏感强烈的音乐。

鼓励宝宝多说话

说话早的宝宝这个月已经学会了简单的语言表达，能清晰地叫“爸爸”、“妈妈”，会说抱抱、搂搂、亲亲、吃吃等。

有的宝宝会说一些莫名其妙的话，父母也不懂宝宝要说什么。这种现象很常见。妈妈听到宝宝在说一些莫名其妙的词语时，要努力听懂宝宝说的话的意思，然后教给宝宝正确的词语，鼓励宝宝发音。

喜欢和小伙伴玩

这个月龄的宝宝不喜欢商场里面的玩具，对家里的东西更好奇，例如妈妈的首饰盒、吃饭的勺子等。宝宝更喜欢和小伙伴玩了，看到和自己差不多大的宝宝，会凑过去，拉拉手、摸摸脸，很亲热。如果有几个小宝宝在一起玩，他会着急加入。妈妈要多给宝宝创造这样的机会，激起宝宝与人交往的欲望，为以后去幼儿园打下基础。

一眼就认出父母

这个月龄的宝宝本领可大了，已经可以一眼就从人群中认出爸爸妈妈了。爷爷奶奶来看望宝宝的时候，宝宝会拍手，就像欢迎的样子，还会主动让他们抱。

可以分清生人和熟人了

这个月龄的宝宝不但可以认识亲人，还能分清生人和熟人。如果是经常来串门的人，宝宝会认识，对他们很友好。如果是宝宝没有见过的人或者好久没有见过的熟人，宝宝就会睁大眼睛看着他们，不说话，不让生人抱。

模仿能力超强

妈妈经常亲宝宝，现在宝宝知道了这个动作表示友好，宝宝会主动亲妈妈了。宝宝会表演父母教的动作了。会皱眉，皱鼻子，用手比画。宝宝还知道了五官的位置，听到了小动物的叫声，会发出“嗯，嗯”的声音，意思是在告诉你他听到了，说话早的宝宝还会模仿动物的叫声。宝宝对外界的感受能力更强了，对听到的事物都会有所反应。

个性更强了

这个月龄的宝宝越来越有自己的好恶了，在饮食、睡眠等方面越来越有自己的主见。从被动地接受转化为主动要求。妈妈要学着了解宝宝的需求，如果非涉及原则性的问题，可以按照宝宝的喜好来，这样有利于让宝宝保持好心情。

宝宝和妈妈一起吃饭的时间越来越多了，了解了宝宝的个性，妈妈按照食谱做饭，往往不会满足宝宝的需求，所以没必要按照食谱给宝宝做饭了。

学习能力提高了

注意力是宝宝认识世界的第一道大门，是感知、学习、思维、记忆不可或缺的条件。妈妈要注意培养宝宝的注意力。快满一周岁的宝宝能够有意识地注意一件事情了，这使得宝宝的学习能力提高了。

提高注意力的方法

1. 选择适合宝宝年龄的刺激物。宝宝喜欢看对称的、曲线的、色彩鲜艳的东西，喜欢看人脸和小动物的图画、看活动着的物体。不喜欢看文字书。妈妈不能从自己的好恶出发，让宝宝看一些他不喜欢的东西，这样不能达到学习的目的。

2. 要想让宝宝的注意力集中，必须让宝宝有最佳的精神状态。宝宝在吃饱、喝足、睡好、身体舒畅、精神饱满的情况下，注意力才会容易集中。

大人放松孩子玩疯的亲子游戏

认识动物

自然认知能力、记忆能力

益智点

通过看图片，叫宝宝认识不同动物的特点。

游戏进行时

找几张宝宝认识的动物的图片，指出这些动物的特点，例如“兔子的耳朵长”、“大象的鼻子长”，等宝宝看完之后问宝宝：“兔子什么长？”宝宝会摸耳朵。“大象什么长？”宝宝会摸鼻子。

非疾病性厌食

厌食指较长时间的食欲降低或消失。以下原因会造成宝宝厌食：长期服用红霉素等药物，导致食欲减退。由于不当的饮食习惯，消化、吸收的规律被扰乱，消化能力降低。消化系统疾病引起胃肠平滑肌的张力下降，消化液分泌减少，酶的活动降低。不均衡的饮食习惯，导致微量元素缺乏，从而出现厌食。其中不良的护理方法是导致宝宝“厌食”的主要原因。

饭前不要吃太多零食

饭前吃零食会导致血液中的血糖含量过高，没有饥饿感，到了饭点，自然没了胃口。过后以点心充饥，更会造成恶性循环。所以饭前不要给宝宝吃零食。

保证充足的睡眠时间，增加活动量

宝宝睡眠充足，精力旺盛，食欲感自然强。反之则会导致食欲下降。适当的锻炼具有促进新陈代谢、能量消耗的作用，增进食欲。

合理安排膳食结构

每天不光要给宝宝喂肉、奶、蛋类食品，还要给宝宝吃五谷、蔬果。每餐的荤素、粗细、干稀搭配要合理。搭配不当很容易影响食欲。肉、奶、蛋类富含蛋白质和脂肪，如果吃多了，胃排空的时间就会延长，到了吃饭时间自然没有食欲。蔬果、五谷吃得少，肠内缺乏膳食纤维，很容易发生便秘。橘子吃多了容易上火，吃了过量的梨会损伤脾胃，这些因素也会导致食欲下降。

吃饭问题

对有的父母来说，宝宝不爱吃饭的问题一直存在。有很多父母去医院咨询宝宝吃饭的问题，总是会说宝宝吃得少。医生告诉妈妈，宝宝吃得少，就少喂宝宝一些谷类食品，多喂宝宝吃肉蛋类，补充蛋白质。妈妈会说宝宝什么东西都吃得很少。检查宝宝的身体，发现一切正常。可见宝宝的吃饭问题也可能是妈妈的问题，妈妈的要求和宝宝的实际需要相差太多了。

只要宝宝的发育正常，精神、睡眠很好，妈妈就不要强迫宝宝吃更多的东西了。在喂养上，妈妈应该尊重宝宝的选择。

1～3岁为幼儿期。此时幼儿从母体获得的免疫抗体逐渐消失，辅食逐渐变为主食。幼儿生长所需的营养尤其是蛋白质增多，而咀嚼功能又未发育完善，幼儿非常容易发生消化不良、腹泻、呕吐以及缺铁性贫血、佝偻病等。因此，在制作幼儿膳食时，要尽量做到细、软、烂和碎，并经常调换品种花样和口味。

1岁1~3个月
各方面能力飞速发展

1岁1~3个月宝宝的生长特点

宝宝生长发育的基本数据

项目 \ 性别	男宝宝	女宝宝
身高(厘米)	76.6~82.3	74.8~80.7
体重(千克)	9.8~12.0	9.1~11.3
出牙情况	8~12颗	

独自站立成了可能

大多数宝宝在这个月龄不需要爸爸妈妈搀扶或者扶着其他物体就能稳稳地站立了。很多爸爸妈妈会遇到一个很有意思的现象：当宝宝摔倒时，爸爸妈妈如果表现很淡定，宝宝不会因为摔倒而哭泣，会自己站起来，继续练习走路；但如果过分关心，宝宝会哭闹着给你看，甚至失去练习的兴趣。

体格发育变缓，能力发育飞速

这个月龄的宝宝，体格的发育进入了相对稳定期，发展速度也开始变缓。但宝宝的能力发展却进入快车道，常常会让爸爸妈妈们力不从心，感觉宝宝刚刚还喜欢黏着爸爸妈妈，突然要挣脱爸爸妈妈的手，去认知外面的世界了。

囟门闭不闭合都是正常情况

本阶段宝宝的囟门完全闭合或膜性闭合、前囟骨缝没有完全闭合等，都是正常情况。宝宝囟门闭合早晚和宝宝出生后的囟门大小有一定关系，但不成正比。宝宝出生后囟门小，不一定就闭合早，宝宝出生后囟门较大，不一定就闭合较晚。这个阶段宝宝的囟门闭合是正常情况，没有闭合也不能认为是异常。

科学喂养，打下一生营养好基础

饮食有了偏好

这么大的宝宝会对食物种类、味道、颜色、烹饪方法、餐具、喂养人等都有了偏好。这种偏好是由多种原因造成的。如宝宝是否具备吞咽和咀嚼的能力，妈妈是否科学地给宝宝添加辅食，是否培养了宝宝科学的进餐习惯，是否尊重了宝宝胃容量，是否具备了良好的消化吸收能力等。

添加固体食物关键期不容错过

宝宝进入幼儿期，妈妈必须给宝宝吃些固体食物，这样既可以促进宝宝乳牙的萌出，还能促进宝宝咀嚼和吞咽功能的发展。如果爸爸妈妈不能及时给宝宝添加固体食物，会导致宝宝吞咽和咀嚼能力不协调，甚至导致宝宝出现口吃的情况。所以，妈妈们千万不要错过宝宝添加辅食的“关键期”。

想要探索美食了

宝宝进入幼儿期，对单一的饮食结构已经不再满足，想着去探索更加丰富的美食。妈妈们不要怕宝宝自己吃饭会弄脏衣服，而不让宝宝自己学会吃饭。让宝宝自己吃饭既可以让宝宝尝到更加丰富的美食，还能获得锻炼的机会。

直接喂大人的饭菜还过早

宝宝1岁后的食谱应由饭、汤和菜组成，但不能直接喂大人的食物。宝宝的饭应比较软，汤应比较淡，菜应不油腻、不刺激。

单独做宝宝的汤和菜会比较麻烦，可以在做大人的菜时，在调味前留出宝宝吃的量。喂饭时，应先捣碎再喂给宝宝，以避免宝宝被卡到。

宝宝断母乳进行时

宝宝过了周岁，很多妈妈开始给宝宝断母乳。这对妈妈和宝宝来说都是一件大事。怎样让宝宝顺利度过断奶期呢？

1 不要一次性断掉母乳，在准备断奶前就应该逐渐减少喂奶的次数。早晨和晚上宝宝会更加依恋妈妈，所以减奶可以先从减白天的奶开始，等宝宝逐渐习惯后再逐渐减掉晚上的奶。

2 在逐渐减少母乳次数的同时，要适当转移宝宝对母乳的关注。如果发现宝宝有想吃母乳的念头可以用玩具或者新鲜的游戏转移宝宝的注意力，让他暂时忘掉喝奶的事情。

3 妈妈还可以为喝奶限定条件，例如和宝宝说“要等回家再喝”或者“要等妈妈吃过饭再喝”，以此延后宝宝吃奶的时间。但是一定要说到做到。

4 在断奶期间，可以满足宝宝的一些特别需要。例如宝宝可能会希望妈妈多抱抱他或者陪陪他。妈妈要尽量满足宝宝的需求，要让宝宝知道你还是爱着他的。为了断奶就拉开宝宝和妈妈的距离是错误的。

5 不建议采用在乳头上抹辣椒、将宝宝和妈妈分开等传统断奶办法。

断母乳后营养补给要及时

一方面，幼儿段配方奶粉可以成为母乳的接力棒，为宝宝的健康成长保驾护航。保证每天喝300~500毫升的配方奶粉，再根据宝宝的身体状况，添加一些辅食，就能保证宝宝的健康成长。

另一方面，在保证宝宝一日三餐的基础上，可以加两餐。食物的摄取保证均衡，有利于宝宝的健康成长。

别让吃饭成为宝宝的负担

有些爸爸妈妈认为，优质的蛋白质是宝宝最需要的，所以就使劲给宝宝喂食各种肉蛋奶、蛋白粉、营养补品等，导致宝宝把吃饭当成了负担，结果是宝宝累，爸爸妈妈也累。

无论什么食物，如果不能提供身体所需，就会成为身体的负担，合理搭配才是宝宝的最好的饮食习惯。

宝宝每天进食的量

食物	数量	食物	数量	食物	数量
粮食	150克	蔬菜	100~150克	蛋或肉	100克
配方奶或豆浆	150~250毫升	水果	200克	油	25克

饭桌上的“智斗”，为宝宝增加营养

不爱吃——就得吃

这个月龄的宝宝对食物有了自己的喜好，往往对某种食物不爱吃。但妈妈为了宝宝的营养全面，非得给宝宝喂食这种食物，宝宝就是不吃。结果，妈妈就不给宝宝其他食物，让宝宝饿着，认为等宝宝饿得不行了就一定会吃。

育儿专家

妈妈的这种做法只会让宝宝更加不接受这种食物。实际上，妈妈可以尝试改变这种食物的烹调方法喂一下，如果还不行，可以暂时停几天，和宝宝较劲往往会适得其反。

特别喜欢吃——身体需要

宝宝可能表现出来特别喜欢吃某种食物，不给吃就哭闹。妈妈会认为宝宝喜欢吃这种食物，可能是身体缺乏这种营养，结果，宝宝吃多少给多少。

> **育儿专家**
>
> 当宝宝特别喜欢吃某种食物时，要加以限制，否则会造成营养不均衡。此外，毫无限制给宝宝喂食这种食物，会造成宝宝胃肠负担，甚至会导致胃肠“罢工”，反而影响宝宝的营养摄入。

走着吃——追着喂

宝宝现在比较好动，吃饭时经常吃口饭就玩一会儿，这样妈妈们就追着给宝宝喂饭。

> **育儿专家**
>
> 其实这种做法是不正确的。这样会造成宝宝做事不专一，吃饭时间过长，造成肠胃负担，不利于身体健康。妈妈应该给宝宝规定吃饭的地点、时间，这样时间长了就能帮助宝宝养成良好的进餐习惯，而且也会让妈妈不再为喂饭而烦心了。

宝宝营养餐

乌龙面蒸鸡蛋 补铁、保护视力

材料 乌龙面50克，菠菜20克，鲜香菇10克，胡萝卜10克，鸡蛋1个，高汤适量，盐1克。

做法

1. 乌龙面用热水烫过，剥散后切成五六厘米长的小段；菠菜洗净，煮熟，挤干水分；香菇洗净，去蒂，切碎；胡萝卜洗净，切碎。
2. 鸡蛋打散，加入高汤和盐搅拌均匀。
3. 将乌龙面、香菇、菠菜、胡萝卜放入容器中，然后将搅匀的蛋汁也倒入容器中，再用蒸笼蒸约10分钟即可。

宝宝日常照护

半夜醒来应对策略

如果宝宝半夜开始醒来，也不要过于担心。

宝宝醒来后情况	妈妈的应对措施
宝宝不哭不闹	不必理会，让宝宝自己玩会儿就好
宝宝醒来后哭闹	可以拍拍宝宝，哄一哄，不要立即抱起宝宝；但如果还是哭闹，抱起来也不行，可以尝试喂点水
宝宝不喝水或喂完水还是哭闹	可以尝试给宝宝喂些吃的

总之，冷静地对待半夜醒来的宝宝，会让宝宝再次安静地入睡。

耐心引导宝宝睡整夜的觉

1岁以后的宝宝，白天睡觉时间缩短，如果宝宝晚上八九点睡觉，会一直睡到天亮，这样会让爸爸妈妈们非常地省心。但是如果不能一觉睡到天亮，也不要烦躁，不要冲宝宝发脾气。宝宝一定有自己的原因晚上醒来，只是自己不会表达，这样就要求爸爸妈妈们仔细观察，了解宝宝的情况，并耐心地引导。并坚信，自己的宝宝总有一天会一觉睡到天亮，而且就在不久的将来。

养成早睡早起的习惯

早睡早起是宝宝良好的睡眠习惯，有利于宝宝的健康，但这样的宝宝是不会让爸爸妈妈睡懒觉的。爸爸妈妈也不要为了自己的睡觉习惯而去改变宝宝的睡觉习惯，要学会尊重宝宝的睡觉习惯，相信将来有一天爸爸妈妈会和宝宝有一样的睡眠习惯的。

早睡但不早起也正常

有些宝宝尽管晚上睡得很早，但早上并不早起，主要是半夜醒来玩耍很长时间。这样让一些爸爸妈妈痛苦不堪，甚至怀疑宝宝有问题而就医。其实，遇到这种情况，爸爸妈妈需要做的是接受和理解，并帮助宝宝建立良好的睡眠习惯，这样才能保证宝宝发育得越来越好。

宝宝的眼睛明亮又漂亮，妈妈记得要好好保护哦！

照明度与宝宝视力保护关系密切

光线过强，会让宝宝产生不舒服的感觉，因为视网膜上感光素受到过度的刺激，会引起视觉功能降低、眼睛疲劳、眼球刺痛感等，所以应该避免宝宝直视过强的光线。

光线不足同样对宝宝视力有伤害。因为光线不足会导致视网膜细胞的兴奋性不能被充分刺激，眼睛看到事物不能及时传递给大脑，这样就会导致视觉过程呈缓慢状态，视力下降，进而整个中枢神经系统都会受到抑制。

总之，适宜的照明度对宝宝视觉的发育有着举足轻重的作用。

训练宝宝尿便

训练小便

1 仔细观察宝宝有尿便的征兆，因为当宝宝有尿时，比较容易接受排尿训练。

2 给宝宝准备一个漂亮的小尿盆，宝宝会把它当成玩具，多次告诉宝宝这是为他尿尿用的，当宝宝有尿意时，就会主动尿在尿盆里。

3 根据自己的判断，适时给宝宝取下纸尿裤，告诉宝宝有尿要去尿盆尿。

4 当宝宝能准确地将尿排在尿盆里时，要及时表扬宝宝。

5 宝宝刚开始练习排便训练，可能会出现尿裤子的情况，这时，妈妈不要训斥宝宝，否则会伤害宝宝自己小便的信心，甚至会延缓自己控制排便的时间。

训练大便

1 妈妈可以试探性训练宝宝大便。但宝宝是否把大便排在尿盆里不重要，重要是宝宝是否接受这方面的训练，如果不接受，说明为时还早。

2 建立定时排便的规律。这个月龄的宝宝大便大多数情况下，每天1~2次左右。所以，定时排便非常重要。

3 爸爸妈妈可以做一些示范。给宝宝买个漂亮的便盆，当妈妈坐着排便时，可以让宝宝也坐着排便，慢慢地宝宝就会养成坐便盆的习惯。

纸尿裤要少用

这个月龄的宝宝不能控制尿便也算正常，但妈妈要尽量减少给宝宝使用纸尿裤的时间。白天尽量不用纸尿裤，夜晚根据情况使用。

“春捂”不能瞎捂

“春捂”主要适合生活在北方的宝宝。北方的初春其实还是冬天，春寒料峭，春天总是姗姗来迟。“春捂”中的春指的是初春，但有的爸爸妈妈理解成了整个春天，完全误解了“春捂”的含义。

爸爸妈妈应该根据天气决定“春捂”的时间长短。其实宝宝和成人对气候的感觉差不多。如果妈妈感觉热了，可以尝试给宝宝减一件，或者把厚衣服换成薄衣服。过两天，如果宝宝没有因为换衣服而感冒，可以尝试逐渐减少衣服。

宝宝减衣服的顺序应该是先上衣，过两天换裤子，然后换鞋子，最后换帽子，这样宝宝就不容易生病了。

“秋冻”要控制好度

如果宝宝在秋季着凉咳嗽了，很可能会咳嗽一冬天，所以，天气转凉了，妈妈要及时给宝宝添加衣服，注意保暖。因为宝宝保暖能力差，体温中枢神经不完善，通过肌肉颤抖和脂肪分解释放热量的能力较差，所以，不要让宝宝长时间生活在过于寒冷的环境中，应该及时给宝宝添加衣服。

冬季预防呼吸道感染

很多妈妈在冬季刚刚到来的时候，就早早地给宝宝换上了棉衣，这样其实不利于宝宝的健康。最好是能够让宝宝逐渐地适应慢慢变冷的气温，帮助宝宝进行抗寒训练。

冬天是婴幼儿呼吸道疾病高发的时节，妈妈要注意不要带宝宝到人多空气不流通的地方去，宝宝生病了也尽量不要去大医院诊治，以减少被感染的机会。

妈妈要为宝宝准备好换季衣服，这样才能为宝宝换季提供充足的准备，保证宝宝换季换衣服不生病。

特殊情况的照护

不爱吃饭要找对原因

很多爸爸妈妈都说，自己的宝宝不爱吃饭，发愁呀。但是你是否想过，宝宝应该吃多少饭呢？实际上，宝宝每天吃半碗饭，但体重仍在以每天5克的速度增长，这就是宝宝的最佳饭量。

宝宝不爱吃饭的原因主要有：

- 爸爸妈妈的强制。爸爸妈妈经常会说宝宝不吃完饭，就不能离开饭桌，长久下来，宝宝就会讨厌饭桌。
- 宝宝本身长得小，爸爸妈妈就让宝宝多吃一些，这是不科学的，宝宝需要的是牛奶、鱼、肉等富含蛋白质的食物，而不是饭。
- 初夏时节，本来吃饭很好的宝宝，突然不吃饭了，情绪也变得烦躁，可能是得了口腔炎。如果伴随口臭、流口水，那就确定无疑了。
- 如果给宝宝喂饭时，宝宝用舌头将饭推出来，硬让他吃下去，会吐出来，这可能是宝宝嗓子过敏了，应该及时就医。

持续高热的应对

这个月龄的宝宝，基本不会得像风湿病、肠伤寒等疾病，所以高热持续不退基本不可能。

宝宝持续高热主要有以下两种可能：

一是因扁桃体炎导致持续高热。表现为凹凸不平的扁桃体的凹型腺窝处，有白点，导致高热特别不容易消退。科学的做法是带宝宝就医。

二是流行性感冒导致宝宝高热持续3天左右，一般医生会对症治疗。

如果使用抗生素5天了，高热还是不退，医生会建议宝宝住院治疗，因为医生会怀疑宝宝得了川崎病，这种疾病的病因至今还没有弄清楚。

呕吐照护要对症

宝宝由于特别喜欢吃某种东西，不知不觉就吃多了，出于一种自卫也会把食物吐出来。如果没有发热现象，妈妈不用担心。

如果宝宝患的是高热疾病，常常伴有呕吐。宝宝高热时，要注意冷却头部、保暖身体。夜里反复呕吐时，吐完后马上给宝宝喝水，有时会连水也吐出来，因此在吐后一两个小时宝宝还醒着时，可逐渐少量多次地喂宝宝凉白开、果汁。

秋季腹泻的护理

秋季腹泻是一种自限性腹泻，即使用药也不能显著缓解症状。呕吐一般1天左右就会停止，有些会延续到第2天，而腹泻却迟迟不止，即便烧退下来了，也还会持续排泄三四天像水一样的呈白色或柠檬色的大便，时间稍长，大便的水分被尿布吸收后，就变成了质地较均匀的有形便，而并不只是黏液。一般需要1周或者10天左右，宝宝才能恢复健康。

在护理方面，提防宝宝脱水，可以去药店买点调节电解质平衡的口服补液盐，宝宝一旦开始吐泻，就用勺一口一口不停地喂他。如果吐得很严重，持续腹泻，宝宝舌头干燥，皮肤抓一下有皱褶，且不能马上恢复原来状态，这就说明脱水了，此时必须要去医院输液治疗。

在喂养方面，起初除了喂奶还可以喂些米汤之类的流食，待呕吐停止后，宝宝如果有食欲可以添加一些易消化的辅食、点心类。不能因为宝宝腹泻就只给宝宝喂奶，这样也不利于大便成形。

找对咳嗽原因治疗更有效

宝宝咳嗽有以下几种情况：

一是宝宝如果因为感冒而出现鼻子不通气、打喷嚏、咳嗽等症状，原因很明显，爸爸妈妈就不必担心。但如果喷嚏、鼻涕好了，咳嗽持续了半个月之久，爸爸妈妈就要带宝宝就医了，因为可能咳嗽引起了其他疾病。

二是如果宝宝以前就有支气管等方面的疾病，只要不发烧，精神状态好，爸爸妈妈也不必担心。

三是如果宝宝是感冒引起的咳嗽，逐渐加重，尤其晚上咳得厉害，而且会把晚饭吐出来，这可能会是百日咳，需要及时就医。

四是如果宝宝咳嗽同时发出“呼、呼”声，嗓子沙哑，且突然发生，可能是有异物卡在嗓子里了，需要到耳鼻喉科检查。

屏气哭死过去（愤怒性痉挛）

常看见有些宝宝因爸爸妈妈的离开，宝宝不愿意，就放声大哭，然后突然憋气，口唇发紫，双手紧握拳头，两目上翻；或者爸爸妈妈从宝宝手里硬抢东西，而宝宝不撒手，放声大哭，哭几声后就不再出声而抽搐。这种现象医学上叫作“愤怒性痉挛”。

这种抽搐多发生在宝宝开始走路后，一直持续到三四岁也不稀奇。多数发生在老人与爸爸妈妈同居的家里，因为老人总是过于溺爱宝宝，宝宝会拿这个当成一种发泄任性的“武器”。正确的做法是：爸爸妈妈不要当着宝宝的面吵架，对宝宝的无理取闹选择无视的做法。

1 岁 1~3 个月宝宝的能力发展与培养

爬着走、走着跑、脚尖走路都会了

自由自在地爬着走

这个月龄的宝宝大多可以自由自在地爬着走了，就算宝宝不能自由自在地爬行，也不必过于担心。往往爬得晚的宝宝，会站或会走的时间会大大提前。

走着跑是不能控制身体的原因

经常听到有些妈妈说，宝宝还不会走呢，就想着跑了。实际上，走着跑是宝宝走路的一大特点。主要是因为宝宝还不能很好地控制自己的身体，导致宝宝起步向前走时，身体由于惯性向前冲，和跑似的。当宝宝能够很好地控制身体时，就可以稳稳当当地一步一步往前走了。

脚尖走路

宝宝刚开始学站的时候，是用脚尖着地的。慢慢地，就开始全脚掌着地了。大多数宝宝在学习走路的时候，都会用脚尖走路，随着宝宝的长大，走路会越来越稳，这样用脚尖走路的现象也会逐渐消失。

行走自如了

大部分 1 岁 3 个月的宝宝已经能够自如行走了，但如果您的宝宝还不能自如行走也不要着急，因为宝宝走路不再左右摇摆也是因人而异的，所以爸爸妈妈不要太担心。无论您的宝宝是否能平稳走路，一般来说，从开始走路到走得比较稳当，大概需要 6 个月的时间。

走路外八字也正常

如果宝宝走路是外八字（X 形腿），或内八字（O 形腿），妈妈常会与佝偻病联系在一起。其实这是宝宝成长的一个阶段，大多数情况下是没有关系的。如果不放心可以就医。如果医生不能确定是否正常，可能会拍摄 X 光片，但这个对宝宝不能说是安全的，建议尽量不要做。

刚开始走路的宝宝，两只胳膊总是张着，不能自然地放在身体两侧，主要是因为宝宝通过两条张着的胳膊保持身体的平衡，等宝宝走路稳当了，两只胳膊就会自然而然地放下来。

能自己弯腰拾东西

这个月龄的宝宝可以在不扶着任何物体的情况下自己弯腰捡拾地上的东西。有些宝宝可能前几个月就会了，也有的宝宝会延后几个月，这都是正常的，主要是因为宝宝的能力发育是有差异的。有些宝宝会在弯腰捡拾地上的东西时摔倒，没事的，宝宝就是在这样的跌跌撞撞中长大的。

会用一只手做事

宝宝拇指、食指和中指能很好地配合，能准确且比较熟练地用手指捏起物品，不再是大把抓。宝宝用手的能力有了很大的进步，能单手完成的事情，就不用双手去完成了。

语言理解关键期

大多数的宝宝现在能说出人生中的第一句话，这也是成长的里程碑。这时的宝宝绝大多数能听懂爸爸妈妈说的话，但还不能用语言回应爸爸妈妈，常通过动作、手指、声音等配合表示自己的意思。所以爸爸妈妈要多与宝宝沟通，尽量生动、形象地描述一些事情，这样更容易让宝宝记住。

能说三个字的语句了

说话早的宝宝已经可以说出三个字的句子，但不能说话的宝宝，并不代表宝宝的发育就有问题。

往往宝宝体能发育较快，语言发育就可能会显得落后；而语言发育很好的宝宝，体能发育可能会相对落后，对于这个现象，医学尚未给出科学的解释。

有意识地喊爸爸妈妈

这个月龄的大多数宝宝能够有意识地叫爸爸妈妈，甚至会叫爷爷、奶奶、姥姥、姥爷等。有些宝宝1岁前就会叫，现在还停留在这个水平，也是正常的。如果这个月龄刚开始有意识地叫爸爸妈妈，也不能认为宝宝语言发育有问题。

宝宝有了自己的主意

现在宝宝有了自己的主意。宝宝不想吃的东西，妈妈很难再按照自己的想法喂食给宝宝吃。宝宝不喜欢的东西，会毫不犹豫地扔掉。宝宝对很多东西都有了兴趣，什么都想摸摸，什么都想去拿，即使妈妈不同意。但是如果妈妈对此强烈干预，宝宝就会大声地哭闹或大呼小叫，表示反抗。

会指着要东西

宝宝开始对一些东西感兴趣，会通过手的触摸去认识物品。以前，宝宝不能用手指向某个物品告诉妈妈自己想要，所以常常无缘无故地哭闹。现在宝宝会用手指着物品想要了。此外，当妈妈抱着宝宝的时候，常会使劲挪动身体，希望妈妈帮着拿某个东西。有些说话早的宝宝，会说出自己想要的东西。

至少会搭两块积木

宝宝的手越来越灵活了，会将两块积木搭起来，有的宝宝还会把三四块积木搭起来。宝宝会将木桶中的玩具拿出来，再放回去。会自己拿勺子吃饭，并用两手端起自己的饭碗等，还有很多是妈妈所没想到的。

会把手指插到物体孔中玩耍

这么大的宝宝会将一个手指放进瓶口中，这个能力让宝宝很喜欢，只要看到有孔的地方，有眼儿的地方，宝宝就喜欢将手指插进去。

需要特别注意，妈妈千万不要将瓶口过小的或者孔小的玩具给宝宝，以免宝宝把手指插进去拿不出来。一旦出现这样的情况，妈妈不要慌张，用温水沿着宝宝手指往里慢慢倒，当手指湿润了，就会减少手指与瓶子的摩擦力，然后再缓慢地转动瓶子，宝宝的手指就能轻松拿出来了。

能用杯子喝水了

现在宝宝已经不喜欢用奶瓶喝水了，且完全具备用杯子喝水的能力。虽然会流出很多，但大部分水是会喝到肚子里的，妈妈要适当地给宝宝以鼓励。把水洒在衣服上、脖子里、地上，都不是什么大事，爸爸妈妈不必过于纠结。

希望得到爸爸妈妈的尊重

宝宝经常会将玩具搭成一长串，或者“一个火车”，并且开始在意自己的成果。如果你将宝宝搭建好的东西搞乱了，宝宝会哭闹，甚至摔了玩具。如果宝宝将“大火车”搭在饭桌上，到了吃饭的时候，宝宝也不让拿掉，妈妈应该和宝宝好好商量下：宝宝搭的火车很棒，手很巧，但现在吃饭了，现在拿走，吃完饭，妈妈和你一起搭更长的火车。

大人放松孩子玩疯的亲子游戏

学涂鸦

想象能力、精细动作能力

益智点

培养宝宝涂鸦的兴趣，激发宝宝的想象力。

游戏进行时

1. 在桌子上放上一些纸和笔，让宝宝用笔在纸上自由地涂鸦。

2. 开始的时候纸张可以大些，以后可以逐渐变小。

3. 也可以为宝宝准备一个画架，告诉宝宝想画画的时候就去画架上画。

4. 宝宝画好后可以问宝宝画的是什么，激发宝宝的想象力。

不能坐下来安稳地吃饭怎么办

这个月龄的宝宝注意力集中时间很短，一般不超过10分钟，但也不是异常的情况。食欲不好、饭量小的宝宝是很少能安静坐下来吃饭的，而食欲好、饭量大的宝宝吃饱前是可以坐下来安静吃饭的，一旦吃饱了就会到处跑，这是因为宝宝对没有兴趣的事情，注意力很难长时间集中。

爸爸妈妈可以给宝宝准备一个吃饭椅子，避免宝宝乱跑，帮助宝宝养成集中时间吃饭的习惯。

睡眠时间长短的辨别及对策

睡眠情况	对策
总睡眠时间短	一般情况下，宝宝一天睡眠时间在12个小时左右就是正常现象，不必担心，但如果宝宝睡眠时间少于9个小时，就应该引起注意
白天睡眠时间排除在外	计算宝宝睡眠时间，应该包括白天的睡觉时间，可以尽量减少白天睡眠时间，增加夜间的睡觉时间
排除夜间吃奶的时间	有些妈妈将宝宝晚上的吃奶时间排除在外，其实宝宝晚上吃奶时属于浅睡时间，并没有真正醒来，所以应该算在总睡眠时间里
非正式睡眠未计算	有些宝宝正式睡觉前会睡一小会儿，这些也应该计算在宝宝总睡眠时间里
感觉宝宝睡眠不足	有些妈妈因为不知道宝宝睡多久，总是感觉宝宝睡眠不足，这是因为妈妈没有认真计算过宝宝的睡眠时间，实际上，只要宝宝精神状态良好，就说明睡眠没有问题，因为每个宝宝的个体差异，要学会尊重宝宝的特点

突然喜欢喝奶和母乳了

有些宝宝在这个月龄会突然喜欢喝奶和母乳，这个爸爸妈妈不必担心。因为，添加辅食以来，宝宝肠胃功能有些疲劳，需要时间调整一下，如果宝宝喜欢喝奶或母乳，直接喂给宝宝就可以。过一段时间，宝宝就会重新喜欢吃饭的，没有一直不喜欢吃饭的宝宝的，所以请爸爸妈妈们放心。

怎样应对宝宝耍脾气

当宝宝发脾气的时候，妈妈不要立即满足宝宝的要求，也不要严厉训斥，更不要动武，也不能置之不理，或者千哄万哄等，这样会加重宝宝的脾气。

正确的应对策略：

1 让宝宝冷静下来最重要。妈妈可以把宝宝抱在怀里，但是不要说话也不要拍着哄宝宝，要严肃一些。

如果宝宝的哭闹有点缓和了，那就拍拍宝宝。一直到宝宝停止哭闹了，你再看着宝宝，告诉他："哭闹是不对的，因为你的要求不合理，所以妈妈才不答应你。哭闹也是没有用的，妈妈希望你以后不要再这样了。"

2 看到宝宝哭闹，妈妈很难做到冷静地处理，但是只有冷静处理的办法才是最有效的，也可以避免宝宝养成用哭闹来达到自己目的的习惯。

在公共场合哭闹怎么办

当宝宝在大庭广众下哭闹，利用上面的方法还是不能停止的话，可以尝试下面的办法：

1 爸爸妈妈要克制自己的情绪，冷静下来，要相信宝宝不会一直这样哭闹下去的。

2 当有路人劝说答应宝宝要求时，可以用手势表示不要这样说，或者说谢谢之类的话。当没有人管的时候，相信宝宝会自己停止哭闹的。

1岁4~6个月
“我的”意识开始变得强烈起来

1岁4~6个月宝宝的生长特点

宝宝生长发育的基本数据

项目＼性别	男宝宝	女宝宝
身高(厘米)	79.4～85.4	77.9～84.0
体重(千克)	10.3～12.7	9.7～12.0
出牙情况	8~16颗	

体能飞速发育

这个月龄的宝宝，一般都掌握了向后退着走的能力；宝宝学会了穿衣服，但还不会拉上拉锁；会用粘贴式的鞋带，但粘得不太好；会借助工具去够够不到的东西，这是宝宝运动能力的进步，也是协调能力的进步，同时也反映了宝宝分析、解决问题的能力。

多数宝宝囟门闭合

到了1岁半，大多数宝宝的囟门已经闭合，有些宝宝1岁前囟门就已经闭合，很少有宝宝到2岁才闭合囟门。

长出10颗乳牙

这个月龄的宝宝多数萌出了10颗乳牙。但宝宝乳牙萌出数目因个体而差异。有些宝宝在4个月时就开始萌出乳牙，到这个月龄能萌出12~16颗；有些宝宝1岁开始萌出乳牙，到现在能萌出10颗左右。这些差异，都是正常情况，爸爸妈妈不必担心。

有些宝宝乳牙萌出较早，但是萌出速度很慢；有些宝宝乳牙萌出较晚，但萌出速度很快，有些妈妈会担心宝宝因为缺钙或者营养不良导致乳牙萌出缓慢，而给宝宝添加补钙剂，其实这是不科学的，因为乳牙萌出速度与是否缺钙并没有关系。

建立良好人际关系的关键期

宝宝和爸爸妈妈建立良好的关系，是宝宝学会建立良好人际关系的基础。在宝宝的成长过程中，爸爸妈妈的言谈举止、为人处世，时刻潜移默化地影响着宝宝。如果爸爸妈妈的言行不一，就会让宝宝无所适从，因为宝宝现在正是建立良好人际关系的关键期，爸爸妈妈的作用是至关重要的。

能力令人难以置信

能力	表现
打开抽屉，看里面有什么	这个月龄的宝宝基本知道了什么能吃，什么不能吃，但如果看见抽屉里有个小药瓶，也会出于好奇，打开放在嘴里尝尝。所以建议爸爸妈妈不要把不想让宝宝看到的东西放在抽屉里
让家里发水	这个月龄的宝宝会在家人不注意的时候，偷偷跑进卫生间，拧开水龙头，让家里发大水

科学喂养，打下一生营养好基础

保证每天摄入 15~20 种食物

宝宝饮食应坚持合理、平衡的膳食原则，保证粮食、蔬菜、蛋肉、奶制品、豆制品和水果供应，每天摄入 15~20 种食物。根据宝宝的年龄和身体情况，食物进行合理搭配，才是科学喂养宝宝的最基本原则。

粮食、蔬菜、豆类、肉类，这 4 种食物，要随着宝宝的长大而逐步增加，而水果、蛋类、脂肪类和糖类却不是随着年龄增大而增加的。奶类随着宝宝的年龄增长而减少，这样才能全面促进宝宝的健康成长。

宝宝营养 5 大原则

原则	主要内容
全面	宝宝的健康成长需要 7 大类的营养素，包括碳水化合物、蛋白质、脂肪、矿物质、维生素、纤维素、水，这些营养素必须从食物中摄取，而保证食物全面就是保证全面营养最重要的原则
多样	妈妈要为宝宝选择种类繁多的食物，且保证食物的多样变化，这样既可以给宝宝选择的自由，还能保证宝宝营养更加均衡
均衡	尽管宝宝摄入的食物全面，且多样，但如果营养比例不协调，也会影响宝宝的健康成长。因为食物本身没有好或者坏，但摄入要适量，这样才能保证营养均衡
新鲜	随着生活水平的提高，摄入新鲜的食物成为保证宝宝营养的原则
美味	健康的美味是少油、少盐、少糖、少调味，最大限度地保留食物的天然味道，这是保证宝宝营养的第五大原则

宝宝一天饮食推荐

时间	餐谱
早餐	配方奶 150 毫升、面包 1 片、煮鸡蛋 1 个、番茄半个
加餐	苹果 1 个或橘子半个
午餐	二米饭、肉末炒土豆、素炒胡萝卜丝、海米冬瓜汤
加餐	梨半个或猕猴桃半个
晚餐	馒头、豆角炒肉、银耳红枣汤
加餐	配方奶 150 毫升或者酸奶 1 杯

饭菜和奶的比例要因人而异

医学上，将 0~12 月龄的宝宝称为乳儿，12~18 月龄的宝宝称为离乳儿，即可以乳过渡到以饭菜为主。有些宝宝度过这一阶段会很顺利，有些宝宝度过会缓慢，或者出现反复的情况，但这些都是正常现象。通常会出现下面的情况：

1 宝宝每天还要喝 300 毫升的配方奶，这就不要对三餐有过多的要求。如果宝宝既爱吃三餐，还爱喝奶，就不要过多加餐。

2 如果宝宝每天喝 500 毫升的配方奶，那就不算离乳，不好好吃饭是情有可原的。

但是如果宝宝十分爱喝奶，对饭菜不感兴趣的话，爸爸妈妈不要和宝宝较劲，随着宝宝的长大，自然就会离乳吃饭了。

离开奶瓶和断母乳由宝宝决定

宝宝什么时候离开奶瓶由他自己决定。宝宝不用奶瓶就不吃奶，不喝水，那么爸爸妈妈也不能剥夺宝宝吃奶、喝水的权利。但如果妈妈郑重地告诉宝宝，宝宝长大了，应该用杯子喝水了，开始宝宝会哭闹，但时间长了，他就会明白，他长大了，不需要奶瓶了。

如果宝宝一直无法接受断母乳的话，不建议妈妈采取激烈的措施。

要注意给宝宝吃点粗粮，粗粮含有大量的 B 族维生素、膳食纤维以及各种矿物质，这些都是宝宝生长发育所必需的营养物质。可以给宝宝吃些玉米面粥、窝头片等。

不喝奶和只喝奶应对策略

宝宝不爱喝牛奶的不少见。有些宝宝婴儿期爱喝牛奶，到了幼儿期就不爱喝了，甚至配方奶也不爱喝了。爸爸妈妈可以给宝宝喝些鲜奶或者吃些奶片、豆奶等奶制品来补充蛋白质。如果宝宝一直不喝，可以通过肉类、蛋类给宝宝补充蛋白质。

如果宝宝只喝奶，且每天喝奶超过 1000 毫升的话，是一种不合理的饮食习惯，要将宝宝每天的喝奶量控制在 750 毫升左右。

不要让宝宝边看电视边吃饭

很多家庭喜欢边看电视边吃饭，这样的进餐方式不利于宝宝的健康。

首先，不利于营造一个整体的进餐环境。

其次，进餐时胃肠道需要增加血液供应，而宝宝注意力在电视上，会增加大脑的血流量，然后才是供给胃肠道，在缺乏血液量的时候，胃肠功能就会受到损害。所以边看电视边进餐，不仅会影响宝宝的食欲，还会影响宝宝的消化功能。

养成良好饮食习惯的关键期

现在越来越多的爸爸妈妈为宝宝吃饭的问题而烦恼，主要有饭量小、偏食、吃饭时间长等，成了爸爸妈妈的一块心病。1 岁多的宝宝粮食、蔬菜、蛋类都能吃了，且一日三餐也可以吃了，这需要爸爸妈妈帮助，因为这个时期是宝宝养成良好饮食习惯的关键期。

宝宝偏食这样做

做饭时多考虑宝宝的喜好，对宝宝不喜欢吃却又富有营养的食物，必须精心烹调，尽量做到色、香、味俱佳，还可将其添加到宝宝喜欢吃的食物中，使其慢慢适应。

增加宝宝的运动量

运动会加速能量的消耗，促进新陈代谢，增强食欲。在肚子饿时，宝宝是很少偏食、挑食的，俗话说的“饥不择食”就是这个道理。

让宝宝心情愉快

爸爸妈妈带头吃宝宝不爱吃的菜，只要宝宝吃了，便给予适当的鼓励，这样能调动宝宝的积极性。

不要哄骗宝宝

当宝宝较饿时，比较容易接受不喜欢的食物，可以让宝宝先吃他不喜欢的食物，再吃他喜欢吃的食物，但应注意不要过分强迫，以免宝宝对不喜欢的食物更加反感。

宝宝营养餐

双色饭团 增强食欲

材料 米饭100克，腌渍鲔鱼20克，菠菜30克，鸡蛋1个，紫菜2片，番茄酱适量。

做法

1 制作茄汁饭团：腌渍鲔鱼压碎，和番茄酱一起拌入米饭中，做成圆形的饭团，然后放在铺好的紫菜上即可。

2 制作菠菜饭团：菠菜洗净，烫熟，挤干水分并切碎；鸡蛋煮10分钟至熟，取半个切碎；将菠菜、煮蛋和米饭混合，做成圆形的饭团，然后放在铺好的紫菜上即可。

宝宝日常照护

理解和包容宝宝闹夜

宝宝户外活动时间短，晚上睡觉就不踏实，可能闹夜。

宝宝胃口好，吃了高营养的食物，导致胃肠负担加重，可能出现积食或脾胃不合，也可能让宝宝夜间睡觉不舒服，出现翻身打滚的情况，如果爸爸妈妈干预就会让宝宝从睡梦中惊醒，就可能要闹夜了。

宝宝感冒了，或者白天受了惊吓，晚上做噩梦，也可能出现闹夜的情况。

对于上述情况，爸爸妈妈能做的就是理解和包容宝宝。

让宝宝快速入睡有高招

这个月龄的宝宝经常会因为“还没有玩够”或者“不想自己睡觉”而拒绝入睡。要让宝宝快速入睡的最佳方法是爸爸妈妈或一方陪着宝宝一起睡觉。此外，如果爸爸妈妈不穿上睡衣，宝宝会猜测到等他睡着后，爸爸妈妈可能会把他一个人丢在床上离开，所以宝宝也会拒绝入睡。

睡得少睡得多都不是问题

这个月龄的宝宝每天应该睡 12 个小时左右，但如果宝宝睡 14 个小时也不算太多，不能认为睡得太多就聪明，是不科学的。现在也没有证据表明宝宝睡觉少就比睡觉多的宝宝更聪明。

睡眠不实多数不是缺钙

宝宝睡觉不踏实与缺钙的联系并不紧密，主要有以下几种情况：

宝宝白天活动不足，会导致睡觉不踏实。

宝宝白天活动量太大了，导致过度疲劳，也会导致睡觉不踏实。

宝宝身体出现了不舒服的情况，会导致宝宝睡眠不安。

如果宝宝只是偶尔睡觉不踏实，妈妈可以再观察几天，不必太担心。如果持续一两周的话，应该及时看医生。

宝宝不愿独睡是正常的

1 岁后的宝宝，有独立的愿望，但也会产生很大的依赖性。研究表明，宝宝和爸爸妈妈一起睡并不是什么坏事，尤其对于晚上爱哭闹的宝宝，和爸爸妈妈一起睡更有安全感，也更方便爸爸妈妈照顾宝宝。随着宝宝的长大，宝宝自然就不会过分依赖妈妈了。

半夜醒来哭闹应对策略

原因	表现	应对策略
噩梦惊醒	宝宝在白天碰到了某些强烈的刺激，例如看到恐怖的电视或听到恐怖的故事等，这些都会在大脑皮层上留下深深的印迹，到了夜深人静时，其他的外界刺激不再进入大脑，这个刺激的印迹就会释放而发挥作用，而导致噩梦	给宝宝正面的鼓励和安慰，使宝宝安静下来
对妈妈的依赖	宝宝已经不吃奶了，突然半夜醒来要吃，如果不能得到满足，就大哭大闹	随着宝宝的长大，对妈妈的依赖性越来越弱，但这时给宝宝吃几口就能使宝宝安静下来，也是可以的
肚子痛	如果宝宝从熟睡中突然哭闹，常常是闭着眼睛哭，两腿蜷缩着，拱着腰，或者手捂肚子	准确判断是得了病了还是没病，有病立马去医院，没病就不要折腾宝宝了
环境不好	环境太热或太冷	改善宝宝的睡眠环境

良好睡眠习惯的建立很重要

1 制订良好的睡眠计划，爸爸妈妈要根据宝宝的具体情况制订，要做到切实可行。

2 到宝宝要睡觉时，为宝宝创造一个良好的睡眠环境。

3 面对宝宝的不良睡眠问题，爸爸妈妈不应该烦躁、抱怨，而是应该认真找到解决问题的方法。

4 爸爸妈妈要坚信自己的宝宝会养成一个良好的睡眠习惯。

5 如果宝宝不喜欢白天睡觉，爸爸妈妈可以为宝宝创造一个属于他自己的“窝”，为宝宝睡觉营造一个良好的环境，相信总有一天宝宝会自己入睡的。

6 如果宝宝晚上睡得晚，也不必太担心，可以每天提前几分钟准备睡觉，时间久了，宝宝就不会每天都睡得那么晚了。

养成良好的排便习惯

这个月龄的宝宝，妈妈要帮助宝宝形成良好的排便习惯，让他学会什么时候排、排在哪里，且养成便前便后洗手的好习惯。一般情况下，宝宝先学会控制大便，然后才会控制小便。

当宝宝会通过行动或者语言表达自己有尿便了，那就说明妈妈该训练宝宝控制尿便了。

训练宝宝控制尿便的建议

- 适时训练宝宝控制尿便。没有必须训练的道理，如果宝宝不接受妈妈的训练，最好的办法是暂停。
- 没有固定的训练顺序。先学会控制白天排尿，再学会控制夜间排尿，最后控制排便。但每个宝宝的情况不一样，训练的顺序也不是一成不变的。
- 就算宝宝已经能控制尿便了，也会出现尿裤子的事情，这不是说宝宝的能力倒退了，所以爸爸妈妈也不必太过担心。

不能控制尿便不要着急

1岁时宝宝能将尿便排在便盆中，但1岁半就不愿意。如果妈妈和宝宝较劲儿，宝宝就会苦恼，甚至产生抵触心理，这时妈妈应该尊重宝宝的自尊，并坚持鼓励宝宝，用最大的耐心等待宝宝的进步。

安全意识要提高

- 屋内的电插座安装安全防护罩。
- 宝宝能打开的柜门、冰箱门、马桶等做好安全保护。
- 家具的尖锐棱角加上防护套。
- 落在地上的窗帘绳子不能让宝宝拿到。
- 给宝宝玩耍的玩具，要防止一些小零件脱落，被宝宝误吞。
- 宝宝能开关的门，要做好防护套，避免夹到宝宝的手脚。
- 落地扇等容易被宝宝碰到的东西，要放到宝宝不能够到的地方。
- 带刺或者不能入嘴的植物，放到宝宝够不到的地方。
- 一些容易烫伤宝宝的东西，要放到宝宝不容易够到的地方。
- 一些药品要妥善处理，避免宝宝误服。

漂亮的便盆，可以帮助宝宝养成控制尿便的习惯。

特殊情况的照护

纠正吸吮手指的行为

1 对已养成吸吮手指习惯的宝宝，应弄清原因。如果属于喂养不当，首先应纠正错误的喂养方法，克服不良喂哺习惯，使宝宝能规律进食，定时定量，饥饱有节。

2 要耐心、冷静地纠正宝宝吸吮手指的行为。切忌采用简单粗暴的方法，不要嘲笑、恐吓、打骂、训斥宝宝，否则不仅毫无效果，而且一有机会，宝宝就会更想吸吮手指。

3 最好的方法是满足宝宝的需求。除了满足宝宝的生理需求，如吃、喝、睡眠外，还要给宝宝一些有趣味的玩具，让他可以更多地玩乐，分散对固有习惯的注意，保持愉快的情绪，使宝宝得到心理上的满足。

4 从小养成良好的卫生习惯，不要让宝宝以吸吮手指来取乐。要耐心地告诫宝宝，吸吮手指是不卫生的。

积食的饮食调养方

宝宝的消化器官发育还不完善，消化功能还比较差。如果爸爸妈妈不能正确地喂养，宝宝饮食没有规律，而且没有节制，就有可能损伤脾胃，如果出现肚子胀、厌食、大便稀且有酸臭味等症状，宝宝就是积食了。可以采取下面的措施进行调理：

1 宝宝一旦出现积食症状，可以吃些易消化的粥、蛋花汤、面条等。

2 不要再给宝宝吃高热量、不易消化的脂肪类食物，以免加重积食。

3 如果宝宝不想吃东西，就不要强迫宝宝吃，给脾胃一个休整的机会。

如果宝宝已经养成吸吮手指的习惯，爸爸妈妈不要过多地责备宝宝，应该帮助宝宝改掉这个坏习惯。

1岁4~6个月宝宝的能力发展与培养

能轻松蹲下拾物

这个月龄的宝宝，会蹲下去捡起东西，然后起身行走。宝宝完成这个动作，既需要小脑的平衡能力发展到一定水平，还需要肌肉、神经和脊椎运动能力以及下肢体的运动能力的相互配合完成。

皮球是锻炼宝宝蹲下去、站起来最好的玩具，宝宝把皮球扔出去，再追赶滚动的皮球，当皮球停下来时，再蹲下去捡起来，循环下去，是一个宝宝非常喜欢的游戏哦！

会往后退着走

宝宝练习走路时，大多是先横着走，然后往前走，最后才是往后退着走呢。但是也有先往前走，后退着走的，但不管怎么样，都是正常的发育，爸爸妈妈不必过于担心。

尝试跑起来

如果宝宝现在走路已经相当稳当了，那么有些宝宝就试图跑起来了。但是宝宝对身体控制得不是很好，两条腿配合不是很协调，很有可能会有摔跤的情况，但这并不是宝宝缺钙、腿软或者能力的倒退，而是生长发育过程中的正常现象。

此外，如果宝宝还不会试图跑起来，也不要过于担心，这也是正常的现象。

能独立行走，开始挑战平衡

宝宝能独立行走的月龄是1岁半左右。由于宝宝的个体差异，也不是千篇一律的。但如果您的宝宝还不能扶着您的手或者物体行走的话，需要及时看医生。

这个月龄的宝宝对挑战平衡木非常有兴趣，因为可以寻求刺激、探索未知等。而且还能促进宝宝整体的协调能力。爸爸妈妈可以帮助宝宝实现“挑战平衡”的能力。可以在家里搭一个长木板，从10厘米开始，逐渐增加高度，直到你站在平地上，正好能扶着宝宝的手为止。

语言表达越来越明确

这个月龄的宝宝几乎没有了无意识的发音，语言表达的含意越来越清晰。渴了，会清楚地和妈妈说“水”；饿了，会清晰地说“饿”或“吃”；需要帮助时，会清晰地叫“妈妈”。晚上有便尿的时候，会清晰地叫“妈妈撒尿”。

开始用语言和人打招呼

宝宝已经开始用语言和周围人打招呼了，当客人要走的时候，宝宝会说“再见”。但有的宝宝不愿意说，这时妈妈也不要硬逼着宝宝说或当着客人面批评宝宝没礼貌，因为宝宝有不说的权利，妈妈不要轻易剥夺宝宝的“自主权”。这样既不能达到教育宝宝的目的，还会让客人陷入尴尬。其实宝宝不说“再见”，可能是不希望客人离开。

能准确说出身体各部位的名称

宝宝既能指出自己身体的各部位的名称，还能指出其他人的而且理解各部位的功能。当妈妈问，耳朵是干什么用的呢？宝宝会说，听妈妈讲故事的。我们用什么吃饭？宝宝会指着嘴，同时用语言表达出来。

“我的”意识开始变得强烈起来

想从这个月龄的宝宝手里要东西，是一件很不容易的事情。宝宝开始动脑筋，使得别人不能再要自己的东西。如果有人和宝宝要他手里的苹果，他会说：“脏，没洗”等，然后把苹果藏在身后，满脸的严肃。这时，妈妈经常会说宝宝好小气，不知道像谁，其实这是妈妈对宝宝的误解，宝宝并不是小气，而是有了“我的”意识，也是宝宝能力发展的表现。

能记住东西放在哪里了

宝宝现在能够意识到有些藏起来的东西是存在的，还能知道放在其他地方的东西。如果妈妈放东西很有秩序，总是告诉宝宝什么东西放哪里了，这样宝宝就会记住，当妈妈说把什么东西拿过来的时候，只要是妈妈告诉宝宝东西存放的位置，宝宝也记忆过，就会非常容易地找到妈妈所要的东西。

执拗期悄悄来临

这个月龄的宝宝越来越有自己的主见和个性，自我意识和思考独立性越来越强，对妈妈非常依赖的情况一去不复返，在你不注意的时候，宝宝悄然进入了执拗期。

可以把东西放到指定的地方

这个月龄的宝宝可以根据妈妈的要求把某件东西放到指定的位置了，说明宝宝开始建立方位感了，是一个不小的进步。妈妈需要适时地训练宝宝的秩序感，有利于宝宝能力快速发展。如椅子要放在桌子旁边，鞋子要放在鞋柜里，锅碗瓢盆要放在厨房中等。

爱上自言自语

我们经常会看到，宝宝在自己玩耍时，会自言自语地说话。这时，妈妈不要打扰宝宝，他是在锻炼自己的语言能力。宝宝知道，说话能引起爸爸妈妈的注意，能够表达自己的意愿和要求，自言自语是对语言的整理。

宝宝不但喜欢自言自语，还喜欢听别人说话，尤其喜欢听妈妈讲故事，而且不厌其烦，这是宝宝学习语言的基础，学习的关键是练习，一遍又一遍地听故事，是宝宝对语言的复习过程，所以妈妈不要怕麻烦。

真正知道自己叫什么了

这个月龄的宝宝已经真正知道自己的名字了。当妈妈呼叫宝宝的名字时，宝宝会有所回应，但宝宝还不能分辨人称代词，也不能理解。此外，宝宝也不能转换人称代词。如你和宝宝说：把苹果给我，如果妈妈不配合手势，宝宝就不知道把苹果递给妈妈。

对上下、内外、前后关系有一定的理解

这个月龄的宝宝，对“上下、内外、前后”等空间概念有了初步的理解，但还不会运用，这需要宝宝有空间想象力。妈妈可以将苹果放在头顶上，问：“宝宝吃苹果吗？”当宝宝说“吃”时，妈妈就指着头顶：“在妈妈的头上。”如果宝宝去妈妈头顶拿苹果，那么宝宝就理解了“上下”的概念。同样，也可以训练宝宝对“内外”、“前后”等的理解。

喜欢聆听周围人的对话

这个月龄的宝宝对周围人的对话产生了兴趣，经常会抬起头，两眼盯着说话人的嘴，仔细聆听，但是时间不长，很快就会自己玩去了。爸爸妈妈发现宝宝听你们聊天的时候，不要去打扰宝宝，这样会让宝宝感到尴尬或害羞。爸爸妈妈的正确做法是，继续自己的谈话内容，尽量用简单、准确、清晰的语言表达，这也是宝宝学习语言的一个重要过程。

大人放松孩子玩疯的亲子游戏

水中乐园

创新思维能力、想象能力

益智点

提高宝宝的创造力和思考力。

游戏进行时

1. 在家中准备好盆和浴缸等，还要准备一些漂浮玩具，如小鸭、小船等，还有装水的容器，如小碗、小漏斗等。

2. 和宝宝一起玩游戏，引导宝宝认识各种玩具的名称和特性。如小碗可以舀水，小漏斗可以漏水，并可用小碗向小漏斗中灌水，下面再用一个小容器接水。

3. 将小船和小鸭子都放在水里漂浮，还可以把小船或小鸭子用绳子拉住，让宝宝在水里拉着小船、小鸭子行走。

宝宝扔东西与摔东西应对策略

行为	宝宝喜欢扔东西	宝宝摔东西
表现	这个月龄的宝宝，开始喜欢坐在床上、儿童椅上把玩具扔到地上，希望爸爸妈妈把扔到地上的东西再递给他，然后他再扔	这个月龄的宝宝会因为生气用摔东西的方式来发泄自己的情绪
应对策略	爸爸妈妈如果不愿意或没时间和宝宝玩这个游戏，从一开始就不要和宝宝玩，否则宝宝就会哭闹表示抗议	爸爸妈妈们不要责备，也不要起哄，更不要把宝宝摔到地上的东西捡起来，而是应该仔细询问宝宝，为什么生气。这样宝宝会知道自己的行为是不对的，会从妈妈的理解和宽容中得到安慰。错误的做法是：斥责宝宝，这样宝宝不仅不会认为自己的行为是不对的，还会感到委屈，甚至伤害到自尊心

接受宝宝的情绪

当宝宝出现负面情绪时，爸爸妈妈正确的做法是先接受下来，这样会放大负面情绪中的正面意义。当你抱着宝宝要去吃饭时，宝宝非要玩游戏，甚至哭闹，这时你要告诉宝宝：我知道你非常想玩游戏，但现在是吃饭时间，必须先吃饭，然后再接着玩游戏。采用这种先肯定、后否定的方式，既可以让宝宝负面的情绪得到缓解，还能把宝宝从负面情绪中拉回来，获得正面的作用。

帮助宝宝放弃“要挟”

当宝宝用发脾气或者哭闹索要某种东西时，爸爸妈妈不要说，“你这样妈妈不喜欢你了”“你是个不听话的宝宝”“你不改正，妈妈就不答应”，这样做既会伤害宝宝的自尊心，还会让他感到妈妈不爱他了，让宝宝没有了安全感，结果会导致宝宝情感发展受到阻碍。面对宝宝的这种“要挟”，爸爸妈妈要坚持：帮助第一、教育第二，理解第一、教导第二的方式。

缓解宝宝的陌生感

宝宝遇到陌生人或到一个陌生环境，可能会表现出害怕的神情，或藏在妈妈的身后，或躲在妈妈的腋下。这时，妈妈最佳的做法是，继续和“宝宝的陌生人”打招呼，留给宝宝时间熟悉周围的环境，慢慢减弱宝宝的陌生感，平复内心的害怕心理。

摔跤也是一种进步

这个月龄的宝宝会出现这样一个现象：上个月走路还好好的，这个月就开始跑，结果变得容易摔跤了。实际上，这并不是宝宝能力倒退的表现，而是能力的进步。虽然爸爸妈妈没有特别训练宝宝跑，但受到宝宝内在动力的驱使而尝试，宝宝就是在这样的过程中进步的。这时宝宝需要的是爸爸妈妈的鼓励。

宝宝无理要求的应对策略

这个阶段的宝宝经常会出现无理取闹的现象，如果爸爸妈妈一味地答应，会让宝宝成为一个不明事理、任性的宝宝。但换一种方式就会让宝宝展开丰富的想象力。

当宝宝想要一辆小汽车时，妈妈可以告诉宝宝，等他长大了，有了驾照就能开汽车了，宝宝也许会听不懂妈妈的话，但在宝宝幼小的心灵中打下烙印，慢慢地，“有了驾照就能开汽车”就能成为宝宝的梦想。妈妈以这样的心态面对宝宝的无理要求，就会少些和宝宝的对峙，也不会压抑宝宝的好奇心，还能开启宝宝更多的创新能力。

面对发脾气的宝宝这样做

宝宝的自我意识越来越明显，很多情况下如果爸爸妈妈不能满足自己的意愿，宝宝就会发脾气。不只会哭闹，有的甚至还会坐在地上耍赖。面对这种情况，很多家长都会觉得头痛，不知该怎么办好。可以采取下面的措施：

这种情况下，让宝宝冷静下来最重要。妈妈可以把宝宝抱在怀里，但是不要说话也不要拍着哄宝宝，要严肃一些。如果宝宝的哭闹有点缓和了，那就拍拍宝宝。一直到宝贝停止哭闹了，你再看着宝宝，告诉他，“哭闹是不对的，因为你的要求不合理，所以妈妈才不答应你。哭闹也是没有用的，妈妈希望你以后不要再这样了。”

1岁7~9个月
独自玩耍的时间延长

1岁7~9个月宝宝的生长特点

宝宝生长发育的基本数据

项目 \ 性别	男宝宝	女宝宝
身高(厘米)	81.9~88.4	80.6~87.0
体重(千克)	10.8~13.3	10.2~12.6
出牙情况	10~16颗	

这个时期宝宝的身体变化比较大，妈妈要注意给宝宝换合适的衣服。

身体比例更好看了

这个月龄的宝宝身体比例更加协调了，不再像以前那样是一个大头娃娃了，现在头、腹部、胸部等差不多了，脖子比原来长了，腿也长长了。

囟门基本都闭合了

这个月龄的绝大多数宝宝囟门已经闭合，但也有未闭合的，也不能认为发育异常。如果爸爸妈妈只是根据宝宝囟门未闭合的情况，就擅自给宝宝增加或更换维生素D和钙，是不妥当的，应该经过医院的检查再做相应的调整。

科学喂养，打下一生营养好基础

牙齿咀嚼功能有了巨大进步

宝宝的咀嚼功能有了巨大的进步，舌头的运动能将食物运送到咽部，然后通过咀嚼和吞咽协调工作，把食物顺利送入消化道。宝宝会把牙齿当工具咬一些较硬的食物，这也许是宝宝的发明，也许是和看护人学的，爸爸妈妈不必担心宝宝会咬坏牙齿，因为宝宝自己会对食物的坚硬度有一定把握的，进而保护自己的牙齿不被咬坏。

断奶并不意味着不喝奶

对于这个月龄的宝宝，断奶并不意味着不再喝奶，只是奶变成了一种营养来源。睡前宝宝喝些奶是没有问题的，但不要让宝宝养成含乳头睡觉的习惯，或者改为用杯子喂奶，但避免引起宝宝哭闹，必要时可以和宝宝讲讲道理，尽管宝宝不是很明白，但是必须的。

按时进餐，吃对零食

妈妈帮助宝宝养成一日三餐的规律，有利于消化系统的劳逸结合。完全控制宝宝不吃零食是不现实的，可以适量给宝宝吃些零食。但如何吃零食是一门技巧。

1 控制吃零食的时间。正餐前1小时不要给宝宝吃零食。

2 不要经常给宝宝吃高热量、高糖、高油脂的零食。

此外，有些宝宝喜欢边吃饭边喝水是一种不正确的饮食习惯，爸爸妈妈要及时纠正过来。

油大养出“小胖墩”

多吃天然食物，是控制肥胖儿的最佳方法。有些妈妈会说，家里每天多吃蔬菜，少吃肉蛋和粮食，可是宝宝还是很胖。这主要是因为家里用油量过高，再加上购买了一些现成的油脂食物，热量远远超出了需求量。事实上，这样的饮食习惯不但会引起肥胖，还会出现营养不均衡，因此要控制油脂的摄入量。

为了宝宝的健康，建议家里多用植物油。

降低餐桌高度可增强食欲

爸爸妈妈们应该给宝宝创造一个舒适的进餐环境。尽量降低餐桌的高度，这样可以让宝宝有一定的安全感，增强宝宝进餐的兴趣。

锻炼宝宝使用筷子

这个月龄的宝宝可以开始练习使用筷子了，刚开始时最好用宝宝专用的矫正筷子。爸爸妈妈可先让宝宝用筷子夹爆米花这样很轻又有沟槽、比较容易夹起来的东西，增强宝宝的信心。

妈妈可以给宝宝买些卡通趣味筷子，以利于宝宝练习使用筷子。

帮助宝宝独立进餐

这个月龄的宝宝可以独立完成进餐了，妈妈只需在旁边协助即可。妈妈可以将宝宝放在餐椅中，以避免宝宝乱跑。如果宝宝偏食，妈妈要想办法烹饪出宝宝喜欢的菜肴，这样可有效纠正宝宝的偏食情况。

让宝宝像爸爸妈妈一样吃饭

这时宝宝的模仿能力非常强。宝宝喜欢像爸爸妈妈一样吃饭，所以不喜欢宝宝做的事情，爸爸妈妈千万不能做，如爸爸妈妈喜欢剩饭在碗内，宝宝看见了也会剩饭在碗里。

此外，这个月龄的宝宝有了很强的自我意识，不喜欢妈妈一口一口地喂着吃，也不喜欢被爸爸妈妈逼着吃饭，否则宝宝就会产生逆反心理，最后发展成为厌食。

宝宝营养餐

牛肉蔬菜粥 增强体力

材料 牛肉40克，米饭100克，土豆、胡萝卜、韭菜各20克，盐1克，高汤1000毫升。

做法

1. 将牛肉、韭菜分别洗净，切碎；胡萝卜、土豆分别去皮，洗净，切成小丁。
2. 锅中放高汤煮沸，加入牛肉碎、胡萝卜丁和土豆丁炖10分钟，加入米饭拌匀再煮约10分钟至沸，加韭菜碎，再加盐调味即可。

宝宝日常照护

避免傍晚小睡

如果宝宝傍晚睡上一觉或者连晚饭都不吃的话，那么就会睡得晚或者半夜起来玩会儿，所以最好不要让宝宝傍晚睡小觉。如果宝宝白天睡两觉，最好上午一觉，下午一觉，避免傍晚睡觉。此外，尽量让宝宝养成早睡早起的习惯。

爸爸妈妈多陪宝宝，有利于宝宝早睡

现在爸爸妈妈基本都上班，宝宝多由保姆或老人照顾，这样一天看不到爸爸妈妈的宝宝会有舍不得睡觉的情绪，希望和爸爸妈妈多玩会儿，这时爸爸妈妈要多留出一些时间陪宝宝，这样可以满足宝宝对爸爸妈妈的依恋。

白天不睡觉也正常

如果有一天宝宝白天说什么也不睡觉，爸爸妈妈也不必太过担心，因为宝宝晚上睡得早，白天精力充沛，如此循环，晚上睡眠质量就会非常好。现在没有证据显示，睡觉时间长的宝宝比睡觉短的宝宝更聪明，所以宝宝的睡眠时间长短因人而异。

宝宝闹觉，妈妈要多陪陪他

上班的爸爸妈妈晚上如果没有留出陪伴宝宝的时间，宝宝就会感到委屈，比较容易出现闹觉的情况。所以最好的解决办法：爸爸妈妈晚上回家后放下手头的工作和活动，专心陪宝宝玩玩，这样能给宝宝精神上的寄托，多陪宝宝玩耍也是开发宝宝智力的好方法，所以，爸爸妈妈再忙也要抽出时间和宝宝玩耍。

如果生病、委屈、受责骂、找不到妈妈、环境不舒服等，也会导致宝宝闹觉的出现。

根据宝宝的身体特点训练控制尿便

生理成熟是宝宝控制尿便的前提条件，妈妈能认识到这一点有利于更好地照顾宝宝。但是到底什么时候才是生理成熟期，现在还没有明确的定论，但妈妈可以凭借自己的观察去决定是否到了宝宝的生理成熟期。最简单的方法就是：如果宝宝还不接受你的训练，说明宝宝还没有到该训练的时候，可以再等一等。

现在，我们把宝宝一岁半作为训练尿便的开始阶段，2岁左右能控制小便，3岁基本上能解决控制尿便的问题。

鼓励宝宝使用卫生间解决尿便

宝宝喜欢和爸爸妈妈一起上卫生间，或自己要求到卫生间排便，这时妈妈进行鼓励，有利于宝宝养成良好的卫生习惯。通常一岁半以后开始鼓励宝宝用儿童便盆，2 岁后锻炼宝宝到卫生间，学习使用卫生间的马桶，但是具体情况要考虑宝宝本身，不能一概而论。有些宝宝到了 3 岁也不能控制尿便，但也不算是异常。

磕磕碰碰很正常

这个阶段的宝宝会走会跑，很容易磕磕碰碰，这都是正常的情况，尽量做好保护措施就好了。千万不能为了保护宝宝而限制宝宝的活动，总是把宝宝放在童车里。实际上，宝宝本身不是意外的隐患，定时炸弹是家长的侥幸心理和疏忽大意。

在安全的环境中，宝宝走路、跑步会跌跌撞撞、拿东西摇晃等，这都是宝宝成长过程中的正常情况，不必过于担心。

春季预防皮疹出现

春季，宝宝容易出皮疹，应该从以下几点多加注意：

- 不要给宝宝用从来没有用过的护肤品和洗涤品。
- 不要给宝宝盖羊毛被褥、戴羊毛帽子、穿羊毛衣服等。
- 不要让宝宝在地毯或毛毯上玩耍。
- 谨慎食用容易引起过敏的食物，如贝壳类、螃蟹类、虾类等食物。
- 避免吃辛辣和易上火的食物，如辣椒、桂圆、桂皮、各种香料等。
- 不要带宝宝去新装修的房子。
- 飞絮大风天气、扬尘天气等，不要带宝宝外出。

一旦宝宝出现了皮疹，应该就医治疗。

夏季预防感染性腹泻

吃冷饮要适度	过量食用冷饮，会伤害宝宝的胃肠功能，还会影响宝宝牙齿的健康
不吃剩饭剩菜	剩饭剩菜会产生亚硝酸盐，不利于血液的流畅，对肾脏功能也会造成伤害，即使放入冰箱内的熟食也不能超过 72 小时
生食蔬果要洗净	新鲜的蔬果如果要生食，可以先洗去泥沙，再用果蔬剂浸泡一两分钟，最后用清水清洗干净即可。绿叶蔬菜可以放开水中烫一下再食，但不能煮太久
注意手的卫生	这个月龄的宝宝喜欢用手拿着东西吃，所以手部的卫生非常重要，一定要用洗手液将手的各个部位都洗净，然后用清水冲洗干净
看护人注意卫生	看护人也要注意卫生，这样也可以预防宝宝感染性腹泻

宝宝一旦出现腹泻，爸爸妈妈应该带大便到医院进行化验，及时诊治。

秋季多进行耐寒锻炼

如果天气刚变凉，就给宝宝穿厚衣服，会导致宝宝呼吸道耐寒性差，冬天来了，即使足不出户，也容易患呼吸道疾病。所以，爸爸妈妈可以利用初冬季节有意识地锻炼宝宝的耐寒能力，增强呼吸道抵抗力，从而让宝宝顺利度过肺炎高发的冬季。

冬季预防呼吸道感染

冬季是感冒的高发时节，很多的婴幼儿都会在这个季节中出现感冒的情况。要想预防感冒，总是闷在屋子中不是办法，要保持室内空气的新鲜，室内温度也不宜过高。最好是能够经常通通风，换换气。

家里有人有感冒的症状，就要注意远离宝宝。很多宝宝的感冒都是被爸爸妈妈传染上的。所以要是家人出现了感冒的症状，最好是能够和宝宝隔离。接触宝宝的时候清洗双手，戴上口罩。

特殊情况的照护

宝宝饭量小的应对方法

不要勉强宝宝吃太多，一开始就直接给宝宝盛适当的量，然后让宝宝尽量吃完，让宝宝有成就感，这有助于调动宝宝吃饭的积极性；也可以让宝宝多活动，通过消耗体力来增加宝宝的食欲。

宝宝不好好睡觉有办法

虽然有些宝宝已经过了一岁半了，但是睡眠问题依然困扰着爸爸妈妈。不肯安安静静入睡，总是习惯晚睡，晚上睡觉爱打滚，半夜还总容易醒，非要黏着妈妈不肯自己在小床上睡等。睡眠问题很大程度上是因为在婴儿期宝宝就没养成好的习惯，所以才会延续到幼儿期。晚睡的宝宝应对策略如右：

给宝宝制定固定的作息时间，例如晚上九点半必须入睡，那就固定要求宝宝九点半之前就要收拾好上床。同时给宝宝营造一个好的睡眠环境，把灯光调暗，给宝宝讲个温馨的睡前故事等。

增加白天的活动量，同时减少白天的睡眠时间，这样到了晚上宝宝自己就困了。

养成一套固定的睡前习惯，例如睡前先喝奶，然后洗脸、洗脚，再换纸尿裤、换睡衣，关灯、上床、讲故事、睡觉。每天都是这套程序，等宝宝习惯了，只要一喝奶，他就知道要睡觉了，自己就会乖乖配合。

爸爸妈妈要以身作则，不要一边要求宝宝早睡，一边自己还在兴致勃勃地看电视。就算你不打算早睡觉，但是在哄宝宝睡觉时也要陪在宝宝身边。很多习惯晚睡的宝宝，他的爸爸妈妈肯定也是喜欢熬夜的人。

如果宝宝实在不肯入睡，那么也不能强迫宝宝。纠正宝宝晚睡的习惯需要慢慢来，今天早睡5分钟，明天继续早睡5分钟，慢慢地宝宝就能习惯早睡了。

山楂、苹果等都是有助于宝宝消化的食物。可以把山楂干给宝宝冲水，宝宝开胃后，慢慢地饭量就会增加了。

1岁7~9个月宝宝的能力发展与培养

能自由地跑了

这个月龄的宝宝已经能够自由地行走了。有的宝宝已经能由走变跑，由跑变走，还会在跑中停止、立定，但宝宝跑得较快，突然停下来会向前倾倒，这时妈妈要做好防护措施。

妈妈可以根据宝宝的运动能力制定一套由走变跑，由跑变走，及由走变定，由跑变原地踏步的训练方法，这样有利于锻炼宝宝奔跑时对惯性的控制。

有办法够到高处的东西

这个月龄的宝宝，如果想够到高处的东西，会自己搬个凳子，踩上去增加自己的高度，以达到够到物品的目的。这是宝宝开始做事情动脑筋的表现，是一个了不起的进步，因为整个过程需要宝宝的思维、想象、发明、动作等相互配合。

对自己认识更清楚了

这时宝宝能更清楚地认识自己是谁，自己能做什么，自己什么不能做好。

喜欢“对着干”

宝宝自我意识快速增长，带动了宝宝认知能力的发展，宝宝开始喜欢跟爸爸妈妈“对着干”。

更善于动脑筋了

宝宝喜欢做一些需要一定技巧的事情，也开始做一些让你头疼的事情了，如打人、推人，和小伙伴抢玩具，动不动就哭闹等。

宝宝够高处的东西很可能会从凳子上摔下来，因为身体比较轻，也比较灵活，骨骼比较柔韧，多半不会摔伤骨骼，但有可能会划伤皮肤。所以宝宝活动的地方不要放置尖角的家具，也不要放一些玻璃制品，以免弄伤宝宝。

双手配合更容易搞“破坏”了

这个月龄的宝宝，可以用自己灵巧的双手干自己喜欢的任何事情。尤其是一些破坏性强的事情，但爸爸妈妈也不要烦恼，因为宝宝的破坏能力，也是宝宝创造能力的体现。如果过多限制宝宝的破坏能力，也就是限制了宝宝的创造能力。爸爸妈妈应该为宝宝创造可以进行破坏的场所和机会，这也是对宝宝智力开发的一种方法。

“左撇子”显露出来了

这个月龄的宝宝已经显示出了是左力

手还是右力手。绝大多数宝宝是右力手，少数是左力手，不管是左力手还是右力手，顺其自然最好。

会自如地开门关门了

这个月龄的宝宝能自由地开、关门了，即使旋转门或者门闩都能打开，所以安装防护门套是保证宝宝安全的措施之一。一些育婴店有专门出售家具的防护罩，如燃气灶开关的防护罩、马桶盖卡、防止门被风刮上时的防夹手夹、尖角家具的防护角等，可以根据家中情况适合安装防护装置。

自己能穿鞋、脱衣服

这个月龄的宝宝开始会脱鞋脱袜子了。宝宝不但会脱鞋，还特别愿意脱鞋，喜欢光着脚丫满屋子地跑，这时要给宝宝穿上厚点的袜子，避免着凉。宝宝也喜欢脱袜子，所以很多妈妈就给宝宝穿长筒袜或者不穿，防止宝宝脱掉，其实这是不必的，因为只有学会脱鞋袜，才能学会穿鞋袜。

大概 30% 的宝宝学会了脱衣服，宝宝还解不开较复杂的纽扣，但对于摁扣、粘扣等较简单的就很容易解开。

能独自玩耍 15 分钟左右了

爸爸妈妈在宝宝身边，他可能会独自玩耍15 分钟左右。当爸爸妈妈不在身边时，宝宝能自己玩下去的可能性不是很大。

当宝宝知道爸爸妈妈就在不远处时，会继续玩一会儿游戏，但时间不会太长。当宝宝发现爸爸妈妈就在目力所及的地方，就会放心地继续玩游戏。

所以，爸爸妈妈想让宝宝多独自玩一会儿的话，最好的办法就是让宝宝抬头就能看见爸爸妈妈的身影。

主动寻找喜欢的玩具

这个月龄的宝宝既能自己玩一段时间，还喜欢找自己喜欢的玩具玩耍。无论放在家里哪里的玩具，只要自己能拿到的，都能拿出来玩耍。如果拿不到自己特别喜欢的玩具，会向爸爸妈妈寻求帮助，拿给他。

搭积木有更高的要求

这个月龄的宝宝，会按照自己的理

模仿就是最好的能力

这个月龄的宝宝开始模仿妈妈的细微动作。宝宝不仅通过看、听来模仿，还会思考某件事情是怎么做到的。如驱动车的玩具，想让玩具车自己跑起来，必须向后拉动，给出一个动力，然后才能往前快速地行进。而宝宝手部这个协调能力不是很好，这时，妈妈可以把着宝宝的手往后用劲，然后松手，让驱动车往前跑，宝宝会高兴地欢呼。

解，用积木搭出自己所见的实物，如果搭得不好，会毫不吝啬地推掉，这是宝宝自信的表现，因为他相信自己能搭出比这个更好的，所以爸爸妈妈不要担心宝宝做事情没有常性或者具有破坏性，因为宝宝没有这种精神，就没有创造力了。

能对爸爸妈妈的话作出积极反应

这个月龄的宝宝，开始对爸爸妈妈的话作出积极反应。爸爸妈妈和宝宝玩一问一答游戏时，宝宝非常喜欢，既能锻炼宝宝语言运用能力，还能锻炼宝宝思维能力，帮助宝宝认识事物的现象和本质。在游戏过程中，如果宝宝不能及时回答爸爸妈妈的问题，可以引导宝宝回答问题，从而增强宝宝的自信心。

能听爸爸妈妈讲一个完整的故事

爸爸妈妈每天给宝宝讲一些美好温馨的睡前故事，宝宝更容易睡觉，也会把这种美好带入梦乡，甚至会在睡觉时发出笑声。建议爸爸妈妈不要在睡前给宝宝讲恐怖的故事，因为既会影响宝宝的睡觉，还会诱发宝宝夜啼、眨眼、多动等心理问题。

会凭经验办事了

这个月龄的宝宝会通过听、尝、闻、看、触摸等直接活动和感觉，去认识和学习知识。宝宝也学会了举一反三。如有一次把非常烫的摊鸡蛋饼给宝宝了，且烫到宝宝了，下次再喂宝宝鸡蛋饼的时候，他自己会吹吹再吃，避免再次被烫到。

大人放松孩子玩疯的亲子游戏

看识字卡片

记忆能力、理解能力

益智点

将不同字音、字形印入宝宝脑海，同时将字形和字音联系起来，并促进宝宝的视觉和大脑发育。

游戏进行时

1. 准备一些正面有字、反面有图的识字卡片，如“娃娃”“糖果盒”“自行车”等。做正卡和副卡两套。

2. 妈妈读字，鼓励宝宝走过去把字拿过来，先取正卡的字，再到另一处取副卡。

3. 妈妈接着读字，鼓励宝宝将取过来的字放回原位，先放正卡上的字，再放副卡上的字。

不要怀疑宝宝是最好的尊重

爸爸妈妈千万不要抱着怀疑的态度养育宝宝，要坚信自己的宝宝发育得非常好，这样做不仅能让养育宝宝变得轻松，还对宝宝性格和心理健康有极大的好处。

遗憾的是，很多爸爸妈妈把宝宝的正常表现当成“有问题”，不顾及宝宝的感受，总是喜欢谈论宝宝哪里有不正常、有问题，表现出对宝宝的无可奈何。实际上，相信宝宝能行，就是对宝宝最大的爱。

没危险就让宝宝尝试吧

这个月龄的宝宝常常会对妈妈的话充耳不闻，所以如果妈妈认为宝宝这样做没有危险就放手让宝宝去做吧。一旦爸爸妈妈认为宝宝要做的事情是危险的，妈妈要马上阻止宝宝这么做，而且迅速把宝宝抱离或者把东西拿走，而不是简单地训斥。

如果妈妈有时间，可以和宝宝玩一些其他游戏，来转移宝宝的注意力，这也是一种避免意外伤害的方法。

宝宝咬人时的处理方法

这个月龄的宝宝咬了小朋友、爸爸妈妈的手指或者玩具等，真正的原因只有宝宝自己知道，但我们猜测可能是宝宝牙龈不舒服，或心情不好等，也可能是一种情绪的反应等。所以宝宝咬人一般不是故意的，不应该受到指责。

但如果宝宝咬了其他小朋友，或被其他小朋友咬了，爸爸妈妈要做的是保持冷静，如果说自己的宝宝咬了其他的宝宝，应该去安抚被咬的宝宝，给宝宝最大的安慰和关心。然后拉过自己的宝宝，让两个宝宝拉拉手，告诉自己宝宝，小朋友受伤了，会很痛的，这时的宝宝已经有了同情心，妈妈正好利用这个机会进行同情心的培养。

不要让宝宝随地大小便

这个月龄的宝宝，应该控制随地大小便的事情了，因为这是宝宝良好的卫生习惯和社会公德的体现。这时爸爸妈妈要担负起责任，帮助宝宝养成良好的卫生习惯。

宝宝生气了，妈妈要多与宝宝进行沟通，这样可以加深母子之间的感情。

宝宝大喊大叫是咋回事

有些宝宝会在爸爸妈妈面前大喊大叫或发脾气或摔东西，这不是宝宝性格的问题。一方面宝宝语言表达能力低于实际思维能力，宝宝不能清楚地表达自己的意愿和想法，因为着急而大喊大叫；另一方面宝宝想通过这种方式吸引爸爸妈妈的注意力。遇到这种情况，爸爸妈妈不要置之不理或者训斥，应该耐心地和宝宝沟通，表示对宝宝的理解。爸爸妈妈也可以尝试着了解宝宝的意图，这样有利于宝宝安静下来，而且没有挫败感。

应对任性宝宝的方法

对待哭闹、尖叫、不听话的任性宝宝，爸爸妈妈还是要尽量保持冷静，以避免在宝宝的心中留下阴影。

方法	具体做法
转移注意力	如果宝宝正拿着刀具之类的危险物品玩儿，妈妈如果非常强硬地拿走，宝宝肯定要抗议，而且危险将升级。这时候妈妈应装作不在意的样子，给宝宝饼干或他没见过的玩具等，让宝宝自然将刀具放下来；也可以带宝宝到室外去，先将他的注意力转移到外面的事物上，再不动声色地拿走危险品
独自待一会儿	可以把他带到一个安全的房间里独自待一会儿，但只要宝宝表现出和解的意思，就必须以和蔼的态度对他解释或给予安慰

1岁10个月~2岁
乳牙长全了

1岁10个月~2岁宝宝的生长特点

宝宝生长发育的基本数据

项目 \ 性别	男宝宝	女宝宝
身高(厘米)	84.3~91.0	83.3~89.8
体重(千克)	11.2~14.0	10.6~13.2
出牙情况	16~18颗	

乳牙基本都长出来了

这个月龄的宝宝可以长出16~18颗乳牙了，但有些宝宝长出10颗左右，乳牙生长存在很大的个体差异，妈妈不必过于担心。

首先，妈妈要注意保护宝宝的乳牙，因为乳牙是恒牙的基础，对宝宝的健康意义重大。不要因为乳牙早晚都要被恒牙取代，而忽视乳牙的保护，否则会影响宝宝的正常发育。

其次，这个月龄的宝宝有强烈的模仿欲，也是培养宝宝刷牙的最佳时期。爸爸妈妈要以身作则，坚持早晚刷牙，饭后用清水漱口，定期到口腔医院进行牙齿检查和保健。

牙齿生长发育是有规律可循的

宝宝牙齿的生长发育，是长期、连续的，又是阶段性的，主要经过4个阶段，即发生、发育、钙化和萌出。

1.早在胚胎7周时就形成了乳牙胚，10周左右，所有的乳牙都已形成。

2.乳牙在两岁半左右基本完成。

3.乳牙从6岁开始逐渐脱落，到12岁所有乳牙脱落，换成了恒牙。

4.恒牙胚在3~4个月时开始形成了，3~4岁基本完成。

5.恒牙从6岁开始生长，大概12岁换掉所有的乳牙。

科学喂养，打下一生营养好基础

饭量并不水涨船高

这个月龄的宝宝吃饭不会有太大的变化，只要吃得不错，生长发育正常，就可以了。不能再强迫宝宝吃饭了，因为宝宝的自主意识越来越强了。给宝宝最大的吃饭自由，是让宝宝更好吃饭的最佳方法。

这个月龄的宝宝，如果是夏季，饭量可能会减少，如果上个月是秋季，吃饭非常香，那么这个月还可能出现积食，表现食欲不是很好，所以宝宝的饭量并不是水涨船高的。

此时离不开奶瓶也正常

有些宝宝都2岁了还离不开奶瓶，这让很多人费解，其实也不是什么大事，不必过于担心。

究竟什么时候让宝宝离开奶瓶呢？现在还没有一个定论。但长期使用奶瓶有一定的负面影响：①对宝宝的牙齿、咬合关节都不好；②影响宝宝咀嚼功能。

所以妈妈可以用宝宝能够接受的其他方式喂奶，如杯子等。

耐心喂养，远离偏食、挑食

这个月龄的宝宝，出现病理性偏食的可能性很少见，多是一时性的，是因为对某种新味道不能马上接受。爸爸妈妈要耐心引导，这是避免宝宝偏食、厌食的最佳方法。

如果宝宝对某种食物过于喜欢就会拒绝其他的食物，这样长久就会发展成为偏食了。而偏食会造成宝宝营养不均衡，进而影响宝宝的健康成长。所以妈妈要做的是：适当调整宝宝对某种饮食的偏好，避免造成偏食。其次，在保证宝宝安全的情况，让宝宝进入厨房，参与到和爸爸妈妈一起做饭的过程中，既可以培养宝宝爱劳

如果宝宝不爱吃某种辅食，妈妈可以用奖励的办法让宝宝试着吃下去。例如宝宝不爱吃蛋黄，妈妈可以许愿给宝宝买玩具。当宝宝吃下去后，妈妈一定要兑现承诺。

动的品德，还会引起宝宝对饭菜的兴趣，增强进餐的食欲，避免偏食的发生。

放开手脚让宝宝独立吃饭

这个月龄的宝宝已经能独立吃饭了，但如果宝宝还不能独立吃完一顿饭，往往不是宝宝能力差，而是爸爸妈妈没有放开手脚让宝宝自己尝试。所以爱宝宝就应该适当放开，否则就成了伤害。

不好好吃饭怎么办

宝宝不好好吃饭有 4 种可能：第一，没有宝宝喜欢的好好吃饭的环境；第二，饭不好吃；第三，吃太多零食；第四，有健康问题。

如果是第一种原因，那么家长就要为宝宝创造一个好好吃饭的环境，给宝宝准备自己的餐桌、餐具，鼓励宝宝和大人一起就餐。如果是第二种情况，那就要求妈妈改变一下食物的烹饪方式，或者变个花样，或者用各种颜色食物相搭配以增加宝宝的食欲。如果是第三种情况，就要相应减少宝宝吃零食的次数，少吃零食就可以了。一般宝宝不好好吃饭都是前 3 种原因导致的，但是也不排除健康因素，所以如果改变其他方式都没效果，家长可以带宝宝去医院做一下检查。

宝宝营养餐

爱心饭卷 防治贫血、增强记忆

材料 米饭 100 克，干紫菜 10 克，火腿 1 根，黄瓜 100 克，鳗鱼 80 克，盐、植物油各适量。

做法

1. 火腿和黄瓜分别切成方形的小条，过开水烫熟后用盐、油入味；鳗鱼切片后调味。
2. 保鲜膜平铺开，均匀地铺上一层白饭，压紧，再铺上一层紫菜，摆上火腿、黄瓜、鳗鱼，将保鲜膜慢慢卷起，卷的时候要捏紧。
3. 用保鲜膜包住后冷冻，食用前取出切块加热即可。

宝宝日常照护

可以教宝宝刷牙了

从现在开始，妈妈要选择儿童专用的低氟牙膏和刷毛相对柔软的儿童牙刷给宝宝刷牙了。因为宝宝还不会自己刷牙，但妈妈可以给宝宝做示范，让宝宝练习，然后再帮助宝宝刷一次。建议给宝宝选择牙刷头小点、毛较软的、牙刷柄比较粗的牙刷比较好。

睡眠时间因人而异

宝宝到底需要多久的睡眠时间，现在没有一个定论。没有适合所有宝宝睡眠的“标准时间”，只要宝宝能保证白天精力充沛，晚上睡眠好，就是适合自己宝宝的睡眠时间。

训练宝宝尿便要耐心

现在很多女性多为职场妈妈，这样就没有过多的时间训练宝宝的大小便问题，此外，纸尿裤的使用，也让妈妈从洗尿布中解脱出来了。尽管这样，宝宝并没有因为爸爸妈妈推迟训练时间而推迟控制大小便的时间。但并不是说宝宝的自理能力与爸爸妈妈的训练没有关系，而是要告诉爸爸妈妈训练宝宝控制大小便能力要遵循宝宝的生长发育特点，不能揠苗助长。爸爸妈妈要承认宝宝之间存在差异性。

避免长时间蹲便盆

爸爸妈妈训练宝宝尿便时，应注意不要长时间给宝宝蹲便盆，更不要养成蹲便盆看电视、看书的习惯，这样会减弱粪便对肠道和肛门的刺激，减弱肠道的蠕动，容易导致宝宝便秘。

如果爸爸妈妈有蹲便看电视、看书的习惯，应该及时改正，因为宝宝现在模仿能力比较强，很容易模仿爸爸妈妈的行为，所以爸爸妈妈最好不要蹲便盆看书或看电视。

宝宝不睡午觉，妈妈有对策

这个月龄的宝宝不睡午觉也算是正常，但如果宝宝不睡午觉，但爸爸妈妈非常想让宝宝休息一会儿，可以尝试下面的方法。

尝试改变宝宝睡觉的地方。尽量不让宝宝睡晚上睡觉的床上，而是专属的午休专用空间，宝宝会为了享受特有的空间，愿意午睡。

制定一个规划。找一本宝宝喜欢听的故事书，只有在午睡前给宝宝讲，这样宝宝为了听这些有趣的故事，会享受午睡前的温馨时刻。

特殊情况的照护

睡觉爱打滚的应对策略

1 宝宝晚上睡觉爱打滚这很正常，不需要过多干涉，只要宝宝睡得香甜就行。如果因为宝宝打滚影响爸爸妈妈的睡眠，可以将宝宝放到小床上。

2 如果宝宝不喜欢自己一个人睡小床，或者你刚把他放到小床上他就醒，建议不要非要求宝宝独睡。爸爸妈妈多陪宝宝睡一段时间也不是什么坏事儿。

半夜总醒的应对策略

1 宝宝半夜醒来有很多原因，可能是饿了，尿了，热了，冷了，不舒服了，也有可能是做噩梦了，或者是想要得到妈妈的安慰。你首先要知道宝宝醒来的原因，然后再“对症下药”。一般只要哄一哄，宝宝就又睡着了。

2 妈妈要区分宝宝是真的醒了，还是处于浅睡眠的状态。如果只是睁开眼睛看看，或者只是哼哼两声，即使你不哄他，他也会很快再次入睡。所以宝宝半夜醒来，妈妈不要马上拍着哄，免得宝宝越拍越精神。

消化不良的应对措施

饮食护理

如果宝宝是因为过量饮食而引起腹泻，那么就不要再喂宝宝过多的食物，恢复到平时的食量即可。

如果给宝宝喂了他从未吃过的食物，如胡萝卜、西红柿等，第二天发现大便里混有胡萝卜或西红柿，且水分较多就要停止再喂，可在恢复正常后改天再尝试着喂，并且量要减少一半。

有些宝宝是因为饮食不足而引起的腹泻，妈妈们往往误以为是饮食过量导致大便变稀，进行药物治疗，同时把宝宝一直吃的米粥、面包粥等代乳食物全部停喂，可是稀便还是不成形，这时，只要再重新恢复喂代乳食物就能够改善。

按摩护理

当宝宝胃胀或噎着的时候，可以尝试以下操作：

将拇指按在肚脐两侧2厘米的部位，像画圆似的按摩，反复20次。

用手掌按顺时针方向在宝宝肚脐周围画大圆似的按摩50次。

轻轻地按摩宝宝的腹部后，抓起宝宝的两条腿弯膝贴在胸部。

用手指尖像按钢琴键似的从宝宝的左腹到右腹逐渐按摩，反复20次。

宝宝“吃”被子，这样照顾最好

宝宝的精力很旺盛，晚上上床睡觉时，很难马上从兴奋状态过渡到睡眠状态，再加上宝宝的自我抑制能力又差，上床后如果没有大人在身边，很容易通过“吃”被子或其他一些奇怪的嗜好使自己入睡。爸爸妈妈可以这样应对：

1 告诉宝宝，被子不卫生，吃了会肚子痛。也可以给宝宝一个干净的毛绒玩具，让他抱着入睡，以代替吃被子的不良习惯。在这一点上，妈妈一定要有耐心，因为宝宝的理解能力和抑制能力毕竟不如成人，他可能不会马上放弃固有的习惯，还需要做更多的努力。

2 在临睡前转移宝宝的注意力，每天睡觉前给宝宝讲一个故事，或为宝宝播放一些轻柔优美的音乐，创造一个良好的睡眠环境。另外，在睡觉前给宝宝喝些配方奶，也有助于帮助宝宝入眠，从而使他逐渐忘掉“吃”被子的不良习惯。

3 适当减少宝宝白天的睡觉时间，同时增加一些室外活动，增加宝宝的活动量，宝宝感到有些累的时候，更容易入睡。

4 不要让宝宝在睡觉前过于兴奋。尤其是爸爸妈妈白天都在外面工作，只有晚上回来陪宝宝玩，如果玩的时间过长，或者玩一些刺激性的游戏，很容易造成宝宝过于兴奋，不容易入睡。

1岁10个月~2岁 宝宝的能力发展与培养

有能力从高处跳下来

这个月龄的宝宝已经有能力从高处往下跳，这也是引起宝宝从高处摔伤的危险因素之一，为此，当宝宝站在高处往下跳的时候，要叮嘱宝宝不能从过高的地方往下跳，否则会摔伤。如果想让宝宝练习从高处往下跳，可以在下面放置软垫，避免宝宝摔伤。

还不能做拔高跳

这个月龄的宝宝还不能拔高跳，运动能力非常强的宝宝可能跳上10厘米左右。但如宝宝不具备这个能力，也不要过多训练，否则会因为高处的台阶或物体绊倒，摔伤下巴或者门牙等，那就是一件非常令人伤心的事情了。

能够单腿跳跃

这个月龄的宝宝能够单腿跳跃的话，妈妈要给宝宝鼓励。因为单腿跳跃需要宝宝有良好的平衡能力和足够的体力。但如果宝宝还不能单腿跳跃，也不能认为宝宝运动能力落后，其实这些都是正常现象。

会原地跳远、抬脚踢球

这个月龄的宝宝能原地跳远了，是宝宝一个不小的本事，有些运动能力更好的宝宝可能会奔跑中向前跳了。此外，这个月龄的宝宝，如果能抬脚踢球也是一个不小的进步，因为这个动作需要身体的多方协调才能完成。

能自由上下楼梯

这个月龄的宝宝已经能自由上下楼梯了，但是上下比较陡峭的楼梯时，最好有爸爸妈妈照顾，因为陡峭楼梯跨度比较大，宝宝的腿还比较短，没有达到一步一个台阶的程度。有些宝宝横着一个台阶一个台阶地下，也不能认为运动能力异常。

能轻松地从坐的地方站起

这个月龄的宝宝已经能从坐的地方站起，很少因为平衡不好而摔倒了。宝宝可能是身体略向前倾，或者把两只手放在膝盖上，或者不借助任何帮助，轻松地站起来。但有些宝宝因为性情急躁可能会出现动作过快而摔倒，不要因此认为宝宝运动能力差。

会使用儿童安全剪刀了

这个月龄的宝宝已经会使用儿童安全剪刀了，这时家里的一些物品就会“遭殃”，所以这时看护人既要保护宝宝别被剪刀弄伤，还要适当地保护家里的物品。

能将球准确扔进篮筐

这个月龄的宝宝已经能将球扔进篮筐了，这表示宝宝手的准头有了很大的提高。因为宝宝的臂力、方向感、视力、平衡力、思维能力等，相互配合非常好，才能将球投进篮筐内。

会用语言拒绝爸爸妈妈的要求

如果是宝宝感兴趣的事情，宝宝很容易接受，但如果是宝宝不感兴趣的事情，宝宝就会说“不”“我不要”“不睡觉”“不洗脸”等，向爸爸妈妈表示拒绝。实际上，这是宝宝在用自己的方式体会“自主”的价值，认识自己生存的价值。这是一个漫长的过程，需要爸爸妈妈长期的培养。

可以声情并茂地使用语言

这个月龄的宝宝发音开始丰富起来，会通过语调表示发怒和伤心，也会通过语音表示出兴高采烈，能够声情并茂地运用语言，甚至会模仿其他人的语音语调，如学爸爸的咳嗽声等。

明白“不”的含义

这个月龄的宝宝已经开始领会妈妈说的“不”的意思了。但如果宝宝没有听从妈妈的话，可能是宝宝就想这么做，来显示他的能力，并不是没有听懂。

理解了昼夜与季节

这个月龄的宝宝开始区分昼夜了，宝宝更喜欢白天，当夜幕降临时，宝宝会产生莫名的恐惧感，非常依赖照顾的人。此外，大多数的宝宝已经开始认识季节了，知道冬天下雪，夏天下雨。

故意摔坏东西

当爸爸妈妈不能满足宝宝的要求时，这个月龄的宝宝会用摔东西表达自己的不满。这时爸爸妈妈不要动怒，更不要大吵大闹，甚至打宝宝，而应该保持冷静，静静观察宝宝，等宝宝平静下来，再告诉宝宝，他摔东西是不对的。

占有欲逐渐减弱

这个月龄宝宝的“占有欲”开始减弱，能够将自己的东西分给他喜欢的人，这是宝宝学会与人分享快乐的开始，是宝宝愿意与小朋友一起玩耍的开始。但这种愿望还是比较弱的，所以爸爸妈妈千万不要随便把宝宝的东西分给其他小朋友，宝宝可能会主动把自己的玩具给小朋友玩耍。

理解了“过家家”的意义

过家家永远是最好的游戏，既能培养宝宝热爱劳动、助人为乐的品德，还能让宝宝充分开动脑筋，培养宝宝的想象力和创造性。

欣赏自己“破坏”的杰作

宝宝学会用剪刀，就会毫无目的地剪一些东西，当你问宝宝，东西是宝宝剪开的吗？宝宝会很高兴地承认“是我剪的”。但如果妈妈问，东西是你剪坏的吗？宝宝就不会轻易承认，因为宝宝已经知道了“坏”的含义。所以当宝宝用剪刀剪坏什么东西时，妈妈要耐心地、适度地引导，以保证宝宝性格、品行、精神的健康发展。

愿意听到表扬的话

宝宝愿意听妈妈的话，不是因为妈妈说得对或者被妈妈的威严吓住了，而是因为妈妈表扬宝宝时，会亲吻、拥抱、奖励等方式，宝宝愿意享受这些，所以妈妈经常拥抱、亲吻宝宝，给宝宝展示愉快的表情，有利于宝宝心智的发育。

开始对变形玩具感兴趣

这个月龄的宝宝对能够变换形状的玩具兴趣浓厚。玩具已经不是外在的东西了，而能够促进宝宝的创造力。有些玩具包含着一定的文化内容，在一定程度上影响着宝宝的精神世界。所以妈妈要给宝宝选择具有潜藏的文化内涵和价值取向的玩具。

自己特别爱洗手

宝宝特别爱洗手，但不全是讲究卫生的问题，而是为了玩水。宝宝喜欢把手伸到水龙头下，享受水的抚触。这时妈妈千万不要限制宝宝的这种行为，因为宝宝在这种玩耍中也能增长才干的。

大人放松孩子玩疯的亲子游戏

和毛毛熊聊天

语言能力、沟通能力

益智点

锻炼宝宝的语言沟通能力，培养宝宝和人说话的兴趣。

游戏进行时

准备一个颜色鲜艳的毛毛熊玩具或者是其他的毛绒玩具，引导宝宝和毛毛熊说话：“毛毛熊，你好啊！你好可爱啊！”鼓励宝宝和毛毛熊说话。

妈妈扮作毛毛熊说：“宝宝你好，你也好可爱啊！”

误食药物

家里所有药物的药瓶上，都应写清楚药名、有效时间、使用量及禁忌证等，以防给宝宝用错药。为了防止宝宝将药丸当糖豆吃，最好将药物放在柜子里或宝宝够不着的地方，有毒药物的外包装还须再加密，使宝宝即使拿到也打不开。

如果宝宝不小心把药丸当成糖果误食，这时要赶紧用手指刺激宝宝咽喉，让宝宝把吃下去的药吐出来或送医院及时治疗。

如果宝宝误食了刺激性或腐蚀性的东西，也应先喝水，但要避免喝得太多引起呕吐，反倒会灼伤食管，然后赶快就医。

误食干燥剂

现在，很多食品包装袋中都有干燥剂。宝宝不知道这是什么，常常以为是好吃的东西，拿出来就放在嘴里大嚼特嚼，这时候，妈妈可千万要注意了。

目前，市面上的食品干燥剂大致有两种。

1 一种是透明的硅胶，没有毒性，误食后也不需做任何处理。

2 一种是三氧化二铁，红色的，具有轻微的刺激性，如果误食的量不是很大，给宝宝多喝水稀释就可以了。如果宝宝误食得比较多，甚至出现了恶心、呕吐、腹痛、腹泻的症状，可能就是铁中毒了，这时要及时送医院就医。

通过讲道理引导宝宝行为

这个月龄的宝宝已经从通过行动解决问题，到通过思考和行为解决问题了，这是一个里程碑式的进步，也为爸爸妈妈通过讲道理引导宝宝成为了可能。但这个月龄的宝宝还是站在自己的角度看问题的，所有的行为都是出于自愿，当爸爸妈妈忽略了宝宝的自我意识，那么讲道理就不能引导宝宝的行为。

需要提醒的是，宝宝虽然能听懂一些道理，但爸爸妈妈的行为引导作用还是不能忽视的，做到“润物细无声”是最理想的状态。

2岁1~3个月
手部动作更加灵活

2岁1~3个月宝宝的生长特点

宝宝生长发育的基本数据

项目 \ 性别	男宝宝	女宝宝
身高(厘米)	87.5~94.8	86.2~93.5
体重(千克)	11.7~14.6	11.2~14.0

动作发育有了新的发展

宝宝的运动和动作有了新的发展，其技巧和难度也进一步增加，手的动作更加灵活，已经能独立做许多事了。如自己用勺吃饭，要排便时会叫人，积木可以垒得很高，走路已很稳，而且能连跑带跳了，握笔的动作也由原来四个手指攥着，改为用手指尖拿了。

语言发育最佳阶段

该时期是宝宝语言发育的最佳阶段，宝宝说话的积极性高，语言能力发展迅速，可以自如地应用最基本的词汇与大人进行语言交流。

进入反抗期

该时期的宝宝自我意识有了很大发展，什么都要以自己为中心，什么事都要自己干，而且很任性，表现出不服从大人管教、要求独立的倾向，经常与大人顶嘴，进入所谓的“反抗期”。由于此时也是宝宝情感发育和情绪剧烈动荡的时期，在和其他小朋友玩时，也容易吵架。

这个时期的宝宝，注意力和记忆力也有了很大的发展，能够安静地坐上一段时间看电视或听家长讲故事，能很快地跟大人学习背诵一首儿歌。

科学喂养，打下一生营养好基础

让宝宝愉快地就餐很重要

一个人情绪的好坏，会直接影响这个人中枢神经系统的功能。一般来讲，就餐时如果能让宝宝保持愉快的情绪，就可以使他的中枢神经和副交感神经处于适度兴奋状态，会促使宝宝体内分泌各种消化液，引起胃肠蠕动，为接受食物做好准备。接下来就可以顺利地完成对食物的消化、吸收、利用，使得宝宝从中获得各种营养物质。如果宝宝进餐时生气、发脾气，就容易造成宝宝的食欲缺乏，消化功能紊乱，而且宝宝因哭闹和发怒失去了就餐时与爸爸妈妈交流的乐趣，爸爸妈妈为宝宝制作的美餐，既没能满足宝宝的心理要求，也没有达到提供营养的目的。因此，家长要给宝宝创造一个良好的就餐环境，让宝宝愉快地就餐，才能提高人体对各种营养物质的利用率。如此说来，愉快地进餐是宝宝身心健康的前提，是十分重要的。

给宝宝制定科学的吃饭时间

在吃饭前告诉宝宝，吃饭的时间不能少于20分钟，如果吃饭用时过短，就要受到“惩罚”。当然，并不是真的惩罚宝宝，而是要给他留下一个比较深刻的印象，使他能够遵循家长制定的吃饭时间。

爸爸妈妈在和宝宝一起进餐时，应培养宝宝细嚼慢咽的好习惯，不要让宝宝大口吃饭，也不要吃得太急。

给宝宝添加补品要适当

市场上专门为宝宝研制的营养品有很多，有补钙、补锌、补氨基酸的等。爸爸妈妈们需要对营养品有正确的认识，宝宝只要不偏食，就能从食物中摄取足够丰富和全面的营养素。如果没有特殊的需要，就没有必要添加额外的营养品。如果你的宝宝确实因为某些原因需要补充营养，也最好先询问一下医生的意见，选择合适的补品，有针对性地去添加。

宝宝的系统功能还未发育成熟，调节功能相对较差，不恰当地补充营养，不但会增加宝宝身体负担，还会引起各种疾病。例如，给宝宝服用蜂王浆类的补品，容易造成性早熟；补充维生素 A 过量，容易造成维生素 A 中毒等。

强化补剂是针对有病症的宝宝的，建议平时的饮食要做到搭配科学合理。

纠正宝宝不爱吃蔬菜的问题

平时应有意识地让宝宝认识各种蔬菜，以及它们对人体的重要性。同时带头多吃蔬菜，避免在宝宝面前议论某菜肴不好吃，或表现出厌恶的表情。宝宝如果不愿吃，也不要强迫，否则会引起宝宝对蔬菜的反感。

宝宝营养餐

海苔卷 均衡营养

材料 白饭 100 克，菠菜 20 克，柴鱼 10 克，三文鱼 10 克，黄瓜 10 克，紫菜（干）5 克，酱油、沙拉酱各少许。

做法

1 菠菜煮过后，挤干水分，备用；酱油和柴鱼片拌匀；三文鱼用沙拉酱和酱油拌匀；小黄瓜切成细丝。

2 将切成适当大小的紫菜分成两半，放上一半量的白饭，再分别放入制好的材料，将紫菜卷紧，切成容易食用的大小即可。

宝宝日常照护

节假日后宝宝患病多，关键在预防

节假日家长带宝宝到人群拥挤的娱乐场所玩，或不注意宝宝饮食卫生，再加上劳累，会导致宝宝易患病。那么，节日后宝宝的多发病是什么呢？

疾病	主要原因
呼吸道疾病	发病的主要原因是节日期间带宝宝到人群拥挤的娱乐场所，那里人多，空气不流通、混浊，如果再遇到疾病流行季节，很容易交叉感染而得病，如气管炎、肺炎、水痘、腮腺炎、百日咳、流行性脑膜炎等；还有如果宝宝在公园或游乐场疯跑后全身大汗淋漓，脱去衣服后就容易受凉而伤风、感冒
胃肠道疾病	发病的主要原因是在节假日为了让宝宝高兴，给宝宝吃大量的零食，以致远远超过宝宝胃肠道的消化能力；宝宝想吃什么就买来吃，不考虑饮食卫生，食用了污染的食物或使用了污染的餐具，最终导致宝宝易患消化不良、胃肠炎、细菌性痢疾等疾病

节假日里，家长切记注意饮食卫生，给宝宝讲“病从口入”的道理，吃东西前要用肥皂、流动水洗手。不要带宝宝到人群拥挤的公共娱乐场所去玩，尤其是在疾病流行季节，更不宜带宝宝外出。另外，在节日的晚上，应注意让宝宝及早休息，睡眠充足，消除疲劳，减少疾病。

减少干预有利于宝宝自然入睡

有些宝宝晚上一直玩，就是不睡觉，这让很多妈妈非常苦恼。实际上，这是妈妈对宝宝睡觉干预过多造成的。通常情况下，这样的宝宝从出生开始就是一直被哄着睡觉，长久以来养成了习惯。其实当宝宝玩耍时，就让宝宝尽情玩耍，不要强迫宝宝去睡觉，等到他玩累了，玩困了，自然就睡觉了。否则，宝宝玩耍没有尽兴，会和妈妈较劲，结果导致宝宝入睡困难。

常听一些家长说，宝宝打虫药也服过了，但不见蛔虫打出。蛔虫有“得酸则伏”的特性，因此宝宝服用驱虫药后，如果能吃一点具有酸味的食物，如乌梅、山楂、食醋等，有利于蛔虫的排出。

服驱虫药时应注意饮食调理

1 以前服驱虫药要忌口，而目前的驱虫药不需严格忌口，在驱虫后可吃些富有营养的食物，如鸡蛋、豆制品、鱼、新鲜蔬菜等。

2 驱虫药对胃肠道有一定的影响，所以，饮食要特别注意定时、定量，不要过饱、过饥，过量的营养会使胃肠道功能紊乱。

3 服驱虫药后要多喝水，多吃富含膳食纤维的食物，如坚果、芹菜、韭菜、香蕉、草莓等。水和植物纤维素能加强肠道蠕动，促进排便，可及时将被药物麻痹的肠虫排出体外。

4 要少吃易产气的食物，如萝卜、红薯、豆类，以防腹胀；也要少吃辛辣和热性的食品，如茶、咖啡、辣椒、狗肉、羊肉等，因这些食物会引起便秘而影响驱虫效果。

5 钩虫病及严重的蛔虫病患者多伴有贫血，在驱虫后应多吃些红枣、瘦肉、动物肝脏、鸡鸭血等补血食品。

6 在夏季进食的生冷蔬菜和水果最多，因此，感染蛔虫的机会较大。到了秋季，幼虫长为成虫，都集中在小肠内，如果这时服驱虫药，可收到事半功倍的效果。

给宝宝使用适宜的护肤品

宝宝皮肤娇嫩，抵抗力比较低，适应性差，他们用的护肤品应与成人的不同。

给宝宝洗澡时，忌用药皂、硫黄皂和洗衣皂，可选用宝宝香皂。这种香皂有消炎、杀菌、止痒等功效，皂性温和，无一般香皂的刺激作用。但即使是宝宝香皂，也不宜长时间大量在宝宝身上、脸上涂抹，否则会去除宝宝身上的皮脂，降低护肤抑菌的作用。

宝宝的头发和头皮也很娇嫩，故宜选择宝宝专用洗发香精、洗发膏、浴液等洗发用品。其性质温和，无毒性，清洗方便，泡沫丰富，去污效果明显，对皮肤、眼睛无刺激性。洗后能使头发光洁、柔软、易于梳理。

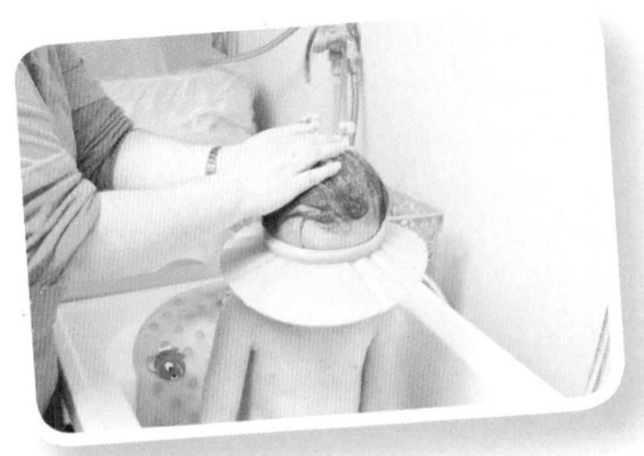

宝宝使用儿童专用护肤品尽量选择大品牌，这样质量有保证，有利于宝宝的健康。

带宝宝郊游应注意的问题

年轻的爸爸妈妈们，有着超前的消费观念和生活意识，可能会经常带宝宝到野外去旅游、度假，由于宝宝小，进行这些活动时有以下问题需要家长注意。

- 带一本急救手册和一些急救用品，包括治疗虫咬、日晒、发烧、腹泻、割伤、摔伤的药物，并准备一把拔刺用的镊子，以防万一。
- 即便在营地能买到所需要的食物和饮料，也要准备好充足的食物和饮水，以保证万无一失。
- 准备好换洗的衣服和就餐用具，并将它们装在所带的塑料桶里，这些大小不同的塑料桶还可以用来洗碗。
- 给宝宝准备一个盒子，里面放一些有关鸟类、岩石及植物的书供他参考，并放入许多塑料袋、空罐子、盒子给他装采来的标本。
- 无论气象预告如何，一定要带上雨具、靴子、外套，以备不测。

保护好宝宝的牙齿

培养宝宝良好的口腔卫生习惯

宝宝2岁以后，就可以培养他自己动手漱口、刷牙了。妈妈要对宝宝有信心，多鼓励宝宝去做，不要怕他做不好。要知道宝宝是有很大潜力的，只要妈妈肯放手让宝宝尝试，宝宝很快就能掌握。

一定要让宝宝养成饭后漱口，早晨起床后及晚上睡觉前刷牙的习惯。

定期给宝宝做牙齿检查

爸爸妈妈要重视宝宝牙齿的健康检查和保健，每3~4个月就要带宝宝看一次牙医，及时发现和治疗是预防龋齿扩展的有效方法。

少吃糖

让宝宝少吃甜食，尤其是要少吃甚至不吃糖，这对预防龋齿有一定的作用。但同时要注意，不仅是糖，残留在牙齿间的所有食物都有引起龋齿的可能，所以，在不吃糖的同时，还必须保持牙齿的清洁。

3岁以内的宝宝不能使用含氟牙膏。因为牙齿表面的釉质与氟结合，可生成耐酸性很强的物质，所以，为了预防龋齿，很多牙膏里都加入了氟。含氟牙膏对牙齿虽然有保护作用，但是对2~3岁的宝宝来说，他们的吞咽功能尚未发育完善，刷牙后还掌握不好吐出牙膏沫的动作，很容易误吞，导致氟摄入过量。

特殊情况的照护

耐心调教“病宝宝”

宝宝病后都难免多了一些退行性行为，多了一份娇气和任性，但长期如此，不利于宝宝心理的健康发展。对生病宝宝的关爱，并不意味着无条件地满足宝宝的要求，应该坚持该拒绝的要拒绝。当然，在拒绝的同时，要尽量讲究策略，比如适当给予宝宝其他方面的补偿。因此，家长要做好准备，预防宝宝学会任性。以下这些做法，都会使宝宝多一份坚强，少一些退行性行为。

给宝宝树立一个好榜样

在宝宝闹病的时候，妈妈不妨为他找个好的榜样，鼓励宝宝向榜样学习。通过讲故事激励宝宝学会勇敢和坚强。

多表扬鼓励

对病中宝宝的好行为，家长应不失时机给予表扬鼓励。因为你的肯定、赞扬和爱抚，将让宝宝更乐意按照你的话去做。

多给宝宝拥抱

对病中的宝宝来说，除了大人的悉心照料以外，肢体接触也是非常必要的。所以，请你尽量多抱抱病中的宝宝。因为妈妈的抚摸对于他来说，胜过千剂良药。

别让宝宝太孤单

家长可以根据宝宝的病情，为他选择一些愉悦身心的游戏，例如听故事、玩玩具、猜灯谜……让宝宝的病中生活变得丰富一些。

妈妈和宝宝经常拥抱可以增强宝宝的爱心，还能增进母子间的感情。

弱智儿的提示信号与早期发现

弱智儿又称“智能落后儿”“智力低下儿”，泛指大脑发育不全或精神神经系统发育不全或大脑受损伤而导致智力发展障碍的儿童。它不是一种单纯的疾病，也不是某一疾病的综合征，而是由先天或后天多种因素造成的智能缺陷或智能低下。爸爸妈妈可以通过一些早期信号加以辨别。

宝宝智力低下的早期信号

外形异常	先天愚型	宝宝面部扁平、塌鼻梁、常张口伸舌、流涎、身材较矮、眼裂上斜、内眦赘皮
	脑积水	宝宝脑袋特别大，眼睛犹如“太阳下山状”，前囟门大，闭合晚
	甲状腺功能减低（呆小症）	宝宝表情呆滞、皮肤粗干、舌头宽大、面部臃肿、两眼的距离宽
	苯丙酮尿症	宝宝皮肤异常的白、毛发颜色也特别浅黄，有的皮肤很干燥
气味异常	苯丙酮尿症	宝宝由于苯丙氨酸代谢障碍，苯乙酸不能和谷氨酰胺结合，从尿和汗液中排出，呈发霉样的气味（鼠尿味），家中能闻到耗子臊味
	甲基丁烯酰甘氨酸尿症	宝宝小便呈猫尿味
语言异常	自闭症	正常宝宝7个月时会模仿大人发出简单的单词，1岁会叫人，说出十多个单词，听懂简单的指令，2岁时会回答简单的问题，3岁时会正确表达自己的意见。自闭症的宝宝往往落后正常宝宝1～2年
	先天愚型、苯丙酮尿症	宝宝语言更落后，智商常低于50
动作异常	呆小症	正常宝宝3个月会抬头，6个月会坐，8个月会爬，9个月会扶站，1岁会走。患有智力低下的宝宝，动作发育大大落后于正常宝宝
	苯丙酮尿症	宝宝步态异常，常多动、兴奋不安，有无目的的、不可抑制的动作，如推倒椅子，碰碎花瓶等
反应异常		宝宝对环境总是“漠不关心”，非常安静，很少哭吵，被妈妈误认为是个“乖宝宝”
哭声异常	先天愚型	宝宝哭声往往低微
	猫叫综合征	宝宝智力低下，出生不久哭声如猫叫

2岁1~3个月宝宝的能力发展与培养

总想让妈妈抱着

很多妈妈都会遇到这样的情况，当宝宝刚刚开始学习走路时，总是高兴地走呀，走呀，不愿意让看护人抱着。但当宝宝走路稳当时，就非常想让看护人抱着。此时，如果看护人感觉宝宝是真的累了，可以抱着宝宝走，但如果不是，可以通过比赛跑等游戏让宝宝自己走路。

手部动作更加灵活

宝宝的运动和动作有了新的发展，其技巧和难度也进一步增加，手的动作更加灵活，已经能独立做许多事了。如自己用勺吃饭，要排便时会叫人，积木可以垒得很高，走路已很稳，而且能连跑带跳了，握笔的动作也由原来四个手指攥着，改为用手指尖拿了。

能轻松地独自双脚跳起

这个月龄的宝宝扶着妈妈的手，已经能够双腿跳起，但是妈妈一定要做好防护措施，否则很容易摔伤宝宝的。

有了一定的自我保护意识

宝宝已经能够一脚一个台阶，一手扶着栏杆上楼梯了，但还不会这样下楼梯，而是侧着身子一脚一个台阶地下楼，以免从楼梯上摔下去，有了一定的保护意识，这是宝宝的一个不小的进步。但宝宝还是很小，当他上下楼梯时，一定要做好防护措施。

踢球准确率提高了

宝宝现在踢球会把一只脚先向后伸，然后对准球使劲往前踢，这是一个巨大的进步。因为要完成这个动作，既需要保持身体的平衡，还要能将脚准确落在球上，这样离宝宝在跑动中踢球又近了一步。

能自由地蹲下、起来

现在宝宝能自由地蹲下捡东西而不摔倒，甚至在弯腰状态时，扭头回应妈妈，然后自由地站起来，这也是一个不小的进步。因为这个动作宝宝全身都需要受力，在异常体位时保持平衡状态，说明宝宝平衡能力进步了不小。

沉浸于拆卸玩具中

宝宝喜欢拆卸玩具，这体现了宝宝对事物的探索精神。宝宝喜欢把玩具拆卸了，去探究内部结构；对于会发声的玩具，宝宝更喜欢探究它为什么会发声。陶醉于拆卸玩具，是这个月龄宝宝的特点。

宝宝拆卸玩具，会出现一些小零件，对宝宝是一种威胁，所以妈妈需要特别注意，避免宝宝误吞的发生。

喜欢爬高寻求刺激

宝宝喜欢跑到高处，然后跳下来寻求刺激。通常情况下，宝宝喜欢站在沙发上跳跃，然后从沙发上跳下来，往往会遭到妈妈的反对。其实这是宝宝利用家里的“体育器械”锻炼自己的运动能力和体魄，也是一种因地制宜，所以妈妈不要担心，做好防护即可。

喜欢玩赛跑游戏

经常会看到一些妈妈在前面跑，宝宝在后面追着妈妈跑，宝宝非常高兴。这个年龄段的宝宝不喜欢走路了，特别喜欢跑，而这个游戏既能满足宝宝的要求，还能给宝宝带来刺激。

会使用“我”“你”等人称代词

2岁后的宝宝已经开始分辨出“我的”和“你的”的差别，在一堆玩具中，宝宝会说:“汽车是我的”“小鼓是你的”，这就表明宝宝有了物品所属的概念，而且会用代词表达物品的所属关系。

会通过电话进行沟通了

宝宝的模仿能力很强，经常看到家里人打电话，也会把电话放在耳旁，说些简单的话，慢慢地，宝宝就能够通过电话和亲人通话了。

理解了速度的快慢

现在宝宝对速度有了一定的了解，当他快跑时，妈妈说慢点，他也会随之放慢速度；当他跑得有点慢了，妈妈说快点时，他也会加快速度。平时妈妈可以和宝宝玩些快慢的游戏。

有了喜怒哀乐

随着宝宝月龄的增加，宝宝的情感世界更加丰富，通过自己看到的、听见的、感受到的，有了喜怒哀乐。有些情感丰富的宝宝，还出现了同情心、羞愧感等，但这些复杂的情绪也需要爸爸妈妈的耐心培养。

自我意识有很大发展

该时期的宝宝自我意识有了很大发展，什么都要以自己为中心，什么事都要自己干，而且很任性，表现出不服从大人管教、要求独立的倾向，经常与大人顶嘴，进入所谓的“反抗期”。由于此时也是宝宝情感发育和情绪剧烈动荡的时期，在和其他小朋友玩时，也容易吵架。

独立意识和依赖性同时增强

宝宝一方面有强烈的独立意识，愿意按照自己的意愿做自己感兴趣的事；另一方面，还是存在一定的依赖性，尤其是晚上，没有妈妈的陪伴，宝宝很难入睡。所以这个月龄的宝宝是独立意识和依赖性同时增强的。

大人放松孩子玩疯的亲子游戏

学穿脱衣服

自理能力、身体协调能力

益智点

既可锻炼宝宝小肌肉群的灵活性，又能培养宝宝的自理能力。

游戏进行时

1. 宝宝穿对襟开的衣服时，鼓励宝宝自己将两只手放到袖子中。

2. 让宝宝认识一个扣子对准一个扣眼，教宝宝先将一半扣子塞到扣眼里，再把另一半扣子拉过来。

3. 让宝宝反复多做几次，并在旁边及时纠正不正确的动作。

宝宝晒伤怎么办

经常带宝宝外出可以接受新鲜流动的空气刺激，还可沐浴阳光的照射，不仅对宝宝的皮肤，而且对呼吸道也大有好处，所以应该多带宝宝到户外活动。但是到户外活动也有可能造成宝宝晒伤，让很多的爸爸妈妈非常烦恼。晒伤后可以采取以下的措施：

用茶水治晒伤

茶叶里的鞣酸具有很好的促进收敛作用，能减少组织肿胀，减少细胞渗出，用棉球蘸茶水轻轻拍被晒红处，这样可以安抚皮肤，减轻灼痛感。

用西瓜皮敷肌肤

西瓜皮含有维生素C，把西瓜皮用刮刀刮成薄片，敷在晒伤的胳膊上，西瓜皮的汁液就会被缺水的皮肤所吸收，皮肤的晒伤症状会减轻不少。

水肿用冰牛奶湿敷

被晒伤的红斑处如果有明显水肿，可以用冰的牛奶敷，每隔2~3小时湿敷20分钟，能起到明显的缓解作用。

现在市面上有很多防晒霜，有些是专为婴幼儿提供的，但是防晒霜毕竟是一种化学物品，对宝宝娇嫩的皮肤有不良刺激，如果宝宝不是必须要裸身在太阳下暴晒时，其实没有必要非给宝宝使用防晒霜。

2岁4~6个月
涂鸦能力增强

2岁4~6个月宝宝的生长特点

宝宝生长发育的基本数据

项目＼性别	男宝宝	女宝宝
身高(厘米)	89.6~97.1	88.4~95.9
体重(千克)	12.2~15.5	11.9~15.0

动作发育大大增强

这个月龄的宝宝，运动能力已经非常强了，具有良好的平衡能力，并会拍球、抓球和滚球了。由于这个时期宝宝的运动量较大，因此肌肉也结实、有弹性了。

语言发音准确性提高

这一时期的宝宝发音的准确性有待提高。平时，爸爸妈妈要注意训练与培养宝宝发音的方式与技巧，随着宝宝的成长和大人不断地加以正确引导，宝宝的发音就会逐渐准确。

独立与依赖并存

这个月龄的宝宝比较难调教，爸爸妈妈戏称为“最讨厌的时期”。这时期，宝宝妄想独立，但由于经验不足又独立不起来，面对别人的照顾又不领情，让人着实头疼。宝宝身上会表现出明显对立的特点：可爱和可恶并存，大方和自私共生，时而会依赖，时而要独立。

感知能力发展迅速

这一阶段宝宝感知能力的发展依然很迅速，是发展宝宝感觉智能的一个比较好的时期。宝宝能分清各种基本颜色，如红、黄、蓝、绿等，能分辨圆形、三角形、正方形和其他一些几何图形。开始出现最初的空间知觉和时间知觉。

科学喂养，打下一生营养好基础

微量元素缺乏的蛛丝马迹

从宝宝出生到现在，有很多家长都在为宝宝是否缺乏微量元素而发愁。其实一般只要每天保证均衡营养，不挑食、不严重偏食，宝宝都不会缺少太多微量元素，不会影响其正常生长。即使有轻微的缺失，那么也最好是通过食物来补充。补铁可以吃牛肉等红肉以及动物肝脏等食物。补锌可以吃动物肝脏、鱼、瘦肉等。

膳食纤维会影响铁和锌等微量元素的吸收，谷类、豆类、坚果类食物含有植酸，也会影响身体对微量元素的吸收。另外，如果过量摄入铁，会影响锌的吸收，如果摄入锌过量，又会影响铁的代谢。

培养良好的饮食习惯

想要培养宝宝好的饮食习惯，爸爸妈妈首先要养成好的饮食习惯，不要忽视爸爸妈妈的榜样作用。

让宝宝和大人一起用餐，可以促进宝宝的食欲。

增加每餐的食物种类，如各种蔬菜、肉、蛋、米面、粗粮、鱼虾类等，另外还可以增加每餐的颜色搭配，用色彩增加宝宝吃饭的欲望。

吃饭的时间要固定

可以选择健康的零食，要减少零食中糖和脂肪的含量；

让宝宝养成多喝水的习惯，牛奶、酸奶每天都要喝，少喝果汁，不喝碳酸饮料。

不要只是给宝宝吃所谓高营养的食物。

不要在饭桌上评论饭菜，不要宝宝还没吃，就说这个菜太甜、太辣之类的话。

要尊重宝宝的饭量，不要强迫宝宝吃饭。

不能满足宝宝不合理的饮食要求，不给宝宝吃快餐。

宝宝营养餐

五彩饭团 增强食欲

材料 米饭200克，鸡蛋1个，火腿、胡萝卜、海苔各适量。

做法

1 米饭分成8份，搓成圆形；鸡蛋煮熟，取蛋黄切成末；火腿、海苔切末；胡萝卜洗净，去皮，切丝后焯熟，捞出后切细末。

2 在饭团外面分别粘上蛋黄末、火腿末、胡萝卜末、海苔末即可。

营养师说功效

这款菜既有富含蛋白质的鸡蛋、富含维生素A的胡萝卜，还有富含碳水化合物的米饭，搭配食用，营养丰富，颜色多样，更能吸引宝宝吃饭的兴趣，增强食欲。

蛋皮鱼卷 补钙健脑

材料 鸡蛋2个，鱼肉泥60克，植物油、葱末、姜汁、盐各少许。

做法

1 鱼肉泥用葱末、姜汁及少许盐调味，蒸熟；鸡蛋搅散。

2 小火将平锅烧热，涂层植物油，倒入蛋液摊成蛋皮，快熟的时候放入熟鱼泥。

3 将其卷成卷，出锅后切成小段，装盘食用即可。

营养师说功效

本食材富含钙、蛋白质、维生素、卵磷脂等，能预防宝宝钙质缺乏，还有健脑补脑的作用。

宝宝日常照护

宝宝防晒高招

经常晒太阳，能帮助合成更多的维生素D，有利于宝宝的健康成长。但是，夏天的烈日也可能会给宝宝的皮肤带来伤害，因此，爸爸妈妈要了解一些防晒知识。

出门要选好时机

在上午10点以后至下午4点之前，爸爸妈妈应尽量避免带宝宝外出活动，因为这段时间的紫外线最为强烈，非常容易伤害宝宝的皮肤。最好能赶在太阳刚上山或即将下山时带宝宝出门散步。

给宝宝涂抹防晒霜

最好选择专门针对宝宝特点设计的防晒产品，能有效防御紫外线晒黑、晒伤皮肤。一般以防晒系数15为最佳。因为防晒值越高，给皮肤造成的负担越重。

在琳琅满目的货架上，最好挑选物理性或无刺激性、不含有机化学防晒剂的高品质婴儿防晒产品。宝宝防晒用品应在外出前15~30分钟涂用，这样能充分发挥防晒效果。

防晒用品不可少

外出时，除了涂抹防晒霜外，还要给宝宝戴上宽边浅色遮阳帽、太阳镜或打遮阳伞，这可直接有效减少紫外线对宝宝皮肤的伤害，也不会加重皮肤的负担。

宝宝外出活动时，服装要轻薄、吸汗、透气。棉、麻、纱等质地的服装吸汗，透气性好，轻薄舒适，便于活动。另外，穿着长款服装可以更多地遮挡阳光，有效防止皮肤被晒伤。

在阴凉处活动

进行室外活动时，应选择有树荫或有遮挡的阴凉处，每次活动1小时左右即可，这样既不会妨碍宝宝身体对紫外线的吸收，也不会晒伤宝宝的皮肤。

如果宝宝能听懂爸爸妈妈的话，就可以教宝宝影子原则了，即利用影子的长度来判断太阳的强度，影子越短，阳光越强。当宝宝影子的长度小于宝宝的身高时，就要找遮蔽的场所，避免晒伤了。

秋天也要注意防晒

秋天的紫外线依然很强烈。宝宝的肌肤特别娇嫩，裸露的皮肤被强烈的紫外线照射后，很容易引起一些疾病，最常见的就是脸部会出现日光性皮炎。所以，秋季爸爸妈妈同样要做好宝宝的防晒工作，特别是初秋季节，防晒仍然不能忽视。

特殊情况的照护

没耐心

很多的妈妈会反映，家里的宝宝从没好好坐在那里自己玩玩具，都是东跑西跑的，一刻也停不下来。玩积木的话，他喜欢叠高，可是一倒塌他就明显烦躁起来，把积木都一个个扔掉。妈妈就会觉得自己的宝宝没有“耐心”。

不要以“耐心”或安静地坐着来要求2岁多的宝宝，这不符合宝宝的特性。这个年龄的宝宝就是会动个不停。你要做的不是让宝宝能自己安静地玩，而是引导宝宝玩，和他一起玩。只有让宝宝会玩、玩得好，才会有玩的兴趣；有玩的兴趣就会专注地玩下去。宝宝玩一会儿就不喜欢玩了，只能说明这游戏不能引起宝宝的兴趣。

记忆力不好

一般来说，宝宝的记忆力是不会有问题的，家长不要随意给宝宝“扣帽子”，更不要经常数落或责骂宝宝说他的记忆力不好，说他笨。宝宝很容易从他人对自己的评价中来认识自己，如果家长经常说他笨，说他记性差，会使他对自己失去信心，真的变得“笨”了。家长要知道，宝宝的记忆特点往往是积累式和爆发式的，很多时候看似没学没记，突然某天却发现宝宝竟然都会了。所以家长在进行教育时，要以一种快乐的、积极的心态进行。

嗓子有痰

宝宝的痰都产生在咽部、气管、支气管和肺部。宝宝有痰是不正常的，一般与上呼吸道感染有直接关系。感冒、上呼吸道感染时多出现色白而清稀的痰；痰黄或白黏稠者，多为气管炎、肺炎；痰稠不利、咳嗽不畅而有回声者，多为百日咳；痰带脓血，多考虑肺脓肿等。因此，宝宝有痰，要及时请儿科大夫诊治。

2岁4~6个月宝宝的能力发展与培养

自己会双脚跳、单脚跳

大多数的宝宝在这时都能单脚跳、双脚跳了，但如果不能，妈妈也不要担心，因为每个宝宝的发育特点不一样，有的可能会早点，有的可能会晚点。妈妈要在平时多加关注宝宝的生长发育情况，用比较客观的眼光看待宝宝的生长发育问题。

甩开两臂走、向后退着走都会了

现在宝宝不但走路很稳，而且还会甩开双臂行走了。宝宝奔跑时遇到障碍物能及时绕过去继续前进，或者停下来。所以看护人要注意看护宝宝，因为一不留神，宝宝就可能跑到马路上，造成意外伤害。

宝宝向后退着走时，对未来发生的事情的预知能力比较弱，很容易导致意外事故的发生，所以需要看护人仔细照护。

肌肉结实有弹性

这个月龄的宝宝，运动能力已经非常强了，具有良好的平衡能力，并会拍球、抓球和滚球了。由于这个时期宝宝的运动量较大，因此肌肉也结实、有弹性了。

喜欢模仿爸爸妈妈的样子

宝宝喜欢拿着妈妈的口红往自己的脸上或者嘴上抹，喜欢穿着妈妈的鞋在屋里走来走去，喜欢对着镜子打扮自己了。遇到这些情况，妈妈千万不要发火，应该冷静下来，耐心地告诉宝宝这样做是不对的，是有一定的危险性的，千万不要对宝宝大喊大叫。

喜欢帮爸爸妈妈做事

当宝宝看见妈妈梳头时，宝宝也会抢过妈妈的梳子给妈妈梳头，看见爸爸给皮鞋打油时，也会过去赶紧帮忙等。这时爸爸妈妈不要嫌宝宝麻烦，只要是安全的，就应该放手让宝宝去做，这样才能锻炼宝宝的生活能力。

快速奔跑中经常会摔跤

现在宝宝虽然已经会快速奔跑了，但跑得太快，仍然会出现停不下来的情况，甚至会因为身体收不住而摔跤，这时妈妈要鼓励宝宝自己站起来，然后告诉他快速跑时，要注意控制速度。需要注意的是，妈妈千万不要因为宝宝快速奔跑摔跤而限制宝宝的活动能力，否则会阻碍宝宝的快速发育。

宝宝还很小，给宝宝挑选的画笔一定要笔尖较粗。

认真“画画”

宝宝涂鸦的能力有了很大的提高，似乎有些得心应手了，如想画直线还真的能实现，虽然有些弯曲，但还是有不小的进步。这时，妈妈要多加鼓励，不要去评价宝宝画得怎么样，因为现在宝宝还不是学画的时候。

用语言表达心情

这个月龄的宝宝会用一些简单的语言表达自己的心情，当宝宝心情不好的时候，会告诉妈妈：我心情不好。当宝宝肚子痛时，也会说“我肚子疼”。但是宝宝表达得并不是很准确。当宝宝说出自己的心情时，妈妈还要仔细观察宝宝的表情，尽量捕捉到更多的信息，更好地了解宝宝的情况，以便及时正确应对。

直接的感受传递信息更准确

现在宝宝不但可以直接用语言表达自己的要求，还会间接传递信息。以前宝宝渴了会说“喝水”，现在宝宝会说“我渴了”，而这个词就是宝宝最直接的感受，这时妈妈就给宝宝准备水。这两种表达实际上是不同的。“喝水”是对妈妈的一种请求，而“我渴了”不仅传达了这种请求，还传达了一个客观信息，宝宝渴了。这也是宝宝对事物认识的一个飞跃。

发音逐渐准确

这一时期的宝宝发音的准确性有待提高。平时，爸爸妈妈要注意训练与培养宝宝发音的方式与技巧，随着宝宝的成长和大人不断地加以正确引导，宝宝的发音就会逐渐准确。

鼓动爸爸妈妈和他一起玩

爸爸妈妈应该每天抽出一点时间陪宝宝玩耍，这样既可以促进宝宝的心智发育还能增强爸爸妈妈和宝宝之间的感情。妈妈可以让宝宝陪自己一起洗碗筷等，这样的事情宝宝也很愿意干，而且还能增加和妈妈在一起的时间，宝宝把这种事情当成一种游戏来做，兴趣往往很高。

从爸爸妈妈和宝宝在一起的细节中感受爱

妈妈对着宝宝开心地笑、温柔地和宝宝说话、舒服地抱着宝宝、全身心地陪宝宝玩耍，在宝宝旁看着他玩耍……这些细节都能让宝宝感受到爸爸妈妈对宝宝的爱，希望爸爸妈妈多做些，有利于宝宝完整性格的培养。

爸爸妈妈的关心和赞扬是关键

在这个时期，宝宝的自我意识逐渐形成，因此需要爸爸妈妈的关心和赞扬。一般情况下，宝宝的自信心、信任感和积极的性格都是在婴儿期形成的，因此，爸爸妈妈的态度决定了宝宝的未来。这个阶段的宝宝喜欢做事，不肯闲着，喜欢听表扬。

爸爸妈妈每天要给宝宝展示才能的机会，吩咐宝宝做些小事情，如“给妈妈开门”“给娃娃洗洗脸”等，宝宝每完成一件事情都会很高兴。爸爸妈妈要用“真能干”等词语鼓励宝宝，使宝宝尽情享受成就感带来的喜悦。在宝宝的成长过程中，爸爸妈妈和宝宝之间的交流与互动将发挥非常重要的作用。

出现空间和时间知觉

这一阶段宝宝感知能力的发展依然很迅速，是发展宝宝感觉知能的一个比较好的时期。能分清各种基本颜色，如红、黄、蓝、绿等，能分辨圆形、三角形、正方形和其他一些几何图形。开始出现最初的空间知觉和时间知觉。

大人放松孩子玩疯的亲子游戏

买水果

语言能力、认知能力

益智点

通过这个训练能提高宝宝的语言表达能力和认知能力。

游戏进行时

1. 妈妈提前将准备好的一些玩具水果或水果卡片放在桌子上，让宝宝提着小篮子或小口袋来“买”水果。

2. 妈妈让宝宝说出水果名称，说对了就可以让宝宝将“水果”放到篮子中，说不对就不给宝宝“水果”。

3. 如果有剩下的几种水果宝宝认不出来，就教宝宝辨认，直到宝宝将所有的水果都“买”走。

4. 当宝宝知道了所有水果的名称后，让宝宝当卖者，妈妈可以故意说错1~2种水果名称，看看宝宝是否能听得出来，发现问题及时纠正。

与入园有关的问题

宝宝满两岁半就可以上幼儿班了（大多数宝宝还不能自理）

两岁半的宝宝自理能力较差，爸爸妈妈也会担心宝宝入幼儿园后会出现生病或缺少照顾的情况，其实，大可不必。任何新的环境都可能让宝宝感到不适应，甚至出现生病的现象，但对于宝宝的智商和情商发育来说，这时入园是可以的。

需要做的准备：

1 让宝宝养成到儿童坐便器大小便的习惯。

2 培养宝宝自己吃饭的习惯。

3 平时要多加培养宝宝脱和穿裤子、鞋子等。

宝宝初入园需要爸爸妈妈的引导：

1 这个月龄的宝宝入园容易产生焦虑情绪，需要一定的时间去适应，所以需要爸爸妈妈尝试去引导宝宝，让宝宝学会慢慢适应新的环境。

2 爸爸妈妈可以有意识地选择一些幼儿园，如每天只去上午半天，从 9 点到 11 点，爸爸妈妈可以陪着宝宝入园，让宝宝逐渐适应幼儿园的新环境，多与小朋友玩耍，能增强宝宝入园的兴趣。

3 爸爸妈妈也可以在双休日带着宝宝去参加一些亲子园，平时去幼儿园，这样也是一个慢慢适应的过程。

这个月龄的宝宝上幼儿园，妈妈要多注意宝宝情绪变化，这样有利于正确引导宝宝，顺利过渡到正式的幼儿园。

幼儿感冒处理方法

宝宝快两岁半了，现在的宝宝基本上已经有了自己的抵抗力，可以对抗一些外部病菌的侵袭。不过，让很多的妈妈头疼的是，现在宝宝更加容易发生流行性感冒了。

现在宝宝要开始准备入园了，很多的宝宝在一进入集体生活环境当中，就很容易出现呼吸道感染。这是因为集体环境中，宝宝们在一起玩耍、吃饭，接触是很紧密的，只要其中一个宝宝生病，那么就有可能会引发其他宝宝生病。

当然还有其他一些原因，例如衣服穿得过多或者过少，喝水少等。为了防止宝宝经常发生感冒，在平时的护理中，妈妈就要多注意。

水痘的症状及护理

立春后是水痘的流行高峰，带状疱疹病毒是引起水痘的“罪魁祸首”，通常通过飞沫传播，也可以由病毒污染的灰尘、衣服和用具传染。

水痘的症状分析

一般在接触水痘后14~17天开始出现症状。初起有发热、头痛、咽喉疼痛、恶心、呕吐、腹痛等症状。1~2天后在躯干出现红色的小丘疹，随即形成绿豆大小、发亮的小水疱，水疱的周围有红晕。经过数天，疱干涸形成痂，约2周痂脱落而痊愈。如水痘皮疹引发继发细菌感染，此时细菌乘虚而入有可能引起败血症、肺炎、脑炎和暴发性紫癜，需及时救治。

出水痘宝宝的护理

1 早期隔离。直到全部皮疹结痂脱落为止。宝宝的玩具、家具、地面、床架可用3%来苏水擦洗，被褥、衣服等在阳光下暴晒6~8小时。

2 宝宝卧床休息，室内要通风，保持新鲜的空气。不要过分保暖，因为过厚的衣服易引起疹子发痒。初发的水痘很痒，引起宝宝抓挠，损伤皮肤，所以要剪短宝宝的指甲。要勤换衣服，保持皮肤清洁。

3 宝宝的饮食宜用清淡的流质或半流质。如豆浆、牛奶、蛋汤、菜粥、挂面、水果等。忌食刺激性食物及油煎食品。多喝水或新鲜果汁以帮助排泄毒素。

2岁7~9个月
会自己穿外衣了

2岁7~9个月宝宝的生长特点

宝宝生长发育的基本数据

项目＼性别	男宝宝	女宝宝
身高(厘米)	91.6～99.3	90.5～98.1
体重(千克)	12.6～15.9	12.2～15.4

乳磨牙已经长好

乳磨牙可以帮助咀嚼食物，但磨牙上面的窝沟较深，不易清洗，容易长龋齿，将来就会影响恒牙的排列和牙齿的功能，所以妈妈这时要及时帮助宝宝清洗口腔，避免龋齿的发生。

完成乳牙生长任务

这个月龄的宝宝大多数已经长了16颗以上的乳牙，多的已经长到20颗乳牙，基本完成了乳牙生长任务。需要注意的是，很多爸爸妈妈认为自己宝宝乳牙长的不到16颗，是因为缺钙导致的，其实这是不对的，宝宝缺钙多是影响乳牙的质量，不会影响乳牙的生长进度。

科学喂养，打下一生营养好基础

从小注重宝宝良好饮食习惯的培养

饮食习惯关系到宝宝的身体健康和行为品德，家长应给予足够的重视。对于宝宝来讲，良好的饮食习惯包括：

饭前做好就餐准备。按时停止活动，洗净双手，安静地坐在固定的位置等候就餐。

吃饭时不挑食、不偏食、不暴饮暴食。饮食要多样，荤素搭配，细嚼慢咽，食量适度。爱惜食物，不剩饭。

吃饭时注意力要集中，专心进餐，不边玩边吃、边看电视边吃、边说笑边吃。

家长应保持良好的饮食习惯，为宝宝树立好榜样。为宝宝创造良好的就餐环境，饭菜要多样，及时表扬和纠正宝宝在饮食中的一些表现。经过日积月累的指导和训练，宝宝就会逐渐养成良好的饮食习惯。

果蔬“2+3”，每天要吃够

宝宝多吃果蔬有清洁体内环境、控制肥胖、防止便秘、健美皮肤等好处。

家长在保障宝宝“顿顿有蔬菜、天天有水果”的同时，注意多种颜色蔬果的搭配。良好膳食习惯可从以下几点入手：

早餐蔬果不能少。早餐最好包括谷类食物、奶类、鸡蛋或瘦肉、水果和蔬菜。

果蔬“2+3”。每天应吃相当于自己两个拳头大小量的水果和三个拳头大小量的蔬菜。

红橙黄绿蓝紫白。果蔬颜色及种类越多越好，用“七彩果蔬”保证均衡营养。

宝宝营养餐

黄瓜镶肉 促进宝宝脑部发育

材料 大黄瓜1根，猪肉馅80克，老豆腐60克，净虾仁30克，淀粉10克，盐2克。

做法

1 大黄瓜洗净，去皮，切成5~6段，并将中间挖空；老豆腐洗净，碾碎。

2 猪肉馅、老豆腐、淀粉和匀后，加少许盐调味；将和好的肉馅分别塞入大黄瓜中，再放入虾仁，用电锅蒸熟即可。

宝宝日常照护

呵护好宝宝的嗓音

不要让宝宝长时间哭喊

要做到早期保护嗓音，就要正确对待宝宝的哭。哭是宝宝的一种运动，也是一种情感需要的表达方式，所以，不能不让宝宝哭。但也不能让宝宝长时间地哭。长时间地哭或喊叫，会造成声带的边缘变粗、变厚，容易使嗓音沙哑。

不要让宝宝长时间讲话

每次讲话后，都应让宝宝休息一段时间，喝口水。在背景声音嘈杂的环境中应尽量让宝宝少讲话，以免宝宝需要大声喊叫才能让对方听见。

宝宝长时间说话后，不宜立即吃冷饮或喝凉开水，以免宝宝的声带黏膜遭受局部性刺激而导致声音沙哑。

当宝宝高兴唱歌时，妈妈要适当给予鼓励，并提醒宝宝喝点水。

夏季再热也不能“裸睡”

宝宝的胃肠平滑肌对温度变化较为敏感，低于体温的冷刺激可使其收缩，导致平滑肌痉挛，特别是肚脐周围的腹壁又是整个腹部的薄弱之处，更容易受凉而株连小肠，引起以肚脐周围为主的肚子阵发性疼痛，并发生腹泻。

因此，无论天气再炎热，爸爸妈妈也要注意宝宝的腹部保暖，给宝宝盖一层较薄的衣被，并及时将宝宝踢掉的毛巾被盖好。

夏天洗澡的次数不宜过多

宝宝每天洗澡的次数不要超过 3 次。宝宝新陈代谢旺盛，特别在夏天易出汗，应经常给宝宝洗澡，以保持皮肤清洁。每天可洗 1~2 次澡，但不得超过 3 次。

同时，爸爸妈妈要注意不宜用碱性强的肥皂，因为人体皮肤表面的皮脂酸有保护作用，而过多地洗澡或用碱性强的肥皂均对皮肤有损害。所以，虽然夏天天气比较炎热，但要注意宝宝 1 天内洗澡的次数不要过多。

特殊情况的照护

“左撇子”不必强行纠正

人的大脑分为左、右两个半球，交叉管理着肢体运动功能和视、听、说等功能，所以不同的大脑的功能并不是平均分布在这两个半球上，而是其中有一个管理着人体绝大部分的功能，称为优势半球，绝大多数人优势半球位于左侧，所以习惯于用右手。少数人右脑为优势半球，因此习惯于用左手。这都是由大脑的生理解剖特点所决定的，“左撇子”只是一种表现。

如果强行改变宝宝惯于使用左手的习惯，就等于让外行来做内行的事，左手原来可以很顺利完成的简单动作，由于改换右手就成了难以完成的复杂动作。因此宝宝“左撇子”不一定需要纠正。

研究发现，大脑优势半球一旦受到干扰，就会造成功能紊乱。很多“左撇子”经家长硬扳改用右手后，宝宝患了口吃，并在语言、阅读、书写等方面出现了问题。因此，不应强行纠正宝宝“左撇子”。

患中耳炎的早期发现和护理

引起宝宝急性化脓性中耳炎的原因很多，常见原因有洗澡、游泳，哭时泪水、乳汁流入耳朵内，引起化脓感染；还有患上呼吸道感冒、麻疹、耳鼓膜外伤穿孔、细菌侵入耳道进入中耳引起感染；再有就是患了败血症，细菌经血液流进中耳，引起中耳感染化脓。

宝宝患了中耳炎后，最早期表现为发热，体温可高达39℃以上，宝宝烦躁不安、呕吐、精神食欲差，年长儿可诉耳痛厉害。疾病初期因耳道充血水肿，听力也会下降，但脓液流出听力即恢复正常。

患中耳炎如何治疗和护理

1 每天首先用3%双氧水洗耳，再用棉杆擦净水渍，最后点滴耳油或3%林可霉素，直到无脓流出为止。

2 保持皮肤洁净，流出脓液及时擦干净，以防引起皮肤感染。

3 保持内耳道通畅，千万不要用棉球堵塞耳道，不能将粉剂吹入耳内。

4 不要乱挖、乱掏耳中的耵聍。

2岁7~9个月宝宝的能力发展与培养

● 能玩一些有技巧的玩具

宝宝的运动能力有了进一步的发展，在运动技巧上，动作越来越灵巧、熟练，跑、跳、攀登、钻、爬等动作已不在话下。双手的动作越来越精细，已能玩一些带有技巧性的玩具。

● 能自由地跨过障碍物

宝宝能够跨过障碍物，这是运动能力的一个很大的进步，随之宝宝还面临新的危险，如跌倒、摔伤、磕碰等，这就需要爸爸妈妈看护好宝宝。宝宝究竟能跨越多高的障碍物，跳多远，与宝宝的体能和性格有一定的关系。

● 喜欢骑大马游戏

经常会看到宝宝骑在小板凳上，往前走，这样很容易弄坏地板和小板凳，所以妈妈会非常心疼地板和小板凳，常常会训斥宝宝，这是不对的。实际上，宝宝在用家里的工具进行运动，也反映了宝宝的丰富的创造性，所以爸爸妈妈不要去抹杀宝宝的创造性。

● 练习用脚尖走路

这个月龄的宝宝有意识地用脚尖走路，实际上是一种平衡能力的锻炼，并不是宝宝的发育有异常情况，所以爸爸妈妈不必过于担心。

● 能够一条腿站立几秒

宝宝现在能抬起一条腿站立几秒，这是他平衡能力提高的表现，这样宝宝就可以练习走直线了，还可以练习一些简单的平衡木体操了，但要做好防护措施，避免宝宝摔伤。

● 有了自己喜欢的运动

现在宝宝对于运动项目有了自己的偏好，有的宝宝喜欢踢球，有的宝宝喜欢跳远，有的宝宝喜欢跳木马……只要有兴趣，宝宝的运动能力就会得到锻炼。

● 会自己穿外衣和鞋

宝宝能自己穿上外套，但还不会系扣子，即使系上扣子，常常是不对齐的。宝宝还会自己穿鞋，但不能分辨左右，经常会穿反，这时妈妈要及时帮宝宝纠正过来，并鼓励宝宝继续努力。

● 会说一些简单句和复合句

这个阶段仍是宝宝语言发育的关键期，宝宝通过听大人讲故事、学习儿歌、背诵诗歌、复述简单情节的故事等活动，积极地学习和应用语言，宝宝的语言水平得到迅速的发展，词汇量已达到1000个以上，并能运用合乎基本语法结构的简单句和复合句。

可以熟练使用语言了

宝宝开始对语言产生浓厚的兴趣，这样就会促进宝宝学习语言的能力。因为语言可以表达自己的意愿，可以获得更多满足，更好地认识世界，所以这时也是宝宝积累词汇的大好时机。

宝宝现在会通过语言明确表达自己身体的不舒服了，还能表达心理上的不舒服，这也是一个不小的进步。

能够认识5种以上的颜色

这时的宝宝已经能够认识5种以上的颜色。爸爸妈妈经常给宝宝看并告诉他颜色，是宝宝认识颜色的关键。

当妈妈给宝宝一个颜色的范本，然后让宝宝在多个颜色中找出来，宝宝就能很快找出来。但如果妈妈不给宝宝颜色的范本，让宝宝找出一种颜色，宝宝就会略微思考一下。宝宝现在还不能分辨出绿色和蓝色，但也不能说宝宝就异常。

对性别有了初步认识

宝宝已经意识到男女的性别问题了，知道自己是男孩，妹妹是女孩，并且能通过语言表达出来，说明宝宝已经开始独立思考和判断事情了，是一个巨大的进步。

大人放松孩子玩疯的亲子游戏

明星秀

语言能力、社交能力

益智点

锻炼宝宝的社会交往能力和语言能力。

游戏进行时

1. 妈妈和宝宝一起看一小段动画片或广告，然后和宝宝一起讨论电视里看到的画面。

2. 妈妈要鼓励并引导宝宝把动画片或广告中的主要情节表演出来，宝宝表演完之后，妈妈要用掌声给予宝宝鼓励，不要打击宝宝的积极性。

3. 也可以办一个小型的家庭模仿秀，让家庭中的成员一起模仿画面中的人物进行比赛。

4. 或者分别扮演不同的角色进行对话，最后选宝宝为“明星”宝宝，并奖给宝宝一个心爱的玩具。

宝宝“自私”怎么办

经常听到家长抱怨，“我家宝宝最近可‘抠门’了，什么都不让别人碰。”“我家宝宝越来越自私，连我给别的宝宝零食都不行。”这几乎是家长的通病，只要自己宝宝不够大方、不会与人分享，就用“抠门”“自私”这样的词来形容宝宝。家长会这样想，是因为你还停留在用大人的思维来思考问题，而不是从宝宝的角度出发。

妈妈要时时鼓励宝宝将自己的玩具和小朋友一起玩耍，这样可以让宝宝学会分享。

宝宝的这些行为并不是“自私”，而是成长的信号，是宝宝在探索自我。作为家长，当宝宝表现出很强的占有欲时，家长不应该责骂宝宝，或者用强硬的方式拿走宝宝的东西或者强迫宝宝分享。而是应该用正确的方法引导宝宝学会分享，并且乐于分享。

爸爸妈妈的榜样作用

当宝宝想要碰一碰你的东西时，要尽量满足他的愿望。如果宝宝想要玩的是比较贵重的物品或者是易碎、易坏的物品，你也不能大声吼：“不要碰”“不可以”，你的这种反应会让宝宝认为你不愿意与他分享。这个时候，爸爸妈妈最好允许宝宝在你的陪伴和协助下摸一摸这些物品，并且要告诉宝宝轻拿轻放，看完后要还给爸爸妈妈。

不能要求宝宝分享所有东西

每个宝宝都有自己特别宝贝、特别珍贵的东西，妈妈们没必要强迫他们把所有的东西都拿出来与人共享，要允许宝宝决定哪些特殊的玩具不给别的小朋友玩，只有让宝宝真正拥有支配自己东西的权利，才能让他更乐于分享。

教会宝宝用协商解决问题

当你的宝宝和另一个小朋友因为争抢一个玩具而发生冲突时，你可以告诉他用协商的办法解决矛盾。例如，当宝宝想要玩别的小朋友手中的玩具时，建议他用自己的玩具和那个小朋友交换，让宝宝明白与人分享其实很容易。

宝宝说脏话怎么办

宝宝往往没有分辨是非、善恶、美丑的能力，还不能理解脏话的意义。如果在他所处的环境中出现了脏话，无论是家人还是外人说的，都能成为宝宝模仿的对象。宝宝会像学习其他本领一样，学着说并在家中“展示”。如果爸爸妈妈这时不加以干预，反而默许，甚至觉得很有意思而纵容，就会强化宝宝的模仿行为。

正确的做法是：

1 冷处理。当宝宝口出脏话时，爸爸妈妈无须过度反应。过度反应对尚不能了解脏话意义的宝宝来说，只会刺激他重复脏话的行为。他会认为说脏话可以引起你的注意。所以，冷静应对才是最重要的处理原则。不妨问问宝宝是否懂得这些脏话的意义，他真正想表达的是什么。也可以既不打他，也不和他说道理，假装没听见。慢慢地，宝宝觉得没趣自然就不说了。

应积极培养宝宝对其他小朋友表示好感，你可以问宝宝：“你是喜欢别人表扬你，还是喜欢别人批评你呢？”让宝宝了解，适时地向别人示好，胜过批评、嘲笑别人。

2 解释说明。解释说明是为宝宝传达正面信息、澄清负面影响的好方法。在和宝宝讨论的过程中，应尽量让他理解，粗俗不雅的语言为何不被大家接受，脏话传递了什么意义。

3 正面引导。爸爸妈妈要悉心引导宝宝，教他换个说法试试。彼此应定下规则，爸爸妈妈要随时提醒宝宝，告诉他要克制自己，不说脏话，做个有礼貌的乖宝宝。

宝宝说脏话多是源于模仿，所以爸爸妈妈要在宝宝面前避免说脏话，给宝宝树立一个正面的形象。

2岁10个月~3岁
运动能力应有尽有

2 岁 10 个月 ~ 3 岁宝宝的生长特点

宝宝生长发育的基本数据

项目 \ 性别	男宝宝	女宝宝
身高(厘米)	92.2~101.0	91.5~98.9
体重(千克)	13.0~16.4	12.6~16.1

不知疲倦，不停地活动

在这个时期，宝宝学会了奔跑，能用左、右脚踢球，而且能抓住栏杆上、下台阶。不仅如此，宝宝还能玩“剪刀、石头、布”的游戏。宝宝出生 24 个月以后，走路的步幅变小了，走起路来非常稳。

语言能力飞速提高

在这个时期，宝宝运用词汇和造句的能力快速提升，成天叽叽喳喳地说话。但是，由于掌握的词汇比较少，所以表达能力较差，还不能正确地表达自己的想法。此时，宝宝经常重复“但是”“那是”“这个”等词汇。妈妈应该耐心地听宝宝说话，然后用正确、完整的句子回答。

独立性越来越强

宝宝越来越独立，有了更多感兴趣的事情，喜欢按照自己的意愿做事。但是宝宝的依赖性并没有减弱，而是与独立性同步增强。

具有丰富的想象力和思考能力

宝宝在 36 个月左右，好奇心和想象力会愈来愈丰富。在这个时期，宝宝会经常编造不存在的事情，但宝宝并没有恶意，也并非故意的，只是因为他还不能正确区分空想和现实而已。

科学喂养，打下一生营养好基础

要做到营养均衡

A 类食物主要是富含碳水化合物的米饭、面条等主食。

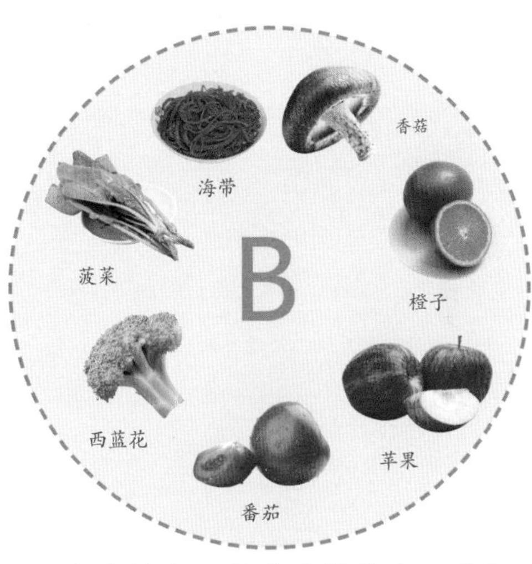

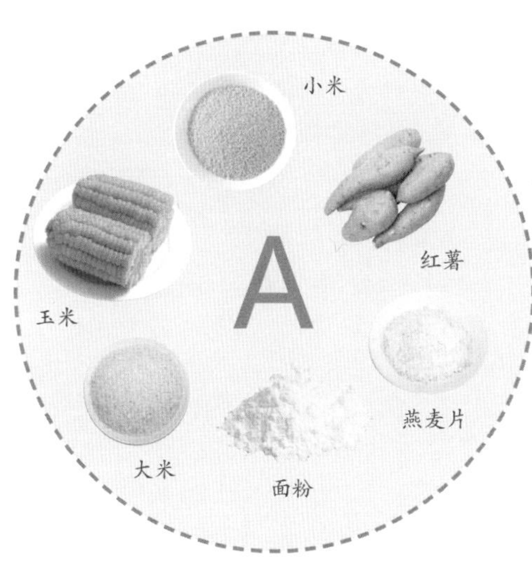

B 类食物主要是富含维生素、矿物质的可用来烹调菜肴的蔬菜和水果。

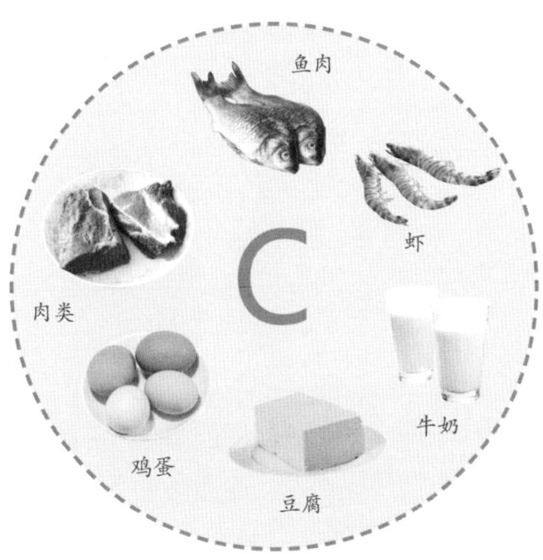

C 类食物主要是富含蛋白质的可用于烹调各种鱼类、肉类等。

保证锌元素的摄入量

缺锌的表现

1 短期内反复患感冒、支气管炎或肺炎等。

2 经常性食欲差，挑食、厌食、过分素食、异食（吃墙皮、土块、煤渣等），明显消瘦。

3 生长发育迟缓，体格矮小（不长个）。

4 易激动、脾气大、多动、注意力不能集中、记忆力差，甚至影响智力发育。

5 视力低下、视力减退，甚至患夜盲症，适应能力较差。

6 头发枯黄易脱落，患佝偻病时补钙、补维生素D效果不好。

7 经常性皮炎、痤疮，采取一般性治疗后效果不佳。

锌的食物来源

1 海产品（如海鱼、牡蛎、贝类等）、动物肝脏、花生、豆制品、坚果（杏仁、核桃、榛子等）、麦芽、麦麸、蛋黄、奶制品等。一般禽肉类，特别是红肉类动物性食物含锌多，且吸收率也高于植物性食物。

2 粗粉（全麦类）含锌多于精粉。

3 发酵食品的锌吸收率高，应多给宝宝选择。

少吃反季节蔬果

爸爸妈妈们尽量不要给宝宝吃反季节的水果、蔬菜。这些蔬果看着超级诱人，但是对宝宝的身体健康非常不利。

如今反季节蔬果随处可见，行内人一语道破玄机：这大多是用了催熟剂或激素类化学药剂的。一株果树从幼苗至成熟，可以使用一种至十几种激素，使用较多的是番茄、葡萄、猕猴桃和草莓等。而养殖业使用激素催生饲料，也是行业内的“潜规则”。

要想让宝宝远离激素，就需要爸爸妈妈们尽量少买反季节蔬果。蔬果食用前最好先用清水浸泡5分钟，然后用水冲洗，可去掉大部分农药。叶菜类的菜梗与茎相接处、果蒂、卷心菜外面几层，都容易积存农药，买来后应切除，食用前可用开水汆烫几分钟。

饮食过于精细反而不好

太精细的粮食会造成某种或多种营养物质的缺乏，长期食用易引发一些疾病。因此，粗纤维食物对宝宝来说是不可缺少的。经常吃一些粗纤维食物，如芹菜、油菜等蔬菜，能促进咀嚼肌的发育，并有利于宝宝牙齿和下颌的发育；能促进肠胃蠕动，提高胃肠消化功能，防治便秘；还具有预防龋齿的作用。妈妈在给宝宝做粗纤维含量高的饮食时，要做得软、烂，以便于宝宝咀嚼、吸收。

妈妈对蔬果的鉴别要有一定的能力，尽量少给宝宝吃反季节蔬果。

宝宝营养餐

芝麻南瓜饼 缓解便秘

材料 南瓜500克，面粉100克，黑芝麻少许，白糖适量。

做法

1 将南瓜削皮，切成小块，蒸至熟透，沥干水分，然后用勺子碾碎，加入面粉、白糖，搅拌均匀。

2 将和匀的南瓜拍成圆饼状，在一个小碗里倒入适量黑芝麻，将南瓜饼的表面粘上芝麻。

3 锅内倒油，八成热时放入南瓜饼煎熟，盛盘即可。

营养师说功效

芝麻含有大量的油脂，南瓜富含膳食纤维，二者搭配食用有利于粪便排出，缓解宝宝便秘。

素什锦炒饭 补充多种营养

材料 米饭150克，鸡蛋1个，胡萝卜丁、香菇丁、青椒丁、洋葱丁各50克，盐2克。

做法

1 胡萝卜丁放入沸水中焯烫，捞出，沥水；鸡蛋打散，搅拌成蛋液，放入热油锅中炒熟，盛出。

2 锅留底油烧热，炒香洋葱丁，再下香菇丁煸炒，倒入米饭、青椒丁、胡萝卜丁和鸡蛋翻炒均匀，放盐调味即可。

这道菜含有红、黄、白、黑、绿5种颜色，色泽非常吸引宝宝，营养也很丰富。

宝宝日常照护

带宝宝外出应做的准备

- 毯子：宝宝经常会在外面睡着，及时用毯子盖好可避免着凉。
- 被单：用来遮阳、挡风。
- 遮阳帽：避免宝宝眼睛受阳光直射。
- 宝宝包：包内有纸巾、湿纸巾、纸尿布、奶粉、奶瓶、水瓶、热水壶、一套换洗衣服（出门1小时以上）、家庭电话。
- 宝宝车或宝宝背带：如带宝宝乘坐汽车，最好准备宝宝汽车座椅，并根据说明书将宝宝汽车座椅牢固地安装在汽车后排座位上。如不使用宝宝汽车座椅，大人应用背带背好宝宝坐在后排，万万不可坐前排。

护好宝宝的脚

同成年人相比，宝宝的脚更爱出汗。因为在儿童相对少得多的皮肤面积上，分布着与成年人同样多的汗腺。潮湿的环境利于真菌生存，为了能够消灭脚部真菌，宝宝的脚需要很好的护理：定期给宝宝洗脚，每天至少1次，之后把脚彻底晾干；在运动和远足等活动之后用温水洗脚；每天清晨或洗脚之后，换上清洁的袜子，而且最好穿棉袜；经常更换鞋子，以便让潮湿的鞋垫和内衬能够充分晾干。

带宝宝串门要适度

在节假日里适当地带宝宝走走亲戚朋友，可培养宝宝与人交往的能力。但有些家长却喜欢有事无事地带上宝宝走东家串西家，漫无目的地带宝宝串门，这样就对宝宝不利了。

过多串门对宝宝的健康不利

这个年龄的宝宝好奇好动，抵抗疾病的能力又差，到了别人家喜欢到处乱抓乱摸，容易感染各种呼吸道、消化道疾病及各种传染病。可以说，串门的机会愈多，宝宝患各种疾病的可能性愈大。

过多串门可使宝宝养成不好的性格和习惯

过多串门可使宝宝养成不稳定的性格和走东串西的不良习惯。这样宝宝一旦被要求待在家里，就不容易集中精力坐下来做成一件事，从而不能养成专注、认真做事的习惯。而这种习惯的形成，对宝宝将来的学习、工作都具有关键作用。许多大人意识不到这一点，等到宝宝一天到晚喜欢到别人家去，不愿待在家里时，只会简单地责备一番，就是没想到这是自己造成的。

逐步培养宝宝的生活自理能力

现在的宝宝大多数是独生子女，爸爸妈妈不要太娇惯宝宝，也不要为了省事而一切都为宝宝代劳。这样做表面看来是怕宝宝受累，其实是剥夺了宝宝锻炼的机会，很难培养起宝宝的生活自理能力。

有些善于料理家务的妈妈，总是把时间和所要做的事情都安排得井井有条。这些麻利的妈妈决不会干等着宝宝慢慢腾腾地脱衣服，而是亲手利索地去帮宝宝脱下来。还有那些爱干净的妈妈，怕宝宝撒饭把衣服弄脏，往往要亲自喂宝宝。如果让宝宝养成什么都该由妈妈做的习惯，就会产生依赖思想，影响将来独立生活的能力。

所以，对于2~3岁的宝宝，爸爸妈妈要放手让他做力所能及的事情。为了培养宝宝自己用勺子和碗吃饭，爸爸妈妈必须提供能引起宝宝食欲的饭菜。只要饭菜可口，宝宝就会主动愿意自己用勺吃，并把吃饭当成是一件愉快的事。

爸爸妈妈要适度放开对宝宝的限制，这样才有利于宝宝锻炼生活自理能力。

宝宝的餐具要适合宝宝。勺子的大小要适合宝宝的嘴，最好一勺就是一口；碗或者盘子容量要适中，可以选择一些带有吸盘的碗或盘子，这样可以避免宝宝打翻。

纠正宝宝边吃边玩的5个方法

1 选择宝宝喜欢又适合的餐具。让宝宝自己选择餐具。因为宝宝自己挑选的餐具，一定很喜欢，这样可以增加宝宝吃饭的兴趣。

2 创造温馨的就餐气氛。吃饭前要让宝宝洗干净小手，妈妈端上饭菜的时候，要表现出对饭菜感兴趣的样子。要让宝宝和大人一起用餐，这样看到大家津津有味地吃饭，宝宝也会专心吃饭。

3 鼓励宝宝自己动手吃饭。宝宝这时候有自己吃饭的欲望，但由于手部精细动作能力不协调，常会弄撒饭菜，这时妈妈要鼓励宝宝自己吃饭，并给予适当的帮助。

4 固定吃饭的时间和地点。宝宝吃饭时间要固定，和大人一样就行，不要随便延长宝宝吃饭时间。只要时间一到，就要撤下饭菜，让宝宝知道饭菜过时不候。

5 利用宝宝的特有心理。利用逆反心理让宝宝按时吃饭效果非常好。这时候宝宝喜欢和爸爸妈妈对着干，越让他坐着吃饭，他越喜欢跑来跑去，这一点妈妈可以很好地利用，如“今天的饭真好吃，你要是玩玩具，就吃不到喽”。这样，宝宝很快就会过来乖乖吃饭了。

特殊情况的照护

尿床的应对措施

一般情况下，宝宝在1岁或1岁半时，就能在夜间控制排尿了，尿床现象已大大减少。但有些宝宝到了2岁甚至两岁半后，还只能在白天控制排尿，晚上仍常常尿床，这依然是一种正常现象。大多数宝宝3岁后夜间不再尿床。有的宝宝已满3岁，但因白天玩游戏过度，精神疲劳，睡前饮水过多等原因而偶然发生尿床，这也是正常现象，妈妈不用担心。

宝宝5岁前尿床是正常现象。5岁以后还不能控制尿便的宝宝几乎没有，除非个别宝宝患有不能控制尿便的疾病。

对于尿床的宝宝，妈妈不能抱怨宝宝，更不能训斥。在宝宝尿便训练问题上，父母要给予鼓励与赞许，训斥不但不会让宝宝更快学会控制尿便，还会让宝宝有畏难情绪，使宝宝控制尿便的时间来得更晚。如果父母有充足的时间，就适时给予训练，如训练宝宝白天憋尿，每当出现尿意时主动控制暂不排尿，开始可推迟几分钟，逐渐延长时间。

如果宝宝尿床次数比较频繁，妈妈不妨试试以下护理方法。

饮食护理

1 常给宝宝吃一些补肾食物，如桂圆、糯米、莲子等，可改善宝宝的尿床现象。

2 宝宝晚餐可以食用干饭、稠粥、面糊等，减少饮水量。

按摩护理

每晚睡觉前，给宝宝按摩双耳5～10分钟，能起到补肾的作用，缓解尿床的状况。

给宝宝喂药的方法

宝宝生病了，但是却不肯吃药，这是让很多爸爸妈妈非常头疼的事情。往往大人累得浑身是汗，宝宝哭得声嘶力竭，却仍然无法成功把药喂进去。那有没有什么办法能让喂药变得简单呢？

1 如果宝宝一直哭闹，不肯吞咽药物，要先把宝宝哄安静后，再慢慢给药，也可试试用喂药器。

2 给宝宝喂药时，最好能先耐心说服哄劝，并给予表扬和鼓励，大多数宝宝能勇敢地把药服下。

3 如果宝宝能够积极配合吃药，可以适当给宝宝一些奖励，例如说给他们吃一样他们喜欢的东西，或者一起玩他们喜欢的游戏。

4 假装喂给宝宝喜欢的玩偶吃，用这种游戏吸引宝宝对药的兴趣。

5 尽量买味道比较好的儿童用药。

6 给宝宝服药的时间通常选在饭前30分钟到1小时，因为此时胃已排空，有利于药物的充分吸收，使药物发挥最大的功效，还可以避免服药引起的呕吐。但要留意，有些对胃有较大刺激的药物，要选在餐后1小时喂服。

2岁10个月~3岁 宝宝的能力发展与培养

大脑发育的第二个高峰期

这段时间，是宝宝大脑发育的第二个高峰期，宝宝非常喜欢接触新鲜的事物，愿意去探索和认知新事物，这在很大程度上可以促进宝宝大脑的发育，起到开发智力的目的。

运动能力越来越强

宝宝运动能力增强，喜欢用脚踢东西玩，所以这时宝宝非常喜欢踢球的游戏。还喜欢蹦来蹦去。

宝宝发育出现“停歇”现象

宝宝3岁了，但每个宝宝的发育程度是不一样的，爸爸妈妈应该用发展的眼光看待宝宝的成长，只要宝宝进步了，爸爸妈妈就应该为宝宝高兴。即使宝宝出现暂时的发育“停歇”也不要过于担心，应该用宽容的心态去关爱和包容宝宝，这样有利于帮助宝宝成长，还可以让宝宝有一个快乐的童年。

口语运用越来越熟练

随着宝宝的发展，对世界的认识也在加深，同时对独立性的要求也更强烈了，宝宝给自己创造语言独白的机会越来越多，这样使宝宝对母语口语的运用更加熟练。

情境性语言占主导

3岁前的宝宝想要表达自己的意思，需要一定的情境，还要配合一定的手势、表情等才能让爸爸妈妈明白意思，这也是宝宝此时的一个主要表现。

行为开始受语言的影响

以前当妈妈说某件事情时，如果不配合一定的动作、表情等，宝宝很难理解。但现在宝宝已经能将语言和行为紧密联系在一起了。当爸爸妈妈说某件事情，如把鞋子给爸爸拿过来，宝宝就会跑过去拿过来，这是对爸爸妈妈语言的反应。

宝宝认识到了性别差异

这时的宝宝已经认识到了男孩、女孩的生理差异。爸爸妈妈应该让宝宝知道，男孩和女孩应该去不同的卫生间；让宝宝坚信，性别的差异是能做什么，而不是不能做什么。总之，无论男孩还是女孩，学会做人才是最重要的。

数学能力快速发展

宝宝喜欢把自己的年龄告诉别人“我三岁了”，说明宝宝对数学产生了兴趣。鉴于此，爸爸妈妈可以教宝宝数学了，培养宝宝的数学思维能力，有利于智力的发展。

宝宝对玩具、食物、游戏比较感兴趣，所以爸爸妈妈可以利用这些载体教宝宝学习数学。如给宝宝吃饼干时，妈妈给宝宝一个，然后再给一个，问宝宝一共有几个。

鼓励与赞许不可少

这个月龄的宝宝大部分都能控制尿便了，但是也会偶尔尿床，白天不能准确尿到便盆中等。无论哪种情况，爸爸妈妈都不要责备宝宝，否则会让宝宝产生畏难情绪，甚至推迟控制尿便的时间，所以鼓励和赞许是永恒的主题。

大人放松孩子玩疯的亲子游戏

单腿站立

大动作能力

益智点

让宝宝在狭窄的空间进行单腿练习，增强宝宝身体的平衡能力。

游戏进行时

取一份报纸，让宝宝站在上面，让宝宝持续站立10秒钟以上，然后对折，让宝宝站立，持续这样的动作一直到宝宝只能够单腿站立，这个时候引导宝宝进行单腿站立。

宝宝吃饭时总是含饭怎么办

有的宝宝喜欢把饭菜含在嘴中，不嚼也不吞咽，这种行为俗称“含饭”。含饭的现象易发生在婴儿期，多见于女宝宝，以爸爸妈妈喂饭者较为多见。主要原因是爸爸妈妈没有让宝宝从小养成良好的饮食习惯，没有在正确的时间添加辅食，宝宝的咀嚼功能没有得到充分锻炼而导致的。这样的宝宝常由于吃饭过慢或过少，无法摄入足够的营养素，而导致出现营养不良的情况，甚至出现某种营养素缺乏而致使其生长发育迟缓。我们可以采取下面的措施：

爸爸妈妈可有针对性地训练宝宝，可与其他宝宝同时进餐，模仿其他宝宝的咀嚼动作，这样随着年龄的增长，宝宝含饭的习惯就会慢慢地改正过来。

呕吐的应对措施

呕吐的主要表现

1 有些宝宝常发出“咝咝”的痰鸣声，晚饭后睡觉前，伴随一阵咳嗽发生呕吐。只要不咳嗽就不会呕吐。这种宝宝往往平时容易积痰。

2 常发生的呕吐是突然发热伴有呕吐，宝宝看上去会特别疲劳。

3 宝宝晚饭吃了太多肥肉、米饭，引起呕吐，吐完之后宝宝觉得舒服了，既能安稳睡觉，也不会发热，这是过食的原因，妈妈也会很清楚。

4 秋季快满 2 周岁的宝宝反复呕吐，还发生多次水样大便，伴有发热，但热度不高，可能是“秋季腹泻”。

5 感冒、口腔炎、一氧化碳中毒也会伴有呕吐的症状。

饮食护理

1 在宝宝呕吐后，要注意观察宝宝 1~2 小时，如果宝宝口渴，要少量多次地喂点果汁、凉茶水或冰水等流体类汁水，但不要喂柑橘汁。如果宝宝没有异常反应，就可以给宝宝水喝。

2 宝宝呕吐后 3~4 小时会感到肚子饿，此时最好给宝宝喂面糊或烂粥。

按摩护理

通过按摩可缓解宝宝的呕吐症状，具体方法如下：让宝宝仰卧，用中指先按后揉中脘穴 1~3 分钟。该穴位于人体上腹部，胸骨下端与肚脐连接线的中点即是。

3~4岁 语言能力突飞猛进

3～4岁宝宝的生长特点

宝宝生长发育的基本数据

项目 \ 性别	男宝宝	女宝宝
身高(厘米)	98.7～107.2	97.6～105.7
体重(千克)	14.8～18.7	14.3～18.3

能很好地控制四肢互动

现在的宝宝可以轻松蹲下去、站起来，且能自然地把膝盖并拢，很好地控制身体的平衡，走路也不用通过用胳膊保持平衡了，可以自由地摆动双臂，行走自如了。

有了视线调节能力

宝宝对所见所闻有了一定的印象，甚至会用语言描述出来。他们已经具有了调整视线的能力。当从远处走到近处，宝宝会清楚地知道是同一个景物，而不混淆。

双手动作更加灵巧了

这时的宝宝可以自己一个人吃饭，而不会把饭菜撒在外面；会自己脱去裤子撒尿；自己系鞋带时，会有一个使劲拉的动作；会自己拿水壶倒水……这些都说明宝宝的双手越来越灵巧了。

科学喂养，打下一生营养好基础

零食的安排要科学健康

1 宝宝非常适合食用含优质蛋白、脂肪、糖、钙等营养素的各种奶制品，如酸奶、奶酪和纯鲜奶等，这些可用来做宝宝每天的零食。纯鲜奶可在早上和晚上临睡前喝，果味酸奶和奶酪适合用做两餐之间的加餐。

2 水果中含有丰富的糖、维生素和矿物质，宝宝多食能促进食欲，帮助消化。可在每天的午餐和晚餐之间给宝宝吃，但一定要选用新鲜、成熟的水果。不成熟的水果会刺激宝宝的胃肠道，容易引起腹泻、腹胀等不适。

3 用谷类制成的各种小点心可补充热量，应在每天上午的加餐中给宝宝吃，但不能给得太多，也不要在就餐前给宝宝吃，以免影响宝宝进食正餐时的胃口。

4 饭后可给宝宝吃些山楂糕、果丹皮等开胃的小点心，可促进消化，让宝宝保持好胃口。

水果不可少

水果的营养价值和蔬菜差不多，但水果可以生吃，营养素免受加工烹调的破坏。水果中的有机酸可以帮助消化，促进其他营养成分的吸收。桃、杏等水果含有较多的铁，山楂、鲜枣、樱桃等含大量的维生素C。

宝宝营养餐

肉末炒韭菜 预防便秘

材料 韭菜150克，猪肉末80克，大蒜、豆豉各3克，柿子椒丁2克，酱油2克。

做法

1 韭菜择洗干净，切碎；大蒜去皮，切末。

2 锅内倒油烧热，倒入蒜末、柿子椒丁、豆豉大火炒香，转中火，放入猪肉末翻炒至变色。

3 加入韭菜略炒一下，加酱油调味即可。

宝宝日常照护

尝试让宝宝晚睡半个小时

3~4 岁的宝宝可以尝试让他晚上入睡时间逐渐推迟半小时，以晚上 8~9 点入睡为宜，这样早上 6~8 点醒来，还能保证午睡 1~2 个小时，且很快入睡，如此无论是早晨还是午睡后，宝宝都能保证精力旺盛。

培养宝宝的自理能力

1 幼儿园老师虽然会在宝宝刚入园时，喂宝宝吃饭，但毕竟宝宝比较多，常有照顾不到的地方，所以，宝宝应学会自己用勺子吃饭，并要吃饱。

2 有的宝宝大小便还不能控制，或者还在使用纸尿裤，这时就要注意了。在入园前，要让宝宝学会说“我要大便，我要小便”的话，免得给幼儿园老师增加负担，也避免宝宝受潮湿、不洁之苦。

3 不会用水杯喝水的宝宝，这时要加紧训练了。

4 宝宝在玩耍时，常常会把自己的小手、小脚弄得很脏，如果宝宝自己不会简单地清洗，爸爸妈妈需要尽早教会宝宝。

5 午休后，一般需要宝宝自己穿衣服起床，所以，应加紧训练宝宝自己穿脱衣服。

特殊情况的照护

佝偻病应对策略

佝偻病俗称“软骨病”，是由于维生素D缺乏引起体内钙、磷代谢紊乱，而使骨骼钙化不良的一种疾病。佝偻病会使宝宝的抵抗力降低，容易合并肺炎及腹泻等疾病，影响宝宝的生长发育。当宝宝出现佝偻病时，可以采取下面的措施：

1 宝宝每天应在室外活动1~2小时，晒太阳能促使自身维生素D的合成。夏季避免阳光直晒，可带宝宝到树荫下，也可以达到日晒的效果。

2 避免宝宝久站久坐，不让宝宝过早行走，以防骨骼变形。有骨骼畸形者可采用主动或被动运动的方法加以纠正，严重的骨骼畸形须进行外科手术纠正。

3 佝偻病宝宝体质虚弱，应注意随气温变化增减衣服，防止受凉、受热。哺乳、睡眠时要及时将汗擦去。

4 不要让宝宝做过于剧烈的运动，以免发生跌撞，引起骨折。

5 在医生指导下服用维生素D和钙剂。

扁桃体炎的应对措施

症状表现

急性扁桃体炎常表现为高热、咽痛，扁桃体肿大发红，不敢吞咽进食。年龄幼小的宝宝则表现为流口水、不吃食物，病情严重者扁桃体上可见数个化脓点，又称化脓性扁桃体炎，此时宝宝体温可能很高，持续时间也更长。

饮食护理

1 饮食要清淡，可吃乳类、蛋类等高蛋白食物和香蕉、苹果等富含维生素C的食物。

2 当宝宝出现吞咽困难时，不要强迫宝宝进食，可以让宝宝吃些流食，如酸奶等，以减轻咽喉疼痛。

3 在医生指导下服药。

生活护理

如果宝宝发烧，妈妈要注意房间的保暖，督促宝宝注意休息，必要时可采取降温措施；妈妈要监督宝宝保持口腔清洁，用淡盐水或漱口水漱口，以防止感染加重。

宝宝喝些酸奶可以减轻咽喉疼痛，但最好不要空腹食用，否则会伤害宝宝娇嫩的肠胃。

3~4 岁宝宝的能力发展与培养

拒绝态度被分享、依赖取代

这个月龄的宝宝已经会说“我们”了，这样就会经常和小朋友一起玩耍，也让他们体验了分享的快乐。但也让宝宝有了更多的依赖，经常会央求妈妈来帮助完成某件事情，如“妈妈，来帮我拿皮球……”

运动能力发展更稳定

这时的宝宝走路步伐变得稳定，双手也不需要为了平衡重心而大肆夸张地伸出整个手臂，可以自然摆动了。宝宝跑步也变得顺畅，遇到急转弯时，可以顺利完成。

语言能力突飞猛进

这个月龄的宝宝非常愿意接受一些新鲜的词汇，如小礼物、保密、难看死了……有时还能帮助妈妈解决僵局哦。如当你不小心惹恼了宝宝，你可以说“妈妈送你一个小礼物吧”，他就会立刻被吸引过来，但你一定要拿出一个小礼物，这样他就会欢呼雀跃，忘记刚才的不愉快。

有了喜欢和讨厌的选择

这时宝宝有了自己的喜好，特别愿意和自己喜欢的小朋友玩耍，且愿意分享自己的玩具等，但对于自己讨厌的小朋友，既不和人家玩耍，也不会把自己的玩具分给人家玩。

喜欢和爸爸妈妈一起玩耍

宝宝还是喜欢和爸爸妈妈一起玩耍，因为爸爸妈妈不会和他抢玩具，不会和他吵架，向他们寻求帮助时也会得到回应，感觉非常轻松。但与小朋友玩耍时，经常会发生吵架现象。

大人放松孩子玩疯的亲子游戏

小牙刷手中拿

音乐学习能力、自理能力

益智点

让宝宝在刷牙中体会到音乐的存在。

游戏进行时

1. 妈妈和宝宝一起准备牙刷、牙膏、牙缸。

2. 妈妈给宝宝示范接水、挤牙膏、刷牙，然后按照刷牙的顺序指导宝宝学习刷牙。

与入园有关的问题

怎样应对宝宝入园问题

很多宝宝早在两岁半就已经入园了，但是大部分宝宝还是3周岁开始入园。送宝宝去幼儿园不仅是对宝宝的考验，也是对爸爸妈妈的考验。在送宝宝入园之前要做哪些准备，宝宝入园会遇到哪些问题？应该如何面对、如何解决，爸爸妈妈要做到心中有数。

是否具备基本的入园能力，在爸爸妈妈准备将宝宝送到幼儿园之前，可以给宝宝做个小测验。

- 会自己用勺子吃饭、用杯子喝水吗？
- 会自己洗手、洗脸、擦嘴吗？
- 大小便能自理吗？
- 会穿脱鞋袜以及简单的衣服吗？
- 具有一定的语言表达能力了吗？
- 能听懂别人的话，能自由地和别人交流吗？

在入园之前掌握这些基本生活自理能力是非常必要的。如果想要让宝宝在幼儿园的生活更顺畅，爸爸妈妈就要放手让宝宝学会自立，不要什么都代替宝宝去做。

如何让宝宝愿意入园

平时让宝宝自己选择一个“再见”的游戏，帮助他逐渐习惯妈妈不在身边。你在走之前也要告诉他，妈妈去工作了，下班后就会回来陪你玩。

提前带宝宝去参观幼儿园。最好是在其他小朋友都在的情况下，这样宝宝就可以亲身体验幼儿园的生活。你可以鼓励宝宝与其他小朋友一起玩，以增加他对上幼儿园的期待。

和宝宝一起准备入园的物品，给宝宝更多的自主权，例如入园用的小书包、小杯子之类的，让宝宝自己挑，宝宝喜欢哪个就用哪个，以此减轻宝宝入园的焦虑感。

当宝宝表示不愿意上幼儿园时，爸爸妈妈应想办法转移宝宝的注意力，尤其是不要当着其他人的面重复提起宝宝不愿意上幼儿园的事。应尽量淡化宝宝不愿入园这件事而不是刻意强调。

如何安抚不愿入园的宝宝

首先你必须坚定送宝宝去幼儿园的决心。尤其是妈妈，不要看到宝宝撕心裂肺地哭闹，自己也在一旁抹眼泪，这样会把不良的情绪传递给宝宝。

爸爸妈妈要平淡应对宝宝的哭闹，要让宝宝知道，哭闹是不行的，在这个阶段必须要去幼儿园。如果实在不忍心看宝宝哭，可以将宝宝搂在怀里，但是不要说话，等宝宝慢慢平静下来后，再告诉他：“你是最棒的，妈妈相信你肯定会愿意上幼儿园的。”

为了安慰宝宝，爸爸妈妈可以在去幼儿园之前，与宝宝做一些约定。例如在去幼儿园之前，妈妈可以答应宝宝的一个要求，然后与宝宝约定等宝宝从幼儿园回来就会兑现这个承诺。但是妈妈一定要信守承诺，答应的就必须做到。

如何度过分离焦虑期

过分依赖的宝宝

特点：独立性差，不愿离开家人，大声哭闹，常常把“要妈妈”挂在嘴边等。

解决办法：不要让宝宝最依恋的人送宝宝去幼儿园。把宝宝送进幼儿园后，家长要表情平淡，果断地离开。

性格内向的宝宝

特点：从不大哭大闹，能对老师的语言作出反应，但从表情上看并不开心，常常自己躲在一边玩或想心事。

解决办法：经常表扬宝宝，如“宝宝离开妈妈没有哭，真棒”等。

胆小的宝宝

特点：体质弱，胆小，适应力差，看到老师十分紧张。

解决办法：提前一段时间多带宝宝到幼儿园，多看多玩，引导他熟悉幼儿园的老师和小朋友。

情绪容易波动的宝宝

特点：刚开始时会被新环境吸引，不哭不闹。几天后，新鲜感逐渐消失，便会开始哭闹。

解决办法：对宝宝开始入园时的表现进行表扬，经常夸他勇敢、懂事，鼓励宝宝保持“不哭”的好行为。

脾气暴躁的宝宝

特点：脾气急躁，早晨入园时对爸爸妈妈又踢又打，爸爸妈妈离开后就会平静，很容易接受老师的劝说。

解决办法：当宝宝出现踢、打现象时，对他进行冷处理，待宝宝平静后再讲道理。对宝宝的优点要多鼓励、多表扬。

宝宝不合群这样做

每个人的性格都是不尽相同的，宝宝更是如此。首先我们应该认可这种不同，其次，就要从各方面，包括爸妈自身、所处环境等来解决宝宝的不合群现象。宝宝的交往能力是激发出来的、鼓励出来的，如果不想让宝宝太孤独，就应该通过各种方式让宝宝感到他是群体中的一分子。

不能光讲大道理，要借助宝宝容易接受的方式引导宝宝

例如编一些有针对性的小故事，在讲故事的同时，让宝宝知道与别人和谐相处的方法，也可以借助一些图画书，让宝宝了解集体生活的行为规范。让宝宝觉得与人交往以及集体活动是一件很有趣味的事情。

可以邀请别的小朋友到家里来玩

家是宝宝最熟悉的环境，在家里宝宝能够更加放松。邀请小朋友来家里玩，告诉宝宝是小主人，让他帮忙照顾好其他小朋友。

鼓励宝宝结交一个好朋友

不能一下子要求宝宝马上融入大的集体里面，可以让宝宝从交一个好朋友开始，让他懂得交朋友的乐趣，慢慢地就会融入集体里了。

多带宝宝参加各种活动

可以多创造机会，联系其他家庭搞一些小型聚会，也可以带宝宝去参加一些亲子活动，创造各种机会让宝宝多接触。

家长要言传身教

爸爸妈妈与其他朋友间的和谐相处，也是对宝宝最好的带动。

妈妈鼓励宝宝多结交小朋友，可以让宝宝懂得有玩伴的重要性。

4~5岁
逐步走向独立的阶段

4~5岁宝宝的生长特点

宝宝生长发育的基本数据

项目＼性别	男宝宝	女宝宝
身高(厘米)	105.3~114.5	104.0~112.8
体重(千克)	16.6~21.1	15.7~20.4

运动能力进一步完善

这一阶段，宝宝的运动功能进一步完善，可以让宝宝进行跑跳、灵活地抓东西、跳绳、溜冰、攀登和连续起跳等需要肌肉耐力的运动。随着手的运动日趋熟练，可以让宝宝做一些简单的家务劳动和游戏。让宝宝多运动，因这时宝宝的骨骼尚未定型，适量的运动可以使骨骼肌得到充分的血液供给，促进其发展。

对手的控制能力增强

4~5岁的宝宝对手的控制能力越来越强，可以用一只手按住纸，另一只手拿铅笔和蜡笔画画，并且能够画出人像的多个部位；能用刷子和手指涂鸦；还可以用许多积木搭建一个较为复杂的结构；甚至可以追踪和描绘一个几何三角形，如星形或者三角形。

身体协调能力提高

这时宝宝的动作协调能力比以前有了大大的提高，可以轻松做些攀爬跑跳、闪转腾挪等运动，这些都显示出宝宝惊人的协调运动能力。

科学喂养，打下一生营养好基础

与家人同餐

4~5岁的宝宝活动范围扩大，能量消耗随之增加，米和面等主食量应增加。宝宝咀嚼食物的能力进一步增强，胃容量也不断扩大，消化吸收能力开始向成人过渡，饮食过渡到普通饭菜，并可以开始与家人同餐，每日饮食安排以“三餐一点”为好。此时，各种食物都可以选用，但仍注意不可多吃刺激性食物。对钙的需求量仍比较高，可以通过在早餐及睡前饮奶来增加钙的摄入。

不要专为宝宝开小灶

家人在一同进餐时，家长最好不要专为宝宝开小灶，也不要由着宝宝性子任意在盘中挑着拣着吃，要让宝宝懂得关心他人、尊重长辈。宝宝的饭菜要少盛，吃多少给多少，随吃随加，这样，不仅能避免剩饭造成浪费，还会使宝宝珍惜饭菜，刺激食欲。如果宝宝饭碗里总是堆得满满的，不但让宝宝发愁，影响到食欲，而且会使宝宝感到饭菜有的是，从而不懂得去珍惜和节约。

宝宝营养餐

清蒸基围虾 促进宝宝成长

材料 基围虾200克，盐1克，香菜段5克，葱末、姜末、蒜末各3克，料酒、酱油各5克，香油少许。

做法

1. 基围虾洗净，去头去壳，用料酒、盐、葱末、姜末腌渍；蒜末加酱油、香油调成味汁。
2. 将基围虾仁放入大盘中，上笼蒸15分钟，上桌前撒上香菜段、淋上调味汁即可。

营养师说功效

基围虾是一种蛋白质非常丰富的食物，其维生素A含量比较高，脂肪含量低，富含磷、钙，可促进宝宝成长。

宝宝日常照护

● 谨防餐具中的铅毒

铅是目前国际公认的有毒物质。铅污染对宝宝的危害往往是潜在的。在产生中枢神经系统损害前，往往因缺乏明显和典型的表现而容易被忽视。更严重的是，铅对中枢神经系统的毒性作用是不可逆的。当宝宝的血铅水平超过1毫克/升时，就会对智能发育产生不可逆转的损害。

在生活中，对宝宝的餐饮用具除应注意清洁、消毒外，还应避免使用表面图案艳丽夺目的彩釉陶瓷和水晶制品，尤其不宜用其来长期贮存果汁类或酸性饮料，以免“铅毒”暗藏杀机，损害身体。饮食中，多给宝宝吃一些大蒜、鸡蛋、牛奶、水果、绿豆汤、萝卜汁等，对减除铅污染的毒害有一定的益处。

● 做好视力保护措施

为了使宝宝的视力得到正常的发育，爸爸妈妈们应采取如下措施：

对室内光线有要求

宝宝的卧室、玩耍的房间，最好是窗户较大、光线较强，如朝南或朝东南方向的房间。不要让花盆、鱼缸及其他物品影响阳光照入室内。

宝宝房间的家具和墙壁最好是鲜艳明亮的淡色，如浅蓝色、奶油色等，这样可使房间光线明亮。如自然光线不足，可采用人工照明来补足。

人工照明最好选用日光灯，用一般的灯泡照明时，最好能装上乳白色的圆球形灯罩，以防止光线刺激眼睛。

不宜多看电视

宝宝看电视每周最好不多于两次，且每次不超过15分钟。电视机荧光屏的中心位置应略低于宝宝的视线。眼睛距离屏幕一般以2米以上最佳，且最好在座位的后面安装一个8瓦的小灯泡，这样可以缓解宝宝看电视时眼睛的疲劳。

营养与锻炼对视力也有影响，要供给宝宝富含维生素A的食物，如水果、深色蔬菜、动物肝脏等。经常让宝宝进行户外活动和体格锻炼，也有助于消除宝宝的视力疲劳，促进视觉发育。

看书、画画的姿势

看书、画画等要有正确的坐姿，宝宝眼睛与书的距离应保持在33厘米左右，不能太近或太远。切忌让宝宝在躺着或坐车时看书，给宝宝所看书的字迹不要太小，避免造成宝宝眼睛疲劳。

特殊情况的照护

● 这样应对蛲虫和蛔虫

寄生虫是严重危害幼儿健康的常见病，有些宝宝有不同程度的肠道寄生虫，如蛲虫等。

患有寄生虫病的宝宝大多有如下表现：

1 在宝宝的面部、颈部皮肤上，常有淡白色近似圆形或椭圆形的斑片，上面有细小的灰白色鳞屑，即俗称的“虫斑”。

2 宝宝常喊肚子痛，尤以脐周部位为多，揉按后可缓解。

3 无明显原因，宝宝的皮肤常反复出现“风疙瘩”。

4 宝宝夜间睡眠容易惊醒、磨牙和流口水。

5 宝宝吃得多且好饥饿，爱吃零食，吃得多却总是胖不起来。

6 宝宝有嗜异食表现，喜欢吃一些如泥土、纸张、布头等稀奇古怪的东西。

蛲虫的防治措施

1 每天早晨起床，先用热水和肥皂给宝宝洗屁股，尤其是要清洗肛门四周的地方。

2 宝宝睡觉时，要穿闭裆裤，避免患儿夜里不自觉地搔抓肛周，将虫卵抓到手里。

3 每晚给宝宝洗净屁股后，在肛门周围涂上蛲虫药膏，这样可杀死在肛门外的雌虫和虫卵，防止自身重复感染。

4 要教育宝宝养成良好的卫生习惯，饭前便后要洗手、剪短指甲。剪过指甲后，要用流动水和肥皂将手彻底冲洗干净。

5 改掉不良的卫生习惯，如吃手指、用手抓食、坐在地上玩玩具等。宝宝要独睡一条被子和被褥，并经常清洗和曝晒衣物、被褥等。

宝宝玩完玩具后要及时洗手，以防罹患寄生虫病。

遗尿这样护理

遗尿症俗称尿床，通常指小儿在熟睡时不自主地排尿。一般至4岁时仅20%宝宝有遗尿，10岁5%有遗尿，有少数患者遗尿症状可持续到成年期。如果宝宝出现上述状况，可以采取下面的护理措施：

1 养成良好的作息和卫生习惯，避免过劳，掌握尿床时间和规律，夜间用闹钟唤醒患儿起床排尿1~2次。白天睡1~2小时，白天避免过度兴奋或剧烈运动，以防夜间睡眠过深。

2 在整个疗程中要树立信心。逐渐纠正害羞、焦虑、恐惧及畏缩等情绪或行为，照顾到宝宝的自尊心，多劝慰鼓励，少斥责、惩罚，减轻他们的心理负担，这是治疗成功的关键。

3 要正确处理好引起遗尿的精神因素，通过病史了解导致遗尿的精神诱因及可能存在的心理矛盾。对于可以解决的精神刺激因素，应尽快予以解决，对原来已经发生或现实客观存在主观无法解决的矛盾和问题，要着重耐心地进行教育、解释，以消除精神紧张，以免引起情绪不安。

4 晚饭后避免饮水，睡觉前排空膀胱内的尿液，可减少尿床的次数。

细菌性痢疾的应对策略

婴幼儿细菌性痢疾多发生在夏秋两季，是一种急性肠道传染病。该病主要通过患者或带菌者的粪便传播，被带菌的苍蝇污染的日常用具、餐具、宝宝的玩具等也会引起传染。以儿童发病率为最高，所以家人应做好宝宝的清洁卫生工作。可以采取以下的措施：

1 宝宝的餐具要单独使用，每次煮沸消毒15分钟。衣服、被褥要勤洗、勤晒。负责护理宝宝的家长要注意勤洗手，特别是饭前、大便后洗手以防被传染。

2 让宝宝多休息，多饮水，可以喝温开水、糖盐水、果汁水等，补充因腹泻丢失的水分。

3 宝宝每次大便后，家长应注意观察大便的量和性质，并做好记录，为医生制订治疗计划提供可靠依据。

溺水处理策略

夏秋季节雨水丰富，低洼地方蓄满了水，宝宝稍不留神就可能掉进水里发生溺水。在专业救护人员到来前，家长应学会救治，避免造成不良后果。具体操作方法如下：

1 用手将溺水宝宝口中的呕吐物、污物取出，解开衣服，保持呼吸顺畅。

2 让宝宝保持头低脚高的位置，按压宝宝的胸部，将水排出。

3 检查溺水宝宝是否清醒，可呼唤或拍打其足底，看有无反应，并仔细倾听是否有自主呼吸存在。对于已经没有呼吸的宝宝，须立即进行人工呼吸。

4~5 岁宝宝的能力发展与培养

词汇量迅速增加

4~5 岁的宝宝的词汇量迅速增多，口语表达能力在迅速提高，语句也比较连贯，能比较自如地与别人交谈，并能清楚地表达自己的要求、愿望和想法；能说出自己的生日、家庭住址；能够朗诵 8 ~ 10 首歌，复述 3 ~ 4 个听别人讲过的故事。

会用言语明确表达自己的想法

这时的宝宝，一旦事情不如自己所愿，就会表现出一些粗鲁的身体抗拒，甚至会打滚撒泼，这些都在所难免。但绝大多数宝宝，在他不愿意顺从、不想听话时，他会根据当时情景用语言丰富地表达出自己的意愿。

空间认识能力提高了

这个时期的宝宝对空间的认识已经比较正常了，能够轻松区别两个不同长度的物品，分清物品的距离。宝宝可以凭借事物的具体形象或表象的联想来进行思维，思考逐渐由具体到抽象，慢慢建立了基本的时间与数字概念。有些宝宝知道早上、中午、晚上的时间顺序，能理解昨天、今天、明天等时间概念。他们最爱做游戏、看电视、看电影、看图画书等。4 ~ 5 岁的宝宝有了初步的审美观点，懂得好与坏、美与丑，尤其是女宝宝，她们会经常对着镜子自己打扮，看见陌生人会害羞，说错话会难为情等。

开始控制自己的情绪

现在，宝宝开始控制自己的情绪，基本能用文明的方式提出要求，而不是胡闹或者尖叫。宝宝在这个阶段逐渐停止竞争，懂得了一起玩耍要相互合作、分享玩具，获得了领导同伴和服从同伴的经验。他们开始有了嫉妒心，并能感受到强烈的愤怒和挫折。

意识到长辈的权威

这个岁数的宝宝已经开始意识到长辈的权威，当爸爸妈妈训斥的时候，宝宝会表现出以前没有过的表情，既有困惑，还有惧怕，还有认真在听的样子，这样爸爸妈妈就会心软，这也许就是宝宝讨价还价的机会。

做什么事都过度

这个年龄的宝宝充满活力，导致时时处处都有过度的行为。动作方面，他既会拳打脚踢，还会吐口水，事情不顺着他的心，他还会跑出家门。情绪方面，事情如他的意，他会捧腹大笑；不如他的意，可能会大哭大闹。这时爸爸妈妈都不要见怪，这些都是正常现象，爸爸妈妈及时引导就好了。

能够灵活地使用剪刀

宝宝现在能够灵活地使用剪刀了。他会把一张纸剪成几块，然后像七巧板那样，重新拼成一张纸；也会沿着直线像样地剪下一个图形来，然后按照一定的顺序贴在本子上……这些都说明宝宝运用剪刀的能力越来越强了。

会享受音乐的美

音乐也能抓住很多宝宝的心，他们既喜欢听自己喜欢的歌曲，还可以拍出相当有韵律的节奏，还能拿着指挥棒“指挥”合唱，喜欢一边唱歌一边跳舞，而且表现得非常好。

大人放松孩子玩疯的亲子游戏

“5”的分解

数学学习能力、拆分能力

益智点

帮助宝宝了解“5”的分解，锻炼宝宝的拆分能力。

游戏进行时

1. 将5个萝卜分给两只小兔。
2. 给小白兔的萝卜画好，让宝宝将小灰兔的萝卜画在圆圈里。

宝宝赖床这样做

家长应做好榜样

有些家长在宝宝就寝时间一到，就急着赶宝宝上床睡觉，可自己却还在看电视或忙东忙西的。爸爸妈妈的这种做法会让宝宝有“孤单”或“不公平”的感觉，而且宝宝会有“为什么只有我要去睡觉”的疑问，加上宝宝对成年人的活动充满好奇，睡觉的意愿自然就不强烈了。所以，到了睡觉时间，全家人最好都能暂停进行中的活动，帮助宝宝酝酿睡前的气氛。

控制宝宝的午睡时间

宝宝睡午觉的时间不宜过长，也不要在接近傍晚时才让宝宝睡午觉。幼儿园的午休时间通常在13～14点。如果让宝宝在下午睡得太久或太晚午睡，宝宝很容易在晚上变成精力旺盛的“小魔头”，等他筋疲力尽入睡后，隔天早上势必又得花一番工夫才能把他叫起来。所以，最好控制好午睡时间，不要睡太久。

安抚宝宝的情绪

宝宝有时会因为身体不适或情绪上的不稳定而影响睡眠，由于身体状况比较容易观察，因此，爸爸妈妈应多留意情绪上的问题。有些宝宝年纪小，表达能力不是很好，如果在幼儿园或生活中受到挫折，不懂得该如何表达，再加上爸爸妈妈没有多加留意，宝宝的情绪可能就会间接反映在宝宝的睡眠品质上。在遇到类似的情形时，要多跟宝宝聊天，找出症结所在。

在宝宝闹情绪时，爸爸妈妈一定要首先弄清楚原因，根据他的需求采取对应的措施安抚他的情绪，或者引导他学会排解自己的不满情绪。

5~6岁 该为上小学做准备了

5～6岁宝宝的生长特点

宝宝生长发育的基本数据

项目＼性别	男宝宝	女宝宝
身高(厘米)	111.2～121.0	109.7～119.6
体重(千克)	18.4～23.6	17.3～22.9

运动较之前更剧烈

宝宝神经系统发育完善，已有很好的运动能力、协调感和平衡感，跑跳自如，能躲闪、追逐，能边跑边拍球或踢球。爸爸妈妈应经常带宝宝到儿童游乐园或较宽敞的活动场所玩耍、跑、跳，有意识地提高他的运动能力。在活动过程中，爸爸妈妈要格外关注宝宝的运动安全。

手的动作更灵巧

宝宝手的动作更加灵巧，对不同的书写工具感兴趣，能写简单的汉字和三位数的阿拉伯数字；能画日常生活中的一些人和物，如房屋、汽车、花草等，画人的部位也有所增多；能使用剪刀一类的工具做出比较出色的精细手工品；有的宝宝开始学习某种乐器了，如钢琴等。

换牙期到了

宝宝的牙齿开始了“坍塌”，那些大小均匀的、白白的乳牙，开始一颗一颗地松动，甚至掉落下来。

手眼协调能力更强

宝宝现在已经能看出某件东西哪些地方不对，能辨别出不一致的地方，但还不知道该如何让这些不对劲变得对劲。鉴于手眼协调能力的提高，宝宝的举止更加自信、更加顺畅。

科学喂养，打下一生营养好基础

宝宝的食欲增加

这个年龄的宝宝食欲一般是逐步增加的，偶尔会出现吃得过多或过少情况。现在由于宝宝喜欢把事情做完，还愿意听话，一般情况下，宝宝都会把餐碗里的饭菜吃光，时间可能会久一点。

每天吃的水果不应超过 3 种

宝宝每天吃的水果不应超过 3 种。要选择与宝宝体质相宜的水果。饱餐之后不要马上给宝宝吃水果，餐前也不是吃水果的最佳时间。应把吃水果的时间安排在两餐之间，例如午睡醒来之后，吃一个苹果或者橘子。

注意补充钙及其他矿物质、维生素

6 岁左右，宝宝开始换牙，所以，仍要注意维生素 D、钙与其他矿物质的补充，可继续在早餐及睡前让宝宝喝牛奶。在不影响营养摄入的前提下，可以让宝宝有挑选食物的自由。此外，仍应继续培养宝宝形成良好的饮食习惯，如讲究饮食卫生，与成人同餐时不需家长照顾等。此阶段如果饮食安排不当，宝宝易患如缺铁性贫血、锌缺乏症、维生素 A 缺乏、营养不良及肥胖症等营养性疾病。

宝宝营养餐

蔬菜煎饼 富含膳食纤维

材料 胡萝卜、青菜各 100 克，面粉 200 克，鸡蛋 1 个，盐 2 克

做法

1 胡萝卜去皮，洗净，切丝；青菜洗净，切成细丝；鸡蛋打散，搅匀成蛋液。

2 在面粉中加蛋液、胡萝卜丝、青菜丝、盐、适量水搅拌成面糊状。

3 平底锅置火上，放入适量植物油，将面糊分次用小火摊成薄饼即可。

宝宝日常照护

给宝宝一双合适的鞋子

现在宝宝跑跳已经非常自如了，所以，妈妈需要给宝宝选择一双合适的鞋子，来保护宝宝的小脚。

宝宝换鞋子的时机

关于给宝宝换鞋的时机，下面有3个判断标准，只要符合其中一个，就需要给宝宝换新鞋了。

旧鞋子已经穿了3~4个月了。这个阶段，宝宝正是长身体的时候，脚长得非常快，所以，需要经常换鞋。

鞋子小了。在宝宝站立的状态下，从鞋面按下去，如果宽余处不够0.5厘米的话，就表明鞋子小了。

鞋底已经磨损或变形。鞋底变形以后，走起路来会很不方便，必须及时更换。另外，如果鞋带或者搭扣损坏的话，也要换鞋。

理想鞋子的标准

鞋子的重量要轻一些

因为宝宝现在活动量非常大，所以，穿轻一点儿的鞋子比较好。试穿鞋子时，妈妈要注意宝宝的脚是否能轻松抬起。

选择天然皮革或布料

最好为宝宝选择真皮的鞋子，因为它的透气性和除湿性都比较好。布料的鞋也不错，透气性、舒适性也都比较好。

鞋子要给脚尖部留出足够的空隙

千万不要给宝宝买长度刚刚好的鞋子，至少要留出1~1.5厘米的空隙，这样宝宝穿起来才会舒服。

鞋舌头能够调节脚背高度

每个宝宝的脚都不一样，而且两只脚也并不是完全一样的，所以，要选择可以调节的鞋子。建议妈妈不要购买没有鞋舌头的鞋。

鞋子开口要大

开口大的鞋子，穿脱起来都很容易，宝宝会感觉很轻松。同时，要注意宝宝穿鞋子时不要扭曲脚趾。

鞋底要防滑和耐磨

鞋底最好选择弹性好、减震性高、防滑和耐磨性都优良的材料，牛筋底就是不错的选择，因为它能够吸收地面对脚跟及大脑的震荡。

试穿时要无任何不舒适的感觉

在买鞋时，妈妈一定要让宝宝穿上鞋子试一试，先踩踏十几分钟，如果宝宝没有任何不适感，说明鞋子合适。

要注意，因为宝宝的两只脚大小会稍微不一样，所以，一定要两只脚都试穿。

妈妈给宝宝买鞋，一定要带着宝宝，这样买的鞋比较合适。

特殊情况的照护

腹泻的护理

当宝宝频繁出现水样或较稀的大便，且大便颜色为浅棕色或绿色，即可断定宝宝出现了腹泻。可以采取下面的护理措施：

- 由于腹泻时宝宝排便次数增多，排出的粪便还会刺激宝宝的皮肤，因此，每次排便后要用温水清洗宝宝的小屁股，要特别注意肛门和会阴部的清洗。
- 如果伴随发热现象，可用湿热的海绵擦身降温，并让宝宝吃流食。
- 少量多次饮用含钠、钾的口服补液盐水。
- 宝宝身体恢复后，要逐渐给其添加一些清淡的食物。

鼻出血应对方法

由于春季儿童容易发生鼻出血，因此，宝宝活动的时候，妈妈要注意看护好，避免鼻外伤；如果有春季鼻出血史，可以服用金银花、菊花、麦冬等加以预防。

鼻孔内发痒，宝宝会用手去挖，这样就可能导致流鼻血，平时应注意避免。一旦发生鼻出血，让宝宝站立或坐下，头向前倾，捏住宝宝鼻翼上方一会儿，把消毒棉或纸塞入鼻孔。躺卧，把毛巾用冰水打湿后拧干，冷敷在额头到鼻子的部位。

麻疹的应对策略

小儿麻疹是一种由麻疹病毒引起的急性呼吸道传染病，其传染性很强。如果接触了麻疹病毒，几乎所有未接受免疫接种的宝宝都将感染麻疹。此时可以采取以下措施：

- 早诊断，早隔离，预防发生并发症。宝宝患上麻疹后要立即进行隔离，直至皮疹全部结痂，才能解除隔离。
- 保证宝宝的休息。病室内要保持安静，空气要新鲜，宝宝的被子不能盖得太厚太多。
- 保持宝宝皮肤的清洁卫生。经常给宝宝擦去身上的汗渍，以免着凉。
- 补充体液、利尿排汗。给宝宝多喝开水或果汁，以利于出汗和排尿，促进毒物排出。宝宝饮食要以流质或半流质为主。
- 注意降温。当宝宝体温超过39℃时，可用温水为宝宝擦身，防止宝宝因高热而出现抽搐症状。当物理降温失效时，可酌情使用小量退热剂，但应避免急骤退热。
- 在出疹期，护理宝宝的五官和皮肤可以用生理盐水或2%硼酸液，为宝宝擦洗眼部，清洁口鼻，并勤为宝宝擦洗皮肤。
- 止咳。宝宝频繁剧咳可用镇咳剂或雾化吸入。

5~6 岁宝宝的能力发展与培养

词汇量增加至 2500 个

这一阶段，宝宝已掌握了 2200 ~ 2500 个词汇，语言能力有了进一步发展。他们能较自由地表达自己的思想感情，乐于谈论每一件事；经常模仿大人的语气讲话，喜欢表演自己熟悉的故事，扮演一些简单的角色。

知觉能力有所提高

宝宝能够初步理解真实与虚伪，知道一年中 12 个月的名称和一周中每天的名称；能看钟表，时间概念比较明确；并且逐步明显地表现出自己的特长和兴趣爱好。在空间认识方面，开始以自身为中心辨认左右方位，但发展尚不完善，只能达到完全正确地辨别上、下、前、后 4 个方位的水平。

给宝宝自己做事的机会

这个年龄的宝宝已经有很多自己能够做、应该做的事情了，这时妈妈要及时放手，给宝宝自己做事的机会，这样有利于宝宝自身的成长。

内心世界越来越复杂

这个阶段，宝宝的内心世界越来越复杂，一些比较细腻的情感也发达起来，自尊心也更强了，并开始使自己的行为不受周围环境的影响。宝宝的意志品质有了比较明显的表现，但发展还较差，目的性、坚持性、自制力都只是有一些初步的表现；在道德行为方面也有了进一步的发展，懂得了同情别人，互助友爱。

大人放松孩子玩疯的亲子游戏

描述春天

思考能力、理解能力

益智点

锻炼宝宝的语言表达能力。

游戏进行时

1. 妈妈给宝宝看一幅春天美景的图片。

2. 鼓励宝宝将图中所看到的景象用语言表达出来。

3. 如果宝宝能结合自己的实际生活经验，说出一些连贯的句子，妈妈更要及时表扬。

与入学有关的问题

小学和幼儿园的生活有一定差异，在宝宝入学前这段时间，爸爸妈妈要帮助宝宝做些准备，这样有利于宝宝顺利度过适应期。

精神上的准备

爸爸妈妈和宝宝平时交流时要自然流露出对小学生活的向往，告诉宝宝他已经长大了，让宝宝有一种成为小学生的自豪感，从而增强自信心，有想成为小学生的渴望。

爸爸妈妈一定要尊重和信任老师，对待宝宝不要施加压力、进行恐吓，否则会造成宝宝对上学的恐惧感，还会产生心理压力。

提前适应入学后的生活

小学的生活习惯和幼儿园有一定的差异，所以入学前爸爸妈妈要让宝宝养成早睡早起的习惯，减少午睡时间，白天尽量留出一段像上课一样的学习时间等，这对于宝宝也是一个适应的过程。

此外，爸爸妈妈还要让宝宝学会做些简单的家务劳动，如扫地、擦桌等，这样可以提高宝宝劳动的观念和能力，还能更快地适应入学后的集体生活。

这个年龄的宝宝心理承受力较弱，过度的紧张会产生一些生理疾病，如发热、腹泻等，因此，爸爸妈妈给宝宝准备入学用品时，不要过度紧张，否则会引起宝宝紧张、恐慌。

给宝宝准备学习用品

爸爸妈妈要根据宝宝的年龄准备学习用品，力求简洁、实用、小巧、安全，不适宜过于花哨，因为这个年龄的宝宝自制力较差，过于花哨的学习用品会分散宝宝的注意力。

宝宝的书包最好选择双肩包，既有利于宝宝的身体发育，也有利于宝宝活动。

此外，爸爸妈妈应该给宝宝准备一个小本子，方便记作业，还可以帮助宝宝养成良好的学习习惯。

双肩书包可以将书包的重力平摊到宝宝双肩，也就是重力平分，有利于宝宝身体的发育。

当宝宝不喜欢吃饭时，妈妈可以做些有创意的饭菜给宝宝，这样也能提高宝宝进餐的欲望。

宝宝不肯吃饭时的应对方法

这个年龄的宝宝不肯吃饭，让很多爸爸妈妈头痛不已。实际上，宝宝不肯吃饭，可能是因为生病了、心情不好等引起的，我们可以参考以下的建议：

和宝宝好好沟通

爸爸妈妈可以用语言表达，自己很期待他多吃一点，也会提供给他愿意吃的食物，而且要让宝宝知道，吃多少由他决定。

拒绝给宝宝零食

只在用餐时间给宝宝提供食物，且量要在合理的范围内，尽量选择宝宝喜欢的食物。

仔细观察宝宝对食物的选择

爸爸妈妈可以仔细观察宝宝喜欢吃哪些食物，可以在一定时间内主要给宝宝提供这类食物，等宝宝吃下一点儿，再增加一点。此外，规定宝宝吃饭的时间，限定半个小时，时间一到就撤下饭菜，宝宝想吃，只能等下顿了。

男孩怯懦的解决方法

妈妈带着男孩去参加同学的生日聚会，虽然宝宝只认识两个小朋友，但宝宝很不自在，也不吃东西。其实这种情况还不能完全算是怯懦。我们可以从下面着手进行改善：

首先，从宝宝的现状开始了解宝宝，而不是坐在那里空想，宝宝能更勇敢一些等，我们应该耐心与宝宝沟通，让宝宝敞开心扉。

其次，爸爸妈妈可以为宝宝安排一些和其他小朋友一起玩耍的游戏，这样可以增强宝宝的交际能力，有利于锻炼宝宝的勇气。

附录：
0~6 岁宝宝生长发育检测及养育要点

★1个月宝宝

生理指标

满月时，男婴体重 3.6~5.0 千克，身长 48.2~52.8 厘米；女婴体重 2.7~3.6 千克，身长 47.7~52.0 厘米。平均头围 34 厘米。

养育要点

母乳喂养，按需哺乳，母乳喂养不必加喂水。混合喂养及人工喂养可选择配方奶粉；注意奶瓶的消毒，配好的奶一次没喝完，不可留到下一次喝。

保证每天约 20 个小时的睡眠。

多拥抱、爱抚宝宝，抚摩宝宝全身的皮肤，与宝宝说话；经常用微笑、歌声以及鲜艳的有声玩具逗引宝宝。

发育指标

满月时俯卧抬头，下巴离床 3 秒钟；能注视眼前活动的物体；啼哭时听到声音会安静；除哭以外能发出叫声；双手能紧握笔杆；会张嘴模仿说话。

提示

宝宝不要睡太软的床和大而软的枕头，最好单睡一张床，防止窒息；喂奶、洗澡时，防止烫伤；把宠物转移到别处，防止宝宝被动物咬伤。

2~3 周左右注意宝宝接种卡介苗的反应，局部出现红肿硬块并形成小脓包是正常反应。

★2个月宝宝

生理指标

满 2 个月时，男婴体重 4.3~6.0 千克，身长 52.1~57.0 厘米；女婴体重 3.4~4.5 千克，身长 51.2~55.8 厘米。平均头围 34 厘米。

养育要点

逐步建立起吃、玩、睡的规律生活。尽量多与宝宝说话、唱歌、逗乐，培养良好的母子感情，让宝宝醒的时候处在快乐中。在不同方位用不同声音训练宝宝的听觉。天气好时带宝宝到室外活动，呼吸新鲜空气，进行适当的日光浴。可以让宝宝俯卧片刻，悬吊鲜艳、能动的玩具，给宝宝看、触摸、抓握。

发育指标

逗引时会微笑；眼睛能够跟着物体在水平方向移动；能够转头寻找声源；俯卧时能抬头片刻，自由地转动头部；手指能自己展开合拢，能在胸前玩，会吸吮拇指。

提示

妈妈发烧 38℃以上时应停止哺乳，发低烧（37.5℃ ~38℃）时可以继续哺乳。别让宝宝过胖。除了夏天，每天都可以添加三四滴浓缩鱼肝油。

★3个月宝宝

生理指标

满 3 个月时，男婴体重 5.0~6.9 千克，身长 55.5~60.7 厘米；女婴体重 4.0~5.4 厘米，身长 54.4~59.2 厘米。平均头围 35.9 厘米。

养育要点

给宝宝丰富的感觉刺激，经常变换宝宝的位置，使他获得不同的视觉体验。通过让宝宝俯卧、竖抱宝宝，帮助宝宝练习抬头的动作，锻炼宝宝颈椎的支撑力。用玩具逗引宝宝发音。训练听力，初步培养宝宝追踪声音来源的能力及感受声音远近的能力。锻炼宝宝的皮肤，只要宝宝的心脏没有毛病，就可以经常洗澡。

发育指标

俯卧时，能抬起半胸，用肘支撑上身；头部能够挺直；眼看双手、手能互握，会抓衣服，抓头发、脸；眼睛能随物体 180° ；见人会笑；会出声回应、尖叫，会发长元音。

提示

宝宝不会爬，但可能从大床上掉下来，大人离开时别忘了把宝宝放在有栏杆的小床上。宝宝的玩具不能比嘴小。妈妈躺着哺乳有发生窒息的危险。

★4个月宝宝

生理指标

满 4 个月时，男婴体重 5.7~7.6 千克，身长 58.5~63.7 厘米；女婴体重 4.7~6.2 厘米，身长 57.1~59.5 厘米。平均头围 37.3 厘米。

养育要点

发展感觉动作技能，即视觉、听觉和触觉与肌肉活动的联合，如眼睛引导手去拿东西、听到声音准确转动眼睛和身体。多给宝宝听音乐，和宝宝说话。给宝宝做翻身操，锻炼宝宝的脊柱及四肢的肌肉，帮助宝宝学习翻身的动作。逗引宝宝说话，与宝宝做问答游戏，练习发声，学习“交谈”。

发育指标

俯卧时宝宝上身完全抬起，与床垂直；腿能抬高踢去衣被及踢吊起的玩具；视线灵活，能从一个物体转移到另外一个物体；开始咿呀学语，用声音回答大人的逗引。

提示

坚持母乳喂养，职场妈妈要 3 小时挤一次奶，促进母乳分泌，挤出的奶在冷藏状态下可以留给宝宝第二天吃。

有的宝宝已经会翻身，父母更要当心宝宝的安全。

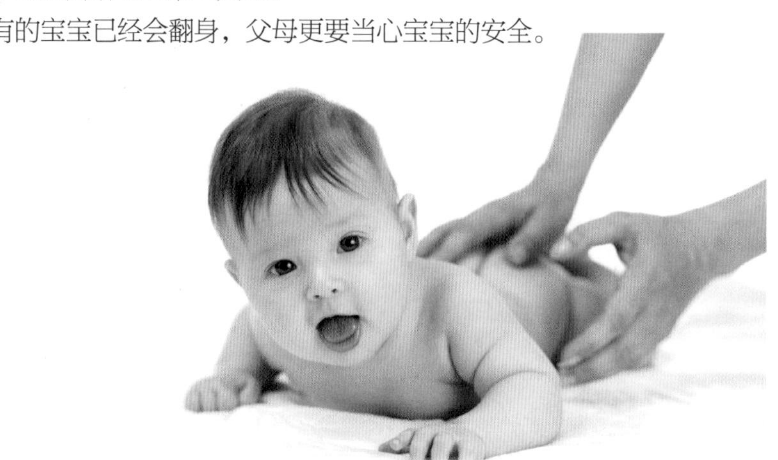

★5个月宝宝

生理指标

满 5 个月时，男婴体重 6.3~8.2 千克，身长 61.0~66.4 厘米；女婴体重 5.3~6.9 千克，身长 59.4~64.5 厘米。平均头围 38.3 厘米。

养育要点

添加辅食，由少到多，由稀到稠，由细到粗，让宝宝习惯一种再加一种。一般每周至多添加一种新的食品，注意观察宝宝的食欲、大便。如果消化不了，就暂停几天。

重视感官训练，使宝宝的视觉、听觉、语言交往能力在原来的基础上继续提高。

不会翻身的宝宝，父母多进行翻身训练。

对宝宝进行冷适应锻炼，逐渐适应较大的温度变化，增强鼻腔、皮肤的抗病能力。

冬天除外，每天应有至少两小时的室外活动。多晒太阳，补充维生素 D，防止宝宝缺钙。

发育指标

能够认识妈妈，以及亲近的人，并与他们应答；大部分宝宝能够从仰卧翻身变成俯卧；可靠着坐垫坐一会儿，坐着时能直腰；大人扶着，能站立；能拿东西往嘴里放；会发出一二个辅音。

提示

宝宝的床栏上，别放毛巾、衣服等，万一搭着的东西掉下来，蒙住宝宝的脸，会出危险。

即使母乳充足，也要给宝宝添加辅食。

★6个月宝宝

生理指标

满 6 个月时，男婴体重 6.9~8.8 千克，身长 65.1~70.5 厘米；女婴体重 6.3~8.1 千克，身长 63.3~68.6 厘米。平均头围 39.3 厘米，出牙 2 颗。

养育要点

预防营养性缺铁性贫血，及时添加含铁丰富的辅食，如蛋黄、鱼肉、肝泥、肉末、动物血、豆腐等。动物性食物中的铁吸收利用率比植物性食物高。

提供适宜的玩具。为半岁宝宝提供的玩具主要是形象性玩具，分为观赏性和操作性两大类。观赏性玩具一般色彩鲜艳、形象生动。操作性玩具是宝宝能拿的，多为能发声的玩具。

反复叫宝宝的名字，使宝宝对自己的名字有反应，熟悉并记住自己的名字。让宝宝照镜子，帮助宝宝认识镜子中的自己，发展宝宝的自我意识。教宝宝认识实物，给宝宝指认实物。

宝宝已经认识妈妈了，妈妈应多与宝宝在一起，多跟宝宝说说话、做游戏，抚摩宝宝的皮肤，满足宝宝的亲情渴望。

经常抱宝宝出去玩，让宝宝多接触生人，有助于减缓宝宝即将出现的怕生现象。

发育指标

手可玩脚，能吃脚趾；头、躯干、下肢完全伸平；两手各拿一个玩具能拿稳；能听声音看目的物两种；会发两三个辅音；在大人背儿歌时会做出一种熟知的动作；照镜子时会笑，用手摸镜中人；会自己拿饼干吃，会咀嚼。

★7个月宝宝

生理指标

满 7 个月时，男婴体重 7.5~9.4 千克，身长 67.4~72.3 厘米；女婴体重 6.9~8.8 千克，身长 65.9~70.6 厘米。平均头围 40.3 厘米，出牙 2~4 颗。

养育要点

添加辅食，开使宝宝喜欢辅食。尝试用辅食代替一顿奶。

预防疾病。6 个月后，婴儿从母体中带来的抗体消失，容易受感染，同时易引起全身性的病变。家长要加强宝宝户外活动，不带宝宝去人多的公共场所。注意卫生，对宝宝入口的器具要进行消毒。

帮助宝宝学习爬。爬对宝宝智力发展和身体发育都有促进作用，科学已经证明，不会爬就直接走的宝宝容易成为“问题宝宝”，在运动、学习中容易遇到障碍。

锻炼手的精细动作。手的发展很大程度上代表了智慧的增长，家长可以让宝宝玩各种玩具，促进手的动作从被动到主动，由不准确到准确，由把着手教到听语言指挥而动。

发育指标

会坐，在大人的帮助下会爬；手能拿起玩具放到口中；会表示喜欢和不喜欢；能够理解简单的词义，懂得大人用语言和表情表示的表扬和批评；记住离别一星期的熟人 3~4 人；会用声音和动作表示要大小便。

提示

宝宝长牙时，会咬手指、玩具、衣被，适当吃磨牙食物非常必要，超市里有磨牙饼干。

不要亲宝宝的嘴，不要口对口喂宝宝食物，因为大人的唾液常带有细菌和病毒。

★8个月宝宝

生理指标

满 8 个月时，男婴体重 7.8~9.8 千克，身长 68.3~73.6 厘米；女婴体重 7.2~9.1 千克，身长 66.4~71.8 厘米。头围 40.9~50.0 厘米，出牙 2~4 颗。

养育要点

在做宝宝辅食时，保证卫生是最重要的。在宝宝长牙时期，辅食中添加含钙和维生素 D 丰富的食物，如海带、动物肝脏、鸡蛋黄、鱼等。可以用辅食代替 1~2 顿奶。

在日常生活中，把教宝宝认识周围环境与发展语言相结合。

继续进行动作训练。帮助宝宝站立起来，让宝宝多爬、多玩各种玩具。

教宝宝一些社交礼节动作，如拍手表示“欢迎”，挥手表示“再见”。

发育指标

能够扶着栏杆站起来；可以坐得很好；会两手对敲玩具；会捏响玩具；会把玩具给指定的人；展开双手要大人抱；用手指抓东西吃；会用 1~2 种动作表示语言。

提示

这个月，宝宝的发病率会上升，不能因为怕感冒就减少户外活动。

提供安全的运动场所，清除一切宝宝够得着的小垃圾。电源插座要加保护罩，热水瓶放到宝宝够不到的地方。

母乳充足的妈妈，不必急于断奶。只要宝宝愿意吃辅食就不要担心。

生理指标

满 9 个月时，男婴体重 8.1~10.2 千克，身长 70.1~75.2 厘米；女婴体重 7.6~9.5 千克，身长 68.5~73.6 厘米。头围 41.6~50.7 厘米，出牙 2~4 颗。

养育要点

可喂宝宝酥脆的婴儿饼干等，不要喂糖块，会有安全隐患。

这个月锻炼的目的仍然是让宝宝学站，能站立的宝宝学会迈步。

每天最好让宝宝有 3 个小时以上的时间在户外度过。

激发宝宝探索周围环境的兴趣，如捉迷藏游戏就是很好的活动。

培养良好生活习惯，练习用便盆，养成入睡、讲卫生的好习惯，训练宝宝自己动手吃饭。

鼓励宝宝模仿大人发音，与大人愉快交流。

训练宝宝的自我控制能力，让宝宝按照大人的口令行事。

发育指标

扶物站立，双脚横向跨步；拇指和食指能捏起细小的东西；能听懂自己的名字；能用简单语言回答问题；会随着音乐有节奏地摇晃；认识五官；会做 3~4 种表示语言的动作；知道大人谈论自己，懂得害羞；会配合穿衣。

提示

体重过重的宝宝不要站立太久。坠落、烫伤、吞食异物是这个月婴儿需要防止的主要事故。

★10个月宝宝

生理指标

满10个月时，男婴体重8.6~10.6千克，身长71.0~76.3厘米；女婴体重7.9~9.9千克，身长69.0~74.5厘米。头围42.3~51.4厘米，出牙4~6颗。

养育要点

即使母乳充足，每天也要给宝宝吃两顿辅食。宝宝能吃各种饼干、薄饼，品尝婴幼儿点心也是宝宝的生活乐趣之一，给宝宝吃点心最好定时。

训练宝宝的自我服务技能，培养宝宝的独立性。鼓励宝宝自己抱奶瓶、自己去拿玩具等。

提供适宜的玩具，这个月的婴儿开始学习走路，挑选会发出声音的拖拉玩具较好。

创造良好的语言环境，在照顾宝宝生活、玩游戏时都要伴随语言。多为宝宝唱儿歌、童谣。

训练宝宝走路。让宝宝多爬。除刮风、下雨外，尽量多到室外活动。

发育指标

会叫妈妈、爸爸；认识常见的人和物；能够独自站立片刻；能迅速爬行；大人牵着手会走；喜欢被表扬；主动地用动作表示语言；主动亲近小朋友。

提示

这个月中，婴儿除母乳外，只吃一些稀粥就会营养不足。不要给超重婴儿过多的点心，也不适宜给营养丰富的香蕉。把宝宝放在学步车里时，要有大人在旁边看护。

★11个月宝宝

生理指标

满 11 个月时，男婴体重 8.8~11.0 千克，身长 72.7~78.0 厘米；女婴体重 8.2~10.2 千克，身长 71.1~76.4 厘米。头围 43.0~52.1 厘米，出牙 4~6 颗。

养育要点

辅食开始变成主食，母乳、配方奶变成副食。大部分母乳喂养的宝宝已经断奶了。如果在副食中不能加足够的鸡蛋、鱼、牛肉等，就会缺乏动物蛋白。应该保证宝宝摄入足够的动物蛋白，但不必拘泥于书中所说的量，要根据宝宝的饭量而定。辅食不放盐、少放糖。

逐渐让宝宝与生人接触，克服怕生现象。继续发展宝宝的语言，可以给宝宝看画册讲故事。训练宝宝走路。

禁止宝宝做不该做的事情，置之不理会使宝宝养成坏习惯。训练宝宝的独立能力，但要保证宝宝的安全。

发育指标

大人牵一只手就能走；能准确理解简单词语的意思；会叫奶奶、姑、姨等；拿指出身体的一些部位；会竖起手指表示自己一岁；不愿意妈妈抱别人；有初步的自我意识。

提示

宝宝吃完点心后喂些水，可预防龋齿。宝宝的骨头还软，走路时间不要太久。家庭保持文明的语言环境，因为宝宝已经能很好地模仿大人说话了。

★12个月宝宝

生理指标

满 12 个月时，男婴体重 9.1~11.3 千克，身长 73.4~78.8 厘米；女婴体重 8.5~10.6 千克，身长 71.5~77.1 厘米。头围 43.7~52.8 厘米，胸围 46.0 厘米，出牙 6~8 颗。

养育要点：

这个月如果宝宝身体健康的话，就应该断母乳了。断母乳后，每天喝一到两次配方奶。断母乳后，宝宝可能发生大便干燥，可在饮食上增加素菜量，香蕉等也有润肠作用。

继续加强语言训练，为宝宝创造说话的机会。鼓励宝宝用语言表达他自己的愿望。

引导宝宝和个性向着良好健康的方向发展，对于宝宝不好的行为家长要明确表示禁止。对于宝宝好的行为，家长要加以鼓励。

不要让宝宝过多地看电视，宝宝应该在与人、与事物的接触过程中成长。加强父母与宝宝的交流，保持愉快的家庭气氛，使宝宝保持良好的情绪状态。

继续训练宝宝走路。每天要有至少 3 小时的户外活动时间。

发育指标：

不必扶，自己站稳能独走几步；认识身体部位三到四处；认识动物三种；会随儿歌做表演动作；能完成大人提出的简单要求；不做成人不喜欢或禁止的事；开始对小朋友感兴趣，愿意与小朋友接近、游戏。

提示：

不要迁就宝宝的不合理要求；不要故意学宝宝错误的发音，否则错误的发音就会固定下来，以后很难纠正。

★1~1.5岁宝宝

生理指标

满 1.5 岁时，男孩体重 10.3~12.7 千克，身高 79.4~85.4 厘米；女孩体重 9.7~12.0 千克，身高 77.9~84.0 厘米。头围 45.0~46.0 厘米，出牙 8~16 颗，前囟闭合。

养育要点

饮食：每天安排三顿正餐，上午、下午各加一次零食。体重超过 13 千克的宝宝少给吃热量高的零食，可选用水果。尝试让宝宝自己吃饭。

起居：为宝宝安排一个舒适、有秩序、安全的生活环境。睡眠 13~14 小时，白天睡两次，1.5~2 小时。训练宝宝坐盆大小便。衣服样式便于穿脱，以纯棉质地为最好。保持宝宝口腔卫生，吃饭、吃糖后要喝白开水。每天有 2 小时以上的户外活动时间。

游戏：这时的宝宝喜欢全身用力的玩具，可以发展宝宝的运动能力。以宝宝的喜好给宝宝配备玩具，游戏的第一目的是使宝宝快乐。

教养策略

这个时期，根据宝宝的个性进行喂养，强迫宝宝吃不喜欢吃的食物，会使宝宝讨厌吃饭。

鼓励宝宝完成适合他的简单任务；多与宝宝交谈，沟通感情，训练宝宝的语言表达能力。

不要教宝宝“小儿语”，用标准的说法指导宝宝的行为，用正确的语言与宝宝说话；日常生活中引导宝宝观察、探索，保护宝宝的好奇心。

发展指标

能较平稳地走路，摔倒时能自己爬起来；能指认成人说的物品，能按照指令做一些简单的动作，能用动作和发出的音节回答成人的问话；认识生活中常见的几种动植物。

提示

不要吓唬宝宝，否则将会有较长时间的影响。对宝宝的无理哭闹采取“冷”处理办法，让他消耗完精力。

★1.5~2岁宝宝

生理指标

满 2 岁时，男孩体重 11.2~14.0 千克，身高 84.3~91.0 厘米；女孩体重 10.6~13.2 千克，身高 83.3~89.8 厘米。平均头围 47.0 厘米，胸围大于头围，20 颗乳牙全部出齐。

养育要点

饮食：宝宝出现偏食现象，不必过于在意，尝试开发其他食物，只要营养均衡即可。每天安排三次正餐，上、下午各加一次零食。注意给宝宝加水。按体重算，每千克体重每天需饮水 100~150 毫升，除牛奶、饭中的水外，还要加一定量的水。

起居：每天睡觉 12~14 小时，白天睡两次。这时的宝宝，晚上睡觉前最好有妈妈在旁边陪着。训练宝宝自己吃饭、坐盆大小便、脱鞋、脱帽子。训练宝宝用牙刷。这时的宝宝夜间尿床是普遍的，不必特意把宝宝叫醒撒尿。

游戏：1.5 岁后，没有必要特别为宝宝添加玩具，宝宝更会玩以前玩过的玩具了。让宝宝自由游戏，不要轻易限制宝宝的活动。父母尽量带宝宝出去，即使散步也比被憋在家里游戏更有乐趣。

教养策略

1.5 岁送进幼儿园的宝宝，每天很难与亲人分开。强行分开是不足取的。在开始阶段，不要急于分离，妈妈可以陪着宝宝在幼儿园待一段时间。当宝宝对妈妈的依恋开始转向阿姨时，妈妈再离开。只要有机会，就让宝宝与同龄小朋友一起玩，不要对宝宝过度保护，也不要强迫宝宝交出心爱的玩具，因为现在宝宝还不能理解谦让。

发展指标

平稳地走路，初步学会双脚原地向上纵跳的动作。能说简单的话语，在成人指导下看懂简单的画面，喜欢图画；能区分物品的多与少，大与小；能摸索空间方位，认识前后；认识生活中常见的几种自然现象。

提示

宝宝的破坏能力增强了，注意经常检查宝宝的玩具，看看损坏的地方会不会割破手指或扎伤眼睛。

★2~3岁宝宝

生理指标

满 3 岁时，男孩体重 13.0~16.4 千克，身高 92.2~101.0 厘米；女孩体重 12.6~16.1 千克，身高 91.5~98.9 厘米。

满 2 岁后，宝宝标准体重的计算公式为：体重（千克）= 年龄 ×2+8（千克）（或 7 千克）

标准身高计算公式为：身高（厘米）= 年龄 ×5+80（厘米）（或 75 厘米）

养育要点

饮食：饮食以粮食为主，以肉菜为副，以水果为辅。每天按时开饭，吃饭时间控制在 20 分钟左右。给宝宝喝白开水，少喝含糖分多的饮料。让宝宝自己吃饭，不追喂。

起居：保证足够的睡眠。睡前让宝宝排尿，训练宝宝不尿床。宝宝有自己的专用便盆，保持清洁卫生，经常消毒。训练宝宝自己洗手脸，洗手脸时，最好用流动水。饭前便后用肥皂洗手。

游戏：这个年龄的宝宝最需要的是与他一起玩的小朋友。喜欢发条玩具和电动玩具。更好地画画、玩积木、小汽车、拼图、看画册。喜欢电视中的广告和经常听的儿歌。

教养策略

树立好榜样，使宝宝模仿家长的良好行为；恪守一致，一致的教育态度会对宝宝有加倍的作用，态度不统一会抵消教育的威力；和宝宝商量后提出要求，宝宝乐于接受。不随便许诺、不哄骗宝宝。尊重宝宝，善于鼓励，以积极的态度教育宝宝。

发展指标

能自己上下台阶，较自然地跑步；能自己吃饭，控制大小便；正确表达自己的各种情绪；完整地做自我介绍，初步懂得与同伴交往；在成人的引导下礼貌待人。

提示

宝宝的生长速度减慢，大部分宝宝看上去较瘦，这是正常的生理现象，不必强迫或诱使宝宝多餐多食。

★3~4岁宝宝

生理指标

3岁以后，宝宝进入幼儿期，发育趋于缓慢。满4岁时，男孩体重14.8~18.7千克，身高98.7~107.2厘米；女孩体重14.3~18.3千克，身高97.6~105.7厘米。

养育要点

饮食：不必强迫宝宝多吃，要想宝宝吃饭香，首先要使宝宝有饥饿感；爱看电视的宝宝要补充维生素A，动物肝脏、乳类、蛋黄等富含维生素A的食物；现在吃花生、瓜子仍然是危险的；补充足够的水分，运动量大的宝宝更要多喝水。

起居：保证充足的睡眠，可以尝试让宝宝与妈妈分房睡，但睡前妈妈要陪宝宝说话、唱歌；让宝宝自己脱衣、穿衣；训练宝宝刷牙，预防龋齿，睡前不吃东西，吃甜食后漱口；每天2小时以上的户外活动时间；让宝宝自己把玩具收拾好。

游戏：让宝宝与小朋友在一起玩。可以买一些高级玩具，但应该让宝宝随便玩，也能与别的小朋友一起玩，不能怕弄坏。

教养策略

尽量多地丰富宝宝词汇量，是发展语言的关键。通过丰富宝宝生活，能够达到这一目的。教宝宝数数，辨认物体的大小、长短、高矮。辨认前后上下，认识早晨、晚上。机械地教宝宝识字、数数对宝宝的智力无益，强迫宝宝上美术班、音乐班也是没有必要的。培养宝宝的创造兴趣，使宝宝自己能发挥自己的天才才是最重要的。

发展指标

能动作协调地跑步；可做向上纵跳、立定跳远的动作；会自己刷牙；穿脱衣服；能表达自己的愿望，大胆在别人面前表演、讲话；知道自己的身份及家庭、幼儿园的基本情况；喜欢听故事，懂得故事内容，可以复述故事的部分内容。

◎提示

为了让胆小的宝宝证明不用害怕，硬带着宝宝去摸黑或让狗舔宝宝的手是不对的；应该让宝宝在没有担心的平安环境中大胆地做冒险活动，才会改变宝宝的胆小。与无理哭闹的宝宝讲悄悄话，会收到意想不到的好效果。

★4~5岁宝宝

生理指标

满 5 岁时，男孩体重 16.6~21.1 千克，身高 105.3~114.5 厘米；女孩体重 15.7~20.4 千克，身高 104.0~112.8 厘米。

养育要点

饮食：谷物、蔬菜水果、奶制品、豆类、禽鱼肉蛋类，能均衡摄入；饥饱适度，不要吃得太多；不要吃滋补品；饭前饭后 1 小时内不吃零食。

起居：多穿棉布衣服；选择高帮、透气的鞋；让宝宝有独立的空间，晚上自己睡；养成刷牙的习惯；定时、定点、定量吃饭；训练宝宝自己洗澡、盥洗。

游戏：可以给宝宝准备拼插玩具、计算玩具、识字玩具、拼图玩具、童话故事、自然常识书、儿歌书。根据宝宝的爱好，可给他准备一些绘画用具、音乐用具、科学玩具、运动玩具等。最重要的是让宝宝找他的好朋友一起玩。

教养策略

保护宝宝的好奇心，正确回答宝宝的问题，激发宝宝探究问题、了解问题的欲望；让宝宝做一些力所能及的事，如扫地、擦桌子、分发碗筷，锻炼宝宝的独立性和动手操作能力；指导宝宝自己动手制作玩具；通过鼓励宝宝进行游戏、续编故事、添画、看图讲故事等方法发挥宝宝的想象力，使宝宝生活得更加快乐；给宝宝一些挫折感，必要时可忽略一下宝宝的需求；培养宝宝的成就感，树立宝宝的自信心，使他们感到成功的喜悦和快乐；多带宝宝到大自然中去，引导宝宝欣赏自然美。

发展指标

能在平衡木上做简单的动作；会按音乐节奏做韵律操、器械操；会拆、剪、贴、捏出简单的物体；能连贯地讲述所经历的事物；能看懂画册的主要情节，会看图讲故事；能进行 10 以内加减法计算；能拼摆、组合、添画图形；能自觉遵守纪律。

提示

父母感情不和会影响宝宝的成长。要热心接待宝宝的小朋友，使宝宝感到家长的态度是友好、和蔼可亲的。

★5~6岁宝宝

生理指标

满 6 岁时，男孩体重 18.4~23.6 千克，身高 111.2~121.0 厘米；女孩体重 17.3~22.9 千克，身高 109.7~119.6 厘米。

养育要点

饮食：不要让宝宝养成吃炸、腌、熏制食品的习惯；注意粗细搭配，荤素搭配，干稀搭配，保证营养的均衡；制作时，尽量减少食物中营养流失，如蔬菜不宜炒得过久，面食以做大饼营养流失最少；冷饮不宜喝得过多；宝宝从幼儿园回来后，适当加一些零食；给宝宝喝足够的水。

起居：保证 10~12 小时的睡眠；衣着要舒适，便于运动、穿脱；讲究卫生，每天早晚刷牙，尽量每天洗澡；居室要通风，被褥经常日晒，保持清洁。

教育策略

为宝宝创造与小朋友交往的机会，鼓励宝宝与小朋友交往；培养宝宝倾听别人说话的技巧；培养宝宝对表演的兴趣，使其具有良好的艺术修养和品质；让宝宝走进大自然，有利于培养宝宝的良好性情；多给宝宝读想象力丰富的故事，发展宝宝的创造性思维；对宝宝的奇思异想不要泼冷水；在生活中明确告诉宝宝什么是对的，什么是错的，使宝宝逐形成对公德的认识；帮助宝宝分析已经发生的事，让宝宝明白自己行为的后果；让宝宝注意观察，学会自我判断是与非，好与恶；称赞宝宝不要过分，过多称赞中长大的宝宝无法辨认真假、好坏、成功与失败。

发展指标

知道一周有几天，能认识时钟日历；能发现简单事物的因果关系；会推测故事中人物的心理活动和内心想法；能为了别人、集体自觉地改变自己的愿望；性格活泼大方、开朗、自信、敢于竞争；会做一些简单性的劳动。

提示

应该做一些入学准备：锻炼身体，使宝宝能够健康地学习；训练宝宝能够愉快地参加集体活动；使宝宝知道学校学习需要精力集中；带宝宝到将来上学的学校熟悉环境。

0~6 岁宝宝身高和体重评价标准表

●“身高、体重曲线图”使用诀窍

顺时记录

要想了解宝宝的生长发育是否正常，身高体重是否标准等，爸爸妈妈可以为小宝宝每个月测量一次身高、体重，把测量结果标注在生长发育曲线图上（避免在宝宝患病期间测量），然后连成一条曲线。若宝宝的生长曲线一直在正常范围内（3rd~97th 之间），且能匀速顺时增长，这就表明是正常的。可能有些宝宝的生长速度会比较快，生长曲线呈斜线，不过，若一直在正常值范围内就不用担心。

动态观察

利用生长发育曲线图对宝宝的生长发育指标进行定期的、连续的测量，最好每 2~3 个月对生长曲线增长速度进行一次横向比较，如果出现突然增速或减速，就要引起注意了，定期体检时可以向儿科保健医生反映情况，听取医生的建议，以便及早分析原因，采取措施，促进生长发育。

●“身高、体重曲线图”的使用误区

误区 1：追求最高值，认为平均值以下为不正常

每个宝宝的生长发育曲线都会有所不同，平均值曲线并非判断发育正常与否的唯一标准。即使宝宝的生长曲线一直在平均值曲线下面，最低值曲线上面，只要一直呈现匀速顺时增长就应视为正常。

误区 2：一直等到生长曲线突破正常值后才引起注意

很多父母往往在宝宝的身高、体重超出或低于正常值后才发现问题，那时已经有点晚了。若宝宝的生长曲线总是超过 85 th，或者低于 15th，就应咨询医生，看是否喂养方式不当造成的，是否需要予以干涉。

注：316~317 页为 0~6 岁男女宝宝的身高体重发育曲线图。以男孩身高为例，该曲线图中对生长发育的评价采用的是百分位法。百分位法是将 100 个人的身高按从低到高的顺序排列，图中 3rd、15th、50th、85th、97th 分别表示的是第 3 百分位，第 15 百分位，第 50 百分位（中位数），第 85 百分位，第 97 百分位。排位在 85th~97th 的为上等，50th~85th 的为中上等，15th~50th 的为中等，3th~15th 的为中下等，3rd 以下为下等，属矮小。

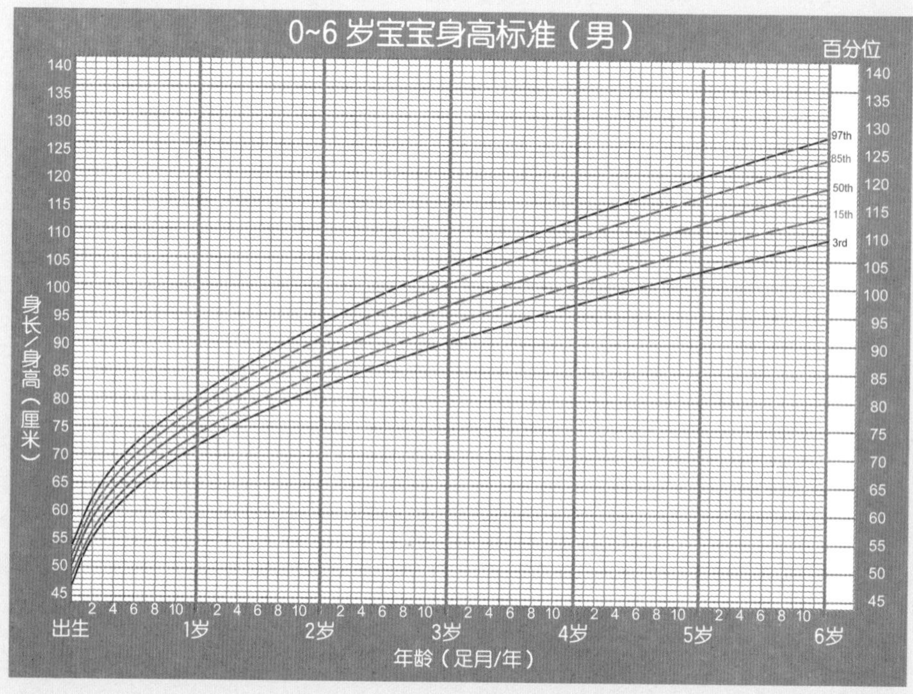
0~6 岁宝宝身高标准（男）
百分位
身长/身高（厘米）
97th
85th
50th
15th
3rd
出生
1岁
2岁
3岁
4岁
5岁
6岁
年龄（足月/年）

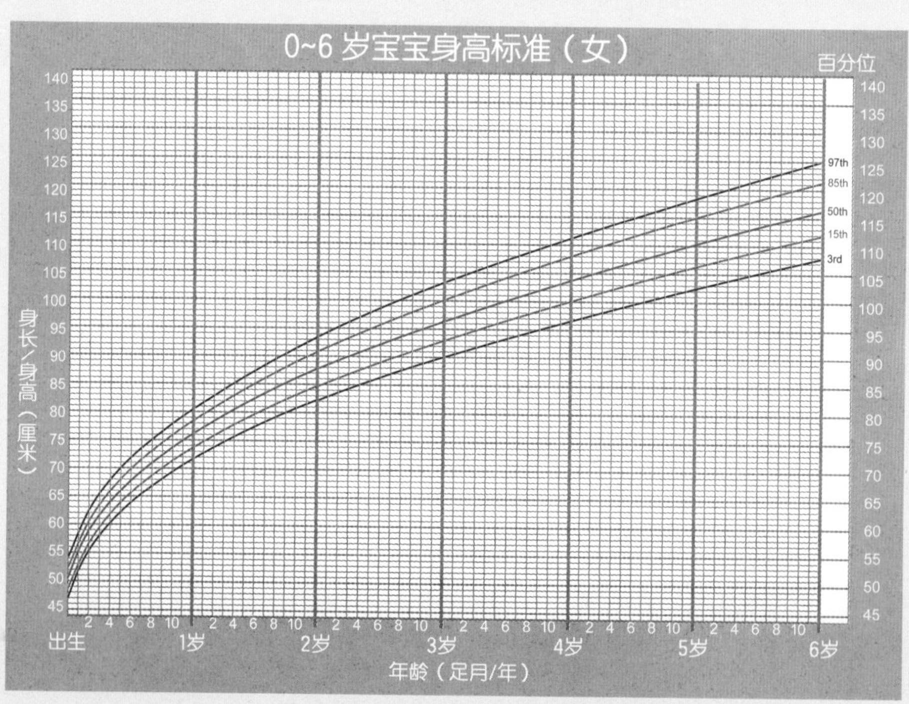
0~6 岁宝宝身高标准（女）
百分位
身长/身高（厘米）
97th
85th
50th
15th
3rd
出生
1岁
2岁
3岁
4岁
5岁
6岁
年龄（足月/年）

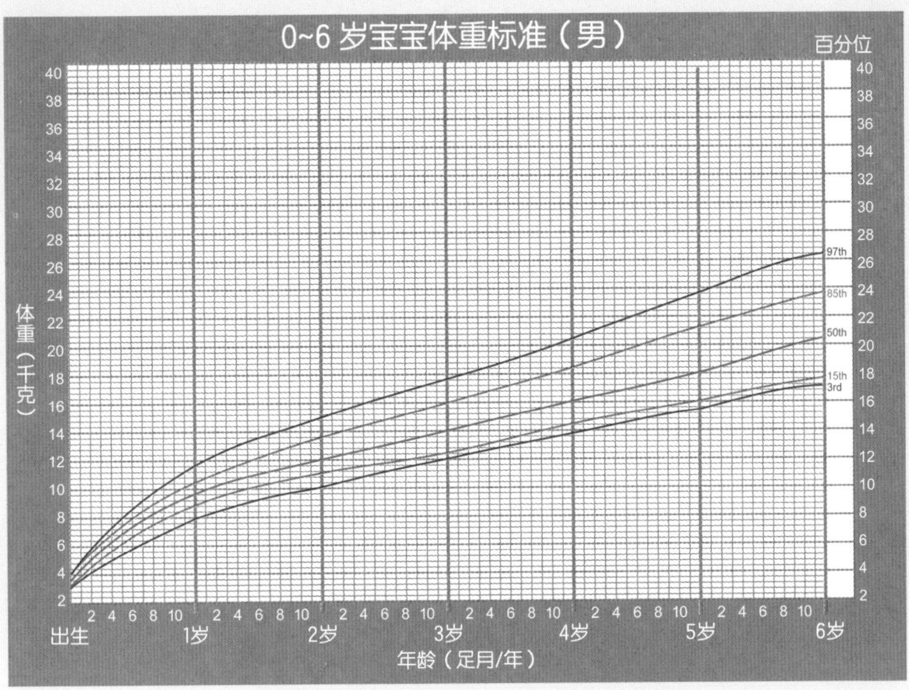
0~6 岁宝宝体重标准（男）
百分位
体重（千克）
40
38
36
34
32
30
28
26
24
22
20
18
16
14
12
10
8
6
4
2
97th
85th
50th
15th
3rd
2 4 6 8 10
出生
1岁
2岁
3岁
4岁
5岁
6岁
年龄（足月/年）

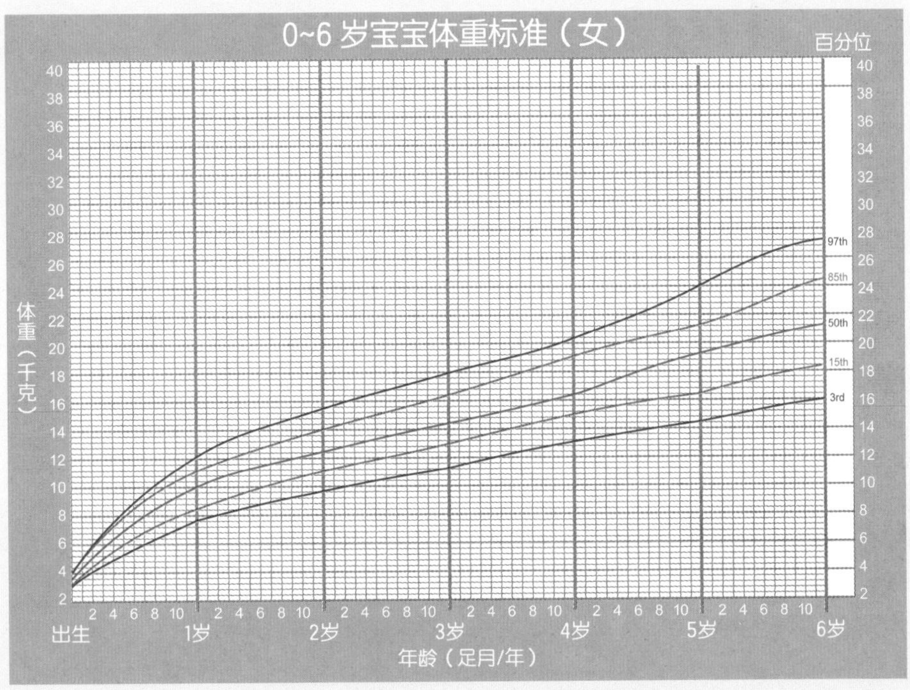
0~6 岁宝宝体重标准（女）
百分位
体重（千克）
40
38
36
34
32
30
28
26
24
22
20
18
16
14
12
10
8
6
4
2
97th
85th
50th
15th
3rd
2 4 6 8 10
出生
1岁
2岁
3岁
4岁
5岁
6岁
年龄（足月/年）

0~6 岁宝宝免疫接种表

接种时间	接种疫苗	针（剂）次与预防的疾病
出生24小时内	乙肝疫苗	第1针；乙型病毒性肝炎
	卡介苗	1针；结核病
1月龄	乙肝疫苗	第2针；乙型病毒性肝炎
2月龄	脊髓灰质炎糖丸	第1针；脊髓灰质炎（小儿麻痹）
3月龄	脊髓灰质炎糖丸	第2针；脊髓灰质炎
	百白破疫苗	第1针；百日咳、白喉、破伤风
4月龄	脊髓灰质炎糖丸	第3针；脊髓灰质炎
	百白破疫苗	第2针；百日咳、白喉、破伤风
5月龄	百白破疫苗	第3针；百日咳、白喉、破伤风
6月龄	乙肝疫苗	第3针；乙型病毒性肝炎
8月龄	麻疹疫苗	第1针；麻疹
12月龄	乙脑疫苗	第1针；流行性乙型脑炎
6~18月龄	流脑疫苗	接种2针A群流脑疫苗，第1针与第2针间隔时间不少于3个月；流行性脑脊髓膜炎
1.5~2岁	百白破疫苗	第4针；百日咳、白喉、破伤风
	脊髓灰质炎糖丸	部分；脊髓灰质炎
	麻风腮疫苗	第1针；麻疹、风疹、腮腺炎
	乙脑疫苗	第2针；流行性乙型脑炎
	甲肝疫苗	第1针；甲型病毒性肝炎
2~2.5岁	甲肝疫苗	第2针；甲型病毒性肝炎
3岁	流脑疫苗	间隔6~12个月接种流脑A+C疫苗；流行性脑脊髓膜炎
4岁	脊髓灰质炎疫苗	加强；脊髓灰质炎
6岁	白破疫苗	1针（可选）；白喉、破伤风
	乙脑疫苗	第3针；流行性乙型脑炎
	流脑疫苗	第4针A群流脑疫苗，或流脑A+C疫苗；流行性脑脊髓膜炎
7岁	麻疹疫苗	加强；麻疹
12岁	卡介疫苗	（加强，农村）；结核病

不宜接种的情况

- 患有神经系统疾病，如癫痫、癔症、大脑发育不全或有惊厥史等。
- 患有严重心脏、肝脏、肾脏、结核等疾病。
- 患有哮喘、麻疹，接种疫苗曾发生过敏情况。
- 重度营养不良、严重佝偻病的宝宝不宜服用脊髓灰质炎糖丸。
- 有免疫缺陷病或使用免疫抑制剂者（如肾上腺皮质激素、放射疗法、抗代谢化学疗法），不能接种活疫苗。

暂缓接种的情况

- 正在发热、感冒或有急性疾病，正在患急性传染病或痊愈后不足2周，有急性传染病密切接触史而未过检疫期。
- 患有化脓性皮肤病，或接种部位有严重皮炎、牛皮癣、湿疹。
- 腹泻，一日大便超过4次，不宜服用脊髓灰质炎糖丸。
- 注射过多价的免疫球蛋白者，在6周内不宜接种麻疹疫苗。

接种后注意事项

- 接种注射疫苗后应当用棉签按住针眼几分钟，不出血时方可拿开棉签，不可揉搓接种部位。
- 宝宝接种完疫苗以后不要马上回家，要在接种场所休息30分钟左右，如果出现高热和其他不良反应，可以及时请医生诊治。
- 接种后让宝宝适当休息，多喝水，注意保暖，防止触发其他疾病。
- 接种疫苗当天不要给宝宝洗澡，但要保证接种部位的清洁，防止局部感染。
- 口服脊髓灰质炎糖丸后半小时内不能进食任何温、热的食物或饮品。接种百白破疫苗后若接种部位出现硬结，可在接种后24小时开始进行热敷以帮助硬结消退。
- 接种疫苗后如宝宝出现轻微发热、食欲缺乏、烦躁、哭闹的现象，而且反应强烈且持续时间长，应立刻就诊。

备注

1. 乙脑疫苗的接种时间南北方不一致，北方满12个月接种，南方满8个月接种。
2. 疫苗有免费与自费之分，1岁之前接种的大多是免费的，1岁之后大多是自费的；免费的疫苗种类各地区会有不同。